Die

Holzzoll- und Holzhandels-Gesetzgebung in Bayern.

Von

Dr. W. Jucht.

Geschichte

der

Holzzoll- und Holzhandels-Gesetzgebung in Bayern.

Von

Dr. Wilhelm Jucht,
Assistent an der kgl. bayr. forstlichen Versuchsanstalt
in München.

Springer-Verlag Berlin Heidelberg GmbH
1905.

ISBN 978-3-662-39146-4 ISBN 978-3-662-40129-3 (eBook)
DOI 10.1007/978-3-662-40129-3

Inhalt.

Literaturverzeichnis.

Albert, Joh. Bapt., Bayerns Zollwesen aus den ältesten bis auf unsere Zeiten nach seinen Hauptperioden bearbeitet. München 1801.

Bernhard, August, Geschichte des Waldeigentums, der Waldwirtschaft und Forstwissenschaft in Deutschland. 3 Bände. Berlin 1872, 1874, 1875.

Dankelmann, Bernhard, Die deutschen Nutzholzzölle. Eine Waldschutzschrift. Berlin 1883.

Döllinger, G., Repertorium der Staatsverwaltung des Königreichs Bayern, XV. bis XVII. Bd. „Forst- und Jagdverordnungen". München 1831.

Derselbe, Sammlung der im Gebiete der inneren Staatsverwaltung des Königreichs Bayern bestehenden Verordnungen. München 1835 bis 1839.

Endres, Dr. Max, Die Waldbenutzung vom 13. bis Ende des 18. Jahrhunderts. Tübingen 1888.

v. Freyberg, Max, Freiherr, Pragmatische Geschichte der bayerischen Gesetzgebung und Staatsverwaltung seit den Zeiten Maximilians I. Leipzig 1836.

Frohn, Konrad, Altes und neues Handelssystem in Bayern. München 1801.

Hartter, Dr., Ferd., Die Guts- und Gemeindewaldungen, dann Alpen im ehemaligen Klostergericht Benediktbeuern. München 1869.

Hazzi, Josef, Statistische Aufschlüsse über das Herzogtum Bayern. 4 Bde. 1801 bis 1808.

(v. Kreittmayr), Sammlung der merkwürdigsten kurbayer. Generalien und Landesverordnungen. München 1771.

v. Krenner, J. N. G., Bayerische Landtagshandlungen. 18 Bände. Ulm 1804/05.

Krökel, Das preußisch-deutsche Zolltarifsystem in seiner historischen Entwickelung seit 1818. Suppl. VII. der Jahrbücher für Nationalökonomie und Statistik. Jena 1881. (Nebst Tabellenwerk.)

Mayr, Georg, Karl, Sammlung der kurpfalzbayer. allgemeinen und besonderen Landesverordnungen. 7 Bände (1784, 1788, 1797, 1799, 1800, 1802).

v. Meiller, Regesta archiepiscoporum Salisburgensium, inde anno 1106 ad annum 1246. Wien 1866.

v. Moser, W. G., Forstarchiv zur Erweiterung der Forst- und Jagdwissenschaft und der Forst- und Jagdliteratur. 30 Bände. Ulm 1788 bis 1807.

Müller, Daniel Ernst, Des Spessarts Holzhandel und holzverbrauchende Industrie. Frankfurt a. M. 1837.

Riezler, Bayerische Geschichte.

Schanz, Gg., Studien über die bayerischen Wasserstraßen: Die Mainschiffahrt im 19. Jahrhundert und ihre künftige Entwickelung. Bamberg 1894.

Schmelzle, Der Staatshaushalt des Herzogtums Bayern im 18. Jahrhundert. München 1901.

v. Seutter, J. G., Versuch einer Darstellung der allgemeinen Grundsätze der Forstwirtschaft nach ihren Verhältnissen zu der Staats-, Cameral- und Landwirtschaft. Ulm 1804.

Stahl, Forstmagazin. Frankfurt 1763/69..

Zirngibl, Roman, Geschichte des bayerischen Handels. München 1817.

Monumenta boica.

Cod. lat. mon. 17401 (im Handschriftenkabinett der kgl. bayer. Hof- und Staatsbibliothek München).

Cod. lat. mon. 1050 (im kgl. bayer. allgemeinen Reichsarchiv München).

" " " 544 " " " " " "

Urkunden und Literalien des

Kgl. bayer. allg. Reichsarchivs München.

Kgl. Kreisarchivs München (Generalregistratur, Forstakten u. Oberbayer. Forstakten).

Kgl. Kreisarchivs Landshut.

Kgl. Geheimen Haus- und Staatsarchivs München.

Rechtmäßigkeit derjenigen churbayer. Landesverordnungen, welche von einigen Comitialgesandtschaften zu Regensburg angefochten werden wollen. München 1769.

Churbayer. Mauth- und Accisordnung 1765.

Systematischer Plan zur gesetzmäßigen Benutzung des Zollregales deutscher Länder, besonders im Churfürstentum Bayern, entworfen auf landesherrl. höchsten Befehl im Jahre 1762. Gedruckt 1792.

Münchener Intelligenzblatt 1799 und folg. Jahrgänge.

Churfürstl. pfalzbayer. Regierungs- und Intelligenzblatt 1800, 1801.

Bayerisches Regierungsblatt 1802 und folg. Jahrgänge.

Kgl. bayer. Gesetzblatt 1818 und folg. Jahrgänge.

Intelligenzblätter (Amtsblätter) für die bayer. Kreise 1814 und folg. Jahrgänge.

Kgl. württembergisches Regierungsblatt 1828 bis 1838.

Großh. badisches Staats- und Regierungsblatt 1835 bis 1838.

Großh. Würzburgisches Regierungsblatt 1812.

Gesetzsammlung für die kgl. preuß. Staaten 1818, 1828.

Amtsblatt der k. k. österr. u. bayer. gemeinschaftl. Landesadministration zu Kreuznach 1814.

Amtsblatt für das kgl. bayer. Gebiet auf dem linken Rheinufer 1816.

Verhandlungen der bayer. Ständeversammlungen (Kammer der Reichsräte und Kammer der Abgeordneten) 1818 bis 1865.

I. Aus frühesten Zeiten bis zur Reform des bayerischen Zollwesens im Jahre 1764.

A. Holzhandel und die darauf bezüglichen Verordnungen.

1. Die erste Entwicklung des Holzhandels in Bayern.

Jeder Handel setzt die Entwicklung eines Volkes auf eine Stufe voraus, auf welcher der roheste Zustand des Verkehrs, der des Austausches von Gütern zum unmittelbaren Verbrauche, schon überwunden ist, das wirtschaftliche Leben von dem Prinzipe der Arbeitsteilung beherrscht wird und Kauf und Verkauf als Erwerbstätigkeit um des Gewinnes willen betrieben werden können.

Dieser für den Handel im allgemeinen geltende Grundgedanke ist auch leitend bei der Untersuchung der Frage nach den Anfängen des Holzhandels und führt zurück bis in jene Epoche der Wirtschaftsentwicklung, in welcher der Übergang aus der Naturalwirtschaft zur mittelalterlichen Stadtwirtschaft sich vollzieht.

Für das System der reinen Naturalwirtschaft besaß das Holz noch nicht die Eigenschaften eines Handelsgutes.

Innerhalb der alten Mark- und Dorfgenossenschaften sowohl, wie auch in den Städten, solange sie noch rein agrarischen Charakter trugen, fanden die Bedürfnisse nach Holz ihre volle Befriedigung in den zur Mark, zum Dorfe oder zur Stadt gehörigen Waldungen.

Für den Handel mit Fremden aber war das Holz sowohl als Wertmaßstab wie als Tauschmittel bei den damaligen Verkehrsverhältnissen zu schwerfällig.

Vermöge seiner natürlichen Eigenschaften hätte es nur für den Nahverkehr in Betracht kommen können; dem ohnehin geringen Tauschhandel eines räumlich kleinen Bezirkes aber, dessen Einzelwirtschaften sich in ihrer Produktion noch wenig unterschieden, standen andere begehrtere und beweglichere Waren zu Gebote — landwirtschaftliche Produkte, wie Getreide, Käse, dann durch Lohnwerk oder das primitive Handwerk erzeugte Gegenstände zum täglichen Gebrauche und dergl. —, neben welchen das Holz sich im Handel keine Wertschätzung zu erringen vermochte.

Zudem mußte jede Neigung zum Holzhandel auch schon daran scheitern, daß die Nutznießer der Mark- und Stadtwaldungen meist nur zum Holzbezuge für den Eigenverbrauch berechtigt und alle Veräußerungen an Fremde strenge verboten waren.

Allmählich aber stiegen mit der Vergrößerung und Vermehrung der städtischen Niederlassungen, mit der Zunahme der Bevölkerung derselben, mit den verfeinerten Ansprüchen an die Konstruktion und Einrichtung der Wohnungen und Wohnsitze und mit den allgemeinen Fortschritten im wirtschaftlichen Leben die Bedürfnisse an Holz zur Errichtung von Gebäuden, zum Hausbedarf und zum gewerblichen Verbrauche.

Diese vermehrte Verwendung hob die Wertschätzung des Holzes und ließ ein Bedürfnis nach der Gelegenheit zu käuflicher Erwerbung desselben um so fühlbarer hervortreten, als die zugewanderten Insassen und Pfahlbürger der Städte an den Waldnutzungsrechten der ureingesessenen Bürger keinen Anteil hatten und auf den Kauf von den berechtigten Bürgern und von Fremden angewiesen waren.

Die Nachfrage regte alsbald zum Angebot an und fand besonders willkommenen Widerhall im bayerischen Oberlande, wo ein großer Teil der arbeitsfähigen Bevölkerung infolge der grundherrlich-bäuerlichen Agrarverfassung in dem kleinen landwirtschaftlichen Betriebe zeitlebens keine Aussicht hatte, sich eine wirtschaftliche Selbständigkeit zu erringen, und zu ständigen Gesinde- oder Tagelöhnerdiensten sich verurteilt sah.

Diese Leute ergriffen mit Freuden den Anlaß zu einem selbständigen Erwerbe, wozu die freie Nutzung der alten Holzvorräte in den „schwarzen oder freien Gebirgen" ihnen reiche Gelegenheit bot.

Die wichtige Frage des Holztransportes wurde gelöst durch die Entwicklung der Langholzflößerei auf den bayerischen Flüssen im Laufe des XIII. Jahrhunderts.

Der Benützung des Landweges standen in der schwierigen Beförderungsmöglichkeit auf der Achse für weitere Strecken, in dem mangelhaften Zustande der Straßen, Brücken und sonstigen Verkehrsanstalten und in der Unsicherheit des Verkehrs auf den Landstraßen unüberwindliche Schwierigkeiten entgegen.

Erst die Flößerei machte das Holz zu einer mobilen Ware. Sie war das unentbehrliche Werkzeug und die Voraussetzung der technischen Möglichkeit eines Holzhandelsbetriebes zu jener Zeit. Sie erleichterte, meist ermöglichte sie überhaupt erst den Transport des Holzes aus entfernten Waldgebieten nach den Verbrauchsgegenden.

Wenn auch keine geschichtlichen Nachrichten vorliegen, so kann doch mit Sicherheit angenommen werden, daß die Holzflößerei in Deutschland schon im 11. und 12. Jahrhundert geübt wurde. Den ältesten bis jetzt bekannten Nachweis der Ausübung des Holztransportes durch Flößerei in Bayern aus nachrömischer Zeit gibt eine Urkunde vom 13. Juni 1207[1]), in welcher Erzbischof Eberhard II. von Salzburg die Schenkung einer Salzpfanne in Mühlbach an die Abtei Raitenhaslach an der Salzach in Bayern vollzog; es heißt in derselben: „Concedimus eis lege perpetua decisionem lignorum in foresto nostro et deductiones eorundem lignorum sine omne exactione per fluvios adiacentes salinae"[2]). Zweifellos ist unter dieser deductio die Verflößung des geschlagenen Langholzes auf der Salzach und deren Nebenflüssen nach dem Kloster Raitenhaslach zu verstehen.

Auch von der Flößerei auf dem Inn sind Nachrichten aus der ersten Hälfte des 13. Jahrhunderts — 1226 und 1244 — [3]) [4]) er-

---

[1]) v. Meiller, Regesta archiepiscoporum Salisburgensium inde ab anno 1106 ad annum 1246; Wien 1866; S. 189, Nr. 91.

[2]) Vergl. auch die Urkunde des Königs Philipp d. d. Worms, den 3. August 1207, in welcher dieser die obenerwähnte Schenkung und Überlassung jener Rechte, welche dem Kloster „in succidendis lignis deducendisque eis per adiacentes salinae fluvios sine alicuius tributi requisitione" zugestanden wurden, bestätigt. (v. Meiller, Regesta S. 189, Nr. 92, dann Mon. boic. vol. III, pag. 122, Nr. 20.) — Diese Urkunden v. J. 1207 sind die ältesten bekannten Nachrichten über Flößerei in Deutschland. Eine nur um zwei Jahre jüngere Angabe v. J. 1209 aus dem Zolltarif des Stiftes S. Simeon zu Koblenz teilt Prof. Dr. Endres im Forstw. Zentralblatt 1899, S. 349 mit. Bis dahin galt eine Urkunde aus dem Jahre 1258 über eine Zollbefreiung des Klosters Pforta in Sachsen als ältester Nachweis der Flößerei; siehe Dr. v. Fischbach: „Beiträge zur ältesten und neuesten Geschichte der Flößerei in Schwaben" im Forstw. Zentralblatt 1895, S. 410 ff.; dann „Geschichte der Holzflößerei" in Mosers Forstarchiv Bd. 12 v. 1792, S. 14.

[3]) Cod. lat. mon. 17401 f. 13b, Matutinalbuch des Klosters Scheyern von Conradus monachius et prior Schyrensis 1205—1241. — (In der Handschriften-Sammlung der k. Hof- und Staatsbibl., München): „Apud villam arcellam (Arzl b. Innsbruck) est beneficium, unde datur strues lignorum ad vectandum vinum in flumine eno." Über „strues" ist das Wort „floz" vom Schreiber der Chronik interlinear erklärend eingefügt. (Das Kloster Scheyern bezog Wein von Bozen und beförderte denselben von Arzl aus auf dem Inn nach Bayern.) Angabe des Jahres 1226 nach Schmeller.

[4]) Mon. boic. vol. XVII, S. 7, Nr. VII: Monumenta Parthenii Altenhohenau, Donatio lignorum de ão 1244: „Chuonradus, comes de Wazzirburch dominabus in

halten; in denselben wird das Wort „Floß" in Bayern zum ersten Male genannt[5]). Wenn auch der hierin erwähnte Flößereibetrieb in erster Linie der Frachtenbeförderung diente — der ursprüngliche Zweck des Floßes dürfte überhaupt der Gütertransport gewesen sein —, so sind diese Mitteilungen doch als Nachweise der frühzeitigen Benützungs des Inns zur Floßschiffahrt von Interesse.

Eine weitere Mitteilung über Innflößerei gibt eine Urkunde des Klosters Ranhofen am Inn aus dem Jahre 1293[6]), welche u. a. von der Verflößung von Zimmerholz auf Inn und Donau bis zu einem Hofe des Klosters bei Krems handelt.

Welchen Aufschwung die Floßschiffahrt auf dem Inn im Laufe des 13. Jahrhunderts genommen hatte, beweist der geregelte Floßbetrieb, welchen das Kloster Raitenhaslach, einem Grundzinsbuche aus dem Jahre 1338[7]) zufolge, damals bis nach Wien unterhielt. Interessant ist hierbei die in Aschach von den Flößern zu leistende Abgabe von einem Karren Holz, carrada lignorum; denn aus ihr ist zu schließen, daß dieses Kloster mit Brennholz beladene Flöße nach Stein a. D. in Österreich sandte, also damals schon ein Brennholzverkehr nach Österreich stattfand.

Daß auch die Isar schon zu jener Zeit der Flößerei diente, erfahren wir durch das Stadtrecht von München vom Jahre 1347[8]) [9]).

Altenhohenaue quinque Congeries lignorum, qui vulgariter Flözze nuncupantur, jure feodali Contulimus in perpetuum eis de Teloneo nostro in Wazzirburch persolvendas."

[5]) Zum ersten Male in Deutschland kommt das Wort „Floß" in der erwähnten Urkunde v. 1209 vor.

[6]) Mon. boic. vol. III, Monumenta Ranshofana, S. 352: „.... Darüber geben wir dem Gotshaus, und der Sammung ze Ranshofen ein sogtan Genad, und ein sogtan Friung, swenn si ein Flos dez si bedürfen ze Zimberholz auf ir Hof hintz Chrems, den sullen auch ledichleichen fürgan".

[7]) Cod. lat. mon. 1050 (Kgl. bayr. allg. Reichsarchiv, Kloster Raitenhaslach fasc. 7a): Status praediorum in Raitenhaslach ão 1338, fol. 3b: „Subscripta iura damus in mutis, quando struem lignorum, hoc est flovs, in aqua deducimus. In purchusa de remo IV dn; In Obernperg similiter; In Schärding VIII dn de quolibet remo; In Aschach de quolibet remo III½ dn vel carradam lignorum; In lintza VIII dn de quolibet remo; In ybsa de remo IV dn; In stain de quolibet remo IV dn."

[8]) Frhr. v. Freyberg, Sammlung historischer Schriften und Urkunden, geschöpft aus Urkunden; 3. Bd., S. 419ff.

[9]) Im Jahre 1465 bildeten die Floßleute von München eine Zunft; siehe Zünftebeschreibung von München, cod. germ. mon. 544, fol. 48, 49; (Kgl. bayr. allg. Reichsarch., München).

Der Betrieb der Flößerei auf den öffentlichen Flüssen bildete ein Recht des Landesherrn, welcher Bewilligungen dazu, Floßrechte, verlieh und Abgaben verlangte[10] [11]).

2. Veranlassung der Beschränkungen des Holzhandels und der Holzausfuhr.

Mit Ausnahme der entlegenen Waldungen, der sog. schwarzen oder freien Gebirge, unterstanden schon in frühesten Zeiten die Nutzungen der Forste und Wälder der obrigkeitlichen Ordnung. Für die Art und Ausdehnung der Nutzungen waren die Bedürfnisse der Nutznießer maßgebend. In den Markgenossenschaften erhielt jeder Markgenosse Bau-, Geschirr- und Brennholz nach seinem Bedarfe, der Handwerker aber nur soviel Werkholz, als er für seinen Geschäftsbetrieb innerhalb der Mark verarbeiten konnte; der Verkauf seiner Produkte außerhalb der Mark war ihm verboten. Ausnahmen hiervon gab es nur selten. Eine solche bestand in der Jachenau bei Benediktbeuern, wo jeder Hübner das Recht hatte, im Markwalde ein Pfund Bäume zu acht Schilling, den Schilling zu 30 Stück, also im ganzen 240 Stämme, die sog. Hauszahl zu schlagen. Was hiervon nach Befriedigung des Selbstbedarfes übrig blieb, durfte der Hübner nach Belieben und auch für den auswärtigen Handel verwerten[12] [13]).

Nach den alten bayerischen Saalbüchern waren die einzelnen Forstkomplexe in Schläge eingeteilt und Jäger, Förster, Forstmeister zur Aufsicht und Verwaltung bestellt. In der regimentlosen Zeit des 13. bis 15. Jahrhunderts reichte diese Ordnung jedoch nicht aus, um den regellosen Ausraubungen der Forste, besonders in der Nähe von Ansiedelungen und an Wasserstraßen, Einhalt zu tun. Ungenügende Zahl und Qualität der Aufsichtsorgane und Mangel einer

---

10) Siehe Stahl Forstmagazin Bd. 8, S. 121.

11) Ob die Flößerei auch in Bayern in landesherrlicher Regie ausgeübt wurde, wie dies in manchen andern Ländern der Fall war, ist nicht nachgewiesen.

12) Bernhard, Geschichte des Waldeigentums 1. Bd., Berlin, 1872, S. 92, 93. — Dr. Hartter, die Guts- und Gemeindewaldungen, dann Alpen im ehemaligen Klostergerichtsbezirke Benediktbeuern, München 1869, S. 3ff.

13) K. bayer. allg. Reichsarch. Kl. Benediktbeuern Nr. 192; Saalbuch v. 1497, ferner Saalbuch von der Klamm v. 1500. Die Jachenauer, welche am Walchensee „Holz an das Wasser schlugen“, durften gegen eine Abgabe von 8 Pfg. für jedes Floß beim Transporte die Klamm benutzen.

Kontrolle der Ausübung der Nutzungen durch die Bevölkerung machten jede polizeiliche Anordnung hinfällig.

In der ersten Hälfte des 15. Jahrhunderts war der alte Glaube an die unversiegbaren Reichtümer der Waldungen bereits geschwunden und es drängte sich die Sorge auf, die Forste könnten und würden der Verödung entgegen gehen, wenn man nicht von Obrigkeits wegen auf die pflegliche Behandlung der Waldungen und die haushälterische Verwendung des Holzes ein schärferes Augenmerk richte.

Wie sich damals im allgemeinen das Bestreben geltend machte, das Land durch Sicherung der Selbstdeckung des Bedarfes an den Lebensbedürfnissen seiner Bewohner nach außen hin unabhängig zu erhalten — es wurde die Ausfuhr von notwendigen Lebensmitteln, wie des Getreides, untersagt[14]), der spekulative Verkauf im Inlande durch Aufstellung von unüberschreitbaren Höchstpreisen eingeschränkt —, so erkannte der Landesherr seine Pflicht auch darin, den gefährdeten Wald in kräftigen Schutz zu nehmen, die Ausbeutung desselben und die Abgabe des Holzes Beschränkungen zu unterstellen, um die holzbedürftigen Einzelwirtschaften des Landes nicht dem Mangel an einem für ihren Bestand unentbehrlichen Material verfallen zu lassen.

Der Landesherr nahm sich der Steuerung der befürchteten Holznot vor allem in Verordnungen an, welche intensiveren Schutz der Forste gegen Übergriffe der Bevölkerung, eingehendere Kontrolle und Einschränkung der Abgaben aus dem Walde, Sparsamkeit im Holzverbrauche, Verbot der Veräußerung des durch Begünstigung oder Berechtigung erhaltenen Holzes und Erschwerung des Holzhandels, besonders des gewerbsmäßigen Handels ins Ausland, zum Ziele hatten.

Die gegen den Holzhandel gerichteten Bestrebungen gewannen im 15. und bis zum Ende des 18. Jahrhunderts einschneidende wirtschaftliche Bedeutung. Keine Holz- oder Forstordnung wurde seit dem Ende des 15. Jahrhunderts erlassen, welche nicht einige Artikel gegen den Holzhandel im Innern und nach dem Auslande enthalten hätte. Neben diese, meist allgemein gehaltenen Bestimmungen, die als Ausfluß der Forsthoheit rein forstpolizeilichen Charakters waren und die Konservierung der Waldungen zum Ziele

---

[14]) Landtag des Landshuter Landanteiles vom August 1437. „Im Lande darf künftig das Schaff Korn nicht höher als zu 5 Landshuter Pfg. und Gerste und Weizen nicht höher als zu 2 Pfg. verkauft werden. Kein Getreide darf bis auf weiteres außer Landes gegeben oder verkauft werden.“ — v. Krenner, Landtagshandl., Bd. 4, S. 92.

nahmen, trat vom 17. Jahrhundert an eine Reihe spezieller, für das ganze Land oder für kleinere Landstriche geltender, gegen die Ausfuhr einzelner Holzgattungen und Sortimente gerichteter Verbotsmandate im Interesse der Wohlfahrtspolizei oder der Sonderzwecke des Fiskus.

Solange noch die Naturalwirtschaft das Wirtschaftsleben beherrschte, muß den Ausfuhrverboten im allgemeinen die wohlmeinende Absicht patriarchalischer Fürsorge des Landesherrn, welcher alles, was seine Untertanen zum eigenen Verbrauch und zum Betrieb ihrer einzelnen Wirtschaften bedurften, im Lande zurückgehalten wissen wollte, zugebilligt werden, wenn auch oft der egoistische Zweck, die Untertanen steuer- und frondienstkräftiger zu machen, mitwirkte [15]).

Von der Mitte des 16. Jahrhunderts an änderten sich die Motive entsprechend den veränderten wirtschaftlichen und politischen Verhältnissen. Mit der Ausgestaltung der Geldwirtschaft und den handelspolitischen Maximen jener Zeit trat an die Stelle der Fürsorge für das einzelne Individuum jene Wirtschaftspolitik, welche ohne Rücksicht auf den einzelnen die Wohlfahrt des ganzen Landes erstrebte und diese durch Ansammlung von Geld und Reichtum im Lande unter möglichster Verhinderung des Geldausganges aus dem Lande zu erreichen suchte. Zur Erlangung des letzteren Zieles mußte das Land seine Bedürfnisse durch eigene Produktion und Gewerbe befriedigen. Die Industrien und Gewerbe mußten gefördert werden, in erster Linie durch Begünstigung ihrer Existenz mittels leichter und billiger Beschaffung der nötigen Rohmaterialien, unter denen das Holz eine hervorragende Stelle einnahm. Oft auch rief der wirtschaftliche Kampf mit einem Nachbarstaat, dessen Gewerbe man aus dem Rohstoffexport keinen Nutzen ziehen lassen wollte, ein Ausfuhrverbot hervor.

Aus diesen Gesichtspunkten sind die wirtschaftlichen Gründe für die Ausfuhrbeschränkungen und speziell auch für die Holzausfuhrverbote der merkantilistischen Epoche zu beurteilen. Sie erscheinen teils als rein polizeiliche Äußerungen der Staatsgewalt, teils auch als Ergänzungen der Ausfuhrzollgesetze. Eine Reihe von Holzausfuhrverboten entsprang den fiskalischen Bedürfnissen des absoluten Staatsregimentes. Im 17. und 18. Jahrhundert veranlaßte die mißliche Lage der Staatsfinanzen und die finanzielle Bedrängnis der

---

[15]) Über die Ausfuhrverbote siehe Endres, die Waldbenutzung vom 13. bis Ende des 18. Jahrhunderts, Tübingen, 1888, S. 116ff.

landesherrlichen Kasse die rigorosesten Holzsperren, welche schließlich zu reinen Geldbeschaffungsmitteln ausarteten, durch hohe Konzessionsgebühren für Ausfuhrverbotsdispensen zu fiskalischen Einkünftequellen werden sollten und den Holzhandel mehr schädigten und niederhielten als alle eigentlichen Zolleinrichtungen.

3. Holzschlag- und Forstordnungen.

Die ersten Verordnungen des 15. Jahrhunderts, welche in Bayern dem Schutze und der Konservierung und Erhaltung der Waldbestände galten, bezweckten vor allem eine Regelung der Nutzungen und Abgaben aus den Forsten und die Bestellung einer wirksamen Kontrolle derselben. So wurde z. B. in der Instruktion für die Waldhutleute im Forste Hanhart vom Jahre 1439[16]) strenge Weisung gegeben, „daß die Hutleute kein Holz selbständig verkauften, weder Zimmer- noch Brennholz noch ander Holz ohne Rat und Wissen des vorgesetzten Forstmeisters, sondern alle Wochen demselben über die zu machenden Abgaben Anzeige erstatteten“. Der Hutmann sollte keinen Hannichl im Wald schlagen lassen und keinen Ahorn, außer für einen Drechsler oder Zimmermann. Eichen-, Fichten- oder Heslenholz durfte nur mit des Forstmeisters Willen und Auftrag abgegeben werden. Aus der gleichen Zeit stammt eine Verordnung für die Herrschaft Friedberg[17]), daß kein Urbarsmann Zimmer-, Zaun- oder Brennholz ohne Anweisung des Ortes durch den Forstmeister oder den Hutmann schlagen solle und daß jeder das geschlagene Holz aufarbeiten und fortführen und nicht im Walde faulen lassen solle. Der Holzschlag zum Verkaufe wurde noch nicht, wie dies später geschah, absolut verboten, doch mußte dem Forstmeister oder Hutmann wegen der Einforderung des „Forstgeldes“, des Kaufpreises, Anzeige erstattet werden.

Im Jahre 1448[18]) stellte der Jägermeister des Pfalzgrafen Heinrich, namens Kargl zu Spiespach, eine sehr eingehende Beschreibung der Holzgült und Försterbesoldungen der Gerichte Neuburg, Reickershofen, Wolnzach, Schrobenhausen, Aichach, Rain, Hochstetten, Grayspach, Gerolfing und Kösching auf, welche u. a. Dienstesanweisungen für die Förster verschiedener Forste enthielt. So heißt es bezüglich des Weyheringer Forstes im Neuburger Gericht: Wann man Holz vmb

---

[16]) Neuburger Copialbücher Bd. 38, fol. 151 (Kgl. bayer. allg. Reichsarch.).
[17]) Neuburger Copialbücher Bd. 38, fol. 153 („ „ „ „).
[18]) Neuburger Copialbücher Bd. 31, fol. 63—77 („ „ „ „).

die Gült verkauffen, das sol nur pawschholz sein vnd vnder dem sol man chain zymerholtz, Reyser noch Liechtholtz nicht abgeben an (ohne) des Jägermaisters haißen vnd geschäfft. Es sey dann dürr oder vnfruchtbar Holtz, das abdorren woll. Es sol auch der Vorster anheben mit dem hingeben zu sant Michelstag vnd nicht Ee vnd sol die Gült losen vnd wann er die also geloßt hat, so sol er den Vorst wieder zu slahn vnd nicht mer daraus hingeben alls er dann deß vnd ain yeder Vorster meines Herrn genaden gelobt vnd gesworn hat. Es wär dann daß ainer Zymerholtz so nottürfftig wurd vnd deß nicht geraten möcht, das sol Er Im geben vnd doch nicht an des Jägermaisters haißen und geschäfft."

Über den Köschinger Forst waren drei Förster gesetzt, welche den forstberechtigten „41 Pawern, yedem pawern alle Wochen zwo Vert auß dem Vorst vnd in den awen zu geben" hatten und zu strengem Forstschutz angewiesen waren[19].

Die verwüstenden Kriege, welche das Land seit der Mitte des 15. Jahrhunderts erlitt, und räuberische Ausbeutung machten den Zustand der Waldungen mehr und mehr zum Gegenstand allgemeiner Besorgnis. Man begann Untersuchungen über die Ursachen des Rückganges der Waldbestände anzustellen, um Abhilfe für die Zukunft treffen zu können. So wurde z. B. im Jahre 1470 der Rentmeister Hofmann und der Jägermeister Grewiter beauftragt, in den Gerichten Ingolstadt, Kösching, Gerolfing, Reichertshofen, Wolnzach, Neuburg, Rain, Schrobenhausen, Aichach, Friedberg, Grayspach, Wemding, Höchstädt, Gundelfingen, Zageln, Stauffen, Heidenheim, Geißenberg, Constein und Hilpoldstein „alle die Vorst, Holtz, Awen und Weiden zu besehen, wo vnd wer die zerslagen hab vnd wo so solich holtz hinkommen sey".

Der darüber erstattete Bericht[20]) gibt ein trauriges Bild der damaligen Verfassung der Waldbestände und schildert lebhaft, wie die Kriegszeiten, die Befestigungsarbeiten an den Städten, der Wieder-

---

[19]) Den Förstern fiel die Hälfte der Strafe zu. Der Köschinger Forst scheint durch Frevel sehr gefährdet gewesen zu sein, auch die Flurschützen mußten zum Forstschutz mitwirken; „all Sonntag so vordet man die Eschayen (Flurschützen) vnd fragt die auf ir aydt ob sy nicht wissen, daß yemandt die vergangene Wochen vnrecht an dem vorst getan haben, vnd wer gerügt werdet, vmb ain Tagschaden der geit 12 pf., vmb ain nachtschaden 1 Pfd. pf., das gelt gevellt der Herrschaft. — Wann ain vnfrid ist, so sullen die vorster zu Köschingen in der vorst liegen vnd darinnen wachen."

[20]) Neuburger Copialbücher Bd. 31, fol. 33—60, 63—67.

aufbau abgebrannter Dörfer die Wälder und alten Eichenbestände zerstören halfen, wie die Beamten selbst, statt ihrer Pflicht gemäß alle Schädigungen des Waldes hintenanzuhalten, an seiner Ausschwendung mitwirkten, wie sogar der Herzog und die Herzogin der Vorwurf treffe, daß sie des Forstes nicht geschont hätten, wie Kuh- und Roßweide in manchen Waldungen den Nachwuchs vernichte, wie die Berechtigten im Köschinger Forste hausten und ihn niederschlügen, wie das gute junge Holz zu Brennholz abgeschwendet werde, während das abgedorrte stehen bleibe, das vor allem aus dem Walde genommen werden sollte u. dgl. [21]).

---

[21]) Vorst Hofholtz, Rainer Gericht: Dasselb Holtz ist in den Kriegslauffen vnd seider von des pflegers wegen so vast erslagen daß schier kein Holtz mer da stet.

Der Weyheringer Vorst: „daraus behültzen sich Nevn kastennaer auch der Pfarrer vnd vorster mit zymerholtz prenholtz vnd zeunholtz alles on gelt.

Aus einem Teile, dem ober Vorst, was oberhalb der Ach ligt, hat man genommen Eichenpäm zu den polwerchen gen Ingolstat vor den Stattorn.

So hat Herr Heinrich Tandorffer aus dem Vorst geslagn, das er gen Erlach hat, ferner lassen ob hundert Aichenpäm, ee das Erlach ausprennt is worden, dann zweihundertvierzig aichen Höltzer zu der Ratmauer gen Ingolstat. Derselbe hat ferner zu sein paw gen Weyheringen zum Sloß vnd Tafern vnd anders das er pawt hat, auss dem obern und auss dem vndern teil des Vorst genommen bey fünfzehnhundert aichenpäm vnd Reyser. Zu den neuen Casten zu Neuburg, hat man zu Gebäuden genommen ob hundert Höltzer die man in den Kriegslauffen verpraucht hat, so hat auch sein genad aus demselben Vorst den von Ingolstat zu geben geschafft viertzig aichenhöltzer.

So hat vnser genädig Herr vnser frawen der Hertzogin, dieweil ir gnad zu Ingolstat gewesen ist, etlich Scheffart holtz auß dem weyhering vorst geschafft, desgleichen hat vnser gnädig Herr auß dem vndern vorst auch sich gen Ingolstat behültzt mit prennholtz vnd desgleichen der Tandorffer, vnd ist derselb vorst durch den Tandorffer vnd auch ewer Gnaden geschäfft zerslagen worden vnd nicht zu der vorst nutz."

Ähnliche Klagen über Raubnutzungen werden bezüglich des „Sunyuger Vorst" des Neuburger Gerichts erhoben, „in dem wenig aichreiser mer da sein, doch ist das alls der Vmbsässigen Slagen in dem vmwillen paider Hertzogen Ludwigen Vaters vnd Sons (Ludwig der Gebartete 1443—1447 und sein Sohn Ludwig der Höckerige), so vnser alter Herr Hertzog Ludwig hat etlich polwerch vnd geschütt zawn außerhalb vnd vnderhalb der Stat (Neuburg, welche von Ludwig dem Höckerigen gestürmt wurde) auch dem Weinperch mit polwerchen vnd aingang auß der stat in Weinperch alles aus aichenhöltzern aus dem genannten Vorst gemacht hat."

So hat sich auch mein Herr Markgraf Albrecht vnd mein fraw die Hertzogin dieweil Sy Neuburg innen gehabt haben, aus demselben Vorst behültzt vnd des Vorsts nicht geschont in derselben Zeit des Vnwillens und der Irrung".

Nur von einigen Hölzern, die wohl ihrer entfernten Lage halber schwerer zu erreichen waren, wird gemeldet, daß sie noch große Bäume enthielten und altes Holz, das aber schon zu alt sei, um es noch gut verwerten zu können[22]).

Aus verschiedenen Waldungen in der Nähe von Ingolstadt und im Schrobenhauser und Friedberger Gericht kam viel Eichenholz während der Kriege zu den Basteien und Bollwerken nach Ingolstadt, Schrobenhausen, Aichach (fol. 43), zu Stadtmauern, Erbauen und Reparaturen von Schlössern, Aufbauen brandgeschatzter Güter etc. (fol. 45—51).

„Vnd thut not, dies Holtz zu Friedberg bas zuuersehen, dann bisher geschehen ist, wann pfleger vnd Castner des mit zu thun haben wollen vnd will er kainen an dem zerlagen schuld haben."

„Im köschinger Vorst haben die von Köschingen sich von altersher behülzt mit zimerholtz prennholtz vnd zainholtz vnd sust vnd haben yetzo darinnen an vil enden sleg gemacht vnd sy haben auch darinnen kolen prennen lassen an dreyen enden.

Es haben auch auß meines gnädigen Herrn Hertzog Albrechts Land auch auß dem Stift zu Eystet des von Abensperg vnd anderweit hindersassen fert in denselbeu Vorst zwen tag in der wochen, die bisher darein gefarn sein, wa Sy gelust hat vnd prennholtz auch zymerholtz vnd liechtholtz genommen. Der köschinger Vorst ist an vil enden fast zerslagn vnd daraus die pesten Aichenraiß genommen als die Vorster sagen zu den pasteyen vnd anderem gepawen gen Ingolstat. Auß demselben Vorst behültzt man auch mein gnädigen Herrn gen Ingolstat, doch ist noch vil prennholtz darinn das abdorrt vnd vil pesser wär man füre das daraus dan sten zu lassen. „vnd der maist pruch vnd schaden desselben Vorst ist, daß man vnordentlich darinn vmbget, das Holtz nider hawet vnd nit sawber auf ravmbt."

„Derselb Vorst hat kain genannten Slag, sunder man fert enhalb (jenseits) vnd dishalb, oben vnd vnden darain, nachdem yeder dem Vorst gesessen ist vnd dasselb ödet den Vorst vast vnd sagen auch die alten, daß ain yeder der fertt in den Vorst gehabt hat darinnen ist gefarn vnd Holtz genommen wa im lust hat, aussgenommen an zwayn pergen (Newheus und das Lentinger Holtz), wo sich noch aichen, puchen, mentlen vnd eschpenholtz" findet.

Holzmarch Zagel, Rainer Gerichts: „Desselb Holtz ist bei item vergangenem Herrn vor 24 Jahren gantz abgeslagn vnd ist noch nit wider gewachsen, darvmb des man küe vnd Ross darinnen lasset gen, davon man vogt habern auf den Casten gen Neuburg gibt."

In den Gerichten Grayspach und Höchstätt fand sich „vil Holtz zerslagn" seit der Zerstörung und dem Wiederaufbau des Schlosses Graisbach vor 20 Jahren.

[22]) Aichacher Gericht. Schiltberger Vorst: „Es sein zwen großperg darinnen mit großem zymerholtz ob zwey oder vierfüdrigen pämen, die aber schawerslechtig sein vnd gantz abdorrn werden, vnd ist das Holtz an den enden nit werdt wann man das hardt (hartschlächtige) zu den Leuten bringen mag die das kauffen.

Ein Vorst genannt Greymoltzwinkel darinn ist großgewachsen puchen vnd aspen vnd ist vast an dem das das außdoren wirt vnd ist kain slag darinn dann

Albrecht IV. begann, spezielle Verordnungen zur Regelung der Holznutzungen für einzelne landesherrliche Forste seines Fürstentums zu erlassen.

Diese „Holzschlagordnungen" wurden nur für bestimmte landesherrliche Waldgebiete aufgestellt; sie hatten einen beschränkten Geltungsbereich, dessen spezielle Verhältnisse zu regeln sie bestimmt waren. Auf die Privatwaldungen erstreckten sie sich nicht.

Im Jahre 1476[23]) erließ Albrecht, „nachdem und die Gebürg-Wälder und Hölzer allenthalben in unserem Gericht Tölz fast geödet und erschlagen und noch täglich geschieht, wo das nicht fürkommen sollte werden das unsern Landen und Leuten zu merklichen Schaden kommen möchte" eine Ordnung des Holzschlages in den Gerichten Tölz und Aibling.

Diese Holzschlagordnung richtet sich gegen das Reuten in den „gemeinen Gebirgen", gegen die Herstellung von Stangenzäunen und Gehege, durch welche dem Holze großer Schaden geschehe, dann gegen das Schlagen von Leiterbäumen und von „ganzen Reisern, Fichten und Tannenholz zu Latten". Besonders aber befaßt sie sich mit einschränkenden Bestimmungen gegen die Flößerei, welche durch die Isar den Transport und Verkauf des Holzes erleichterte; „es ist unser Meynung und fürnehmen, daß hinfür kein Bauer noch anderer, wer der ist, Feichten noch Tannenholz schlagen an dem Gebürg und andern Enden zu verkaufen, dann daß auf das mindeste 20 Bäume einen Floß thun und dieselben Bäume 38 Schuhe zum mindesten lang seyn. Doch ausgenommen, was ein jeder zu seines Gutes Nothdurft zum Zimmern bedarf, das mag er nach seinem Willen schlagen, ungefährlich."

In dieser Bestimmung ist zum ersten Male eine Beschränkung des Holzhandels, welchem der Landesherr stets abwehrend gegenüber stand, verordnungsweise ausgesprochen.

Aus ungefähr der gleichen Zeit stammt ein Entwurf einer „Ordnung in dem feulenforst" (bei Geisenfeld) und einer „Ordnung vnd mitl firgeslagen des Veilenforstes wegen"[24]), welche von den

---

ain slag, der ist geben vmb 3 Pfd. Pfg. vnd verrechnet, wan das Holtz an den Enden vnwert ist vnd kain gelt gilt."

[23]) Verordnung vom 8. Mai 1476. Krenner Landtagshandlungen Bd. 8, S. 236. — Döllinger, Repertor. der Staatsverwaltung des Kgr. Bayern, Bd. XV, S. 780.

[24]) Neuburger Copialbücher Bd. 31, fol. 261, 268. — Die Entwürfe sind ohne Jahreszahl. — Zur Bestimmung der Entstehungszeit derselben gibt die Er-

Nutzungen und Holzabgaben in diesem Forste an die „armen Leute" (Untertanen), die auf dem zwischen St. Galli und Martini zu Aegelsperg bei Reichertshofen abzuhaltenden Geding Holz dingten, und an solche, die „gewondliche Vert in den Forst hatten", d. i. die Berechtigten, handeln; kein Holz sollte ohne vorherige Anweisung des Försters geschlagen werden; die Berechtigten sollten kein Lichtholz zum Verkaufe an andere und nur solches zur eigenen Notdurft nehmen, wie nach altem Herkommen ihnen zustehe[25]).

Neben diesen Entwürfen einer Holzordnung für den Feilenforst finden sich auch einige Punkte eines solchen Entwurfes für den Köschinger Forst vor[26]), welche sich mit den Berechtigungsnutzungen befassen. Die „gewondlichen Fert" sollten sich auf zwei Tage in der Woche, Erchtag und Pfintztag, erstrecken, für Brennholz, Stockholz,

---

wähnung eines Landvogtes zu Graispach, Heinrich Ritter von Waldenfels, in diesen von gleicher Hand geschriebenen Konzepten über den Feilenforst einen Anhalt. In der Familiengeschichte der Freiherren von Waldenfels wird im 15., 16. u. 17. Jahrhundert nur ein Heinrich von Waldenfels genannt. „Unter den fränkischen Rittern im Gefolge des Markgrafen Albrecht befand sich Heinrich von Waldenfels mit fünf Pferden, 1475" wird von diesem in der Chronik erzählt. Sicher ist dieser mit dem Landvogt von Graispach identisch.

[25]) Aus den sonstigen Bestimmungen der Entwürfe: Es soll verboten sein, vor St. Martini (11. u. 12. Nov.) und nach St. Georgi (24. April) in den Forst zu fahren und Holz zu schlagen. Die Förster sollen der armen Leute gewärtig sein und „die Auszaigung der nemung des Holtz an gelegen vnd füglichen ennds vornehmen", daß es „die armen gewinnen, anders das vor gescheen vnd geraum gut zeit, als zwischen Sand Gallen (16. Okt.) vnd Sand Martinstag die fert zu dingen, gesetzt werden sollte." Das Holtz für die armen Leute sollte von diesen auf dem Geding zu Aegelsperg (Holzgeding, spätere Holzschreibetage, Holztermine), welches „zwischen St. Galli und Martini abgehalten vnd von dem knecht verkündet werden" solte, „damit sich die armen leut, so dingen wellen, darzu wißten zu fügen, weil ein yeder fueder haben will", gedingt werden. Jeder sollte einen Zettel durch den Förster erhalten als Ausweis, „wieviel er Fuder gedingt habe, damit der arm man nit von merung oder der Verster von mynderung sagen möge". — Einem Bauern, der „gewondliche (gewohnheitliche, berechtigte) Vert hat", sollte zu dem Brennholz ein Lichtbaum und einem Huber ein halber Lichtbaum gegeben werden. — Damit beim Aufbau der Marktbuden für den Jahrmarkt zu Stimmen an Holz, welches aus dem Feilenforste genommen wurde, gespart werde, sollte der bisherige Brauch, nach welchem dieses „Hüttholz" dem Richter zu Reichertshofen zufiel, dahin geändert werden, daß dieser Richter nach Beendigung des Marktes das Hüttholz nicht verbrauchen dürfe, sondern zur Wiederverwendung im folgenden Jahre aufheben müßte, wofür er mit 63 Pfg. entschädigt werden sollte. Der Entwurf enthält sehr eingehende Bestimmungen über Strafen für Zuwiderhandlungen, über Pfändung, Geldbußen usw.

[26]) Neuburger Copialbücher Bd. 31, fol. 267.

Zaunholz, Zimmerholz. Sonstige Einschränkungen gab es nicht: „ein yeder der fert hett in keschinger vorst, der haut Holtz wie Er wil yederzeit vnd sol ims nyemandt weren.“

Ob diese Entwürfe als gültige Verordnungen zur Ausführung kamen, ist nicht bekannt, jedenfalls aber sind sie als Zeugen der damaligen Anschauungen interessant.

Im Jahre 1491 erließ Albrecht IV. eine Verordnung zum Schutze der Wälder in den Herrschaften Auerburg und Falkenstein am Inn[27]. Dieselbe ging wiederum einen Schritt weiter und wendete sich u. a. gegen die Holzverschwendung der Sägemüller und die übermäßige Ausübung der Drechslergewerbe als Gefahren für den Wald. Sie gestattete den Sägemüllern jährlich nur hundert Säghölzer zu Brettern zu schneiden, welche nicht durch den Sägmüller selbst, sondern nur durch den Käufer aus dem Lande geführt werden durften, damit die dazu notwendigen Transportflöße erspart würden. Zu Zimmer- und Brennholz durften die Gerichtsleute nur schlagen, was sie zu Notdurft ihrer Güter bedurften, und ohne Erlaubnis des Rentmeisters im Oberlande und des Pflegers zu Auerburg weder in noch außer dem Lande Holz aus den genannten Gebirgen und Hölzern hingeben oder verkaufen.

Im Jahre 1508 wurden in einer von Herzog Wolfgang erlassenen Forstordnung für den Höhnheimer Forst die Holznutzungen der Berechtigten und die Verkaufsabgaben an Nichtberechtigte aus demselben einer Regelung unterzogen; doch wird ein Verbot des Holzverkaufes außer Landes darin nicht erwähnt. 1518 erhielt der Köschinger Forst eine spezielle Holzordnung.

Diese Holzordnungen enthielten stets strenge Strafbestimmungen, welche von den Forstbeamten rücksichtslos durchgeführt wurden, so daß die Landstände im Jahre 1501 Beschwerde dagegen führten. Im Landshuter Landesteile gab Ludwig der Reiche Verordnungen zum Schutze der Wälder, er ermahnte seine Beamten, maßvoll und unter Rücksichtnahme auf das Wachstum der Wälder Holz zu schlagen[28].

Albrechts IV. Sohn Wilhelm IV. und dessen Mitregent Ludwig erließen im Jahre 1528[29] eine „Holzordnung auf Tölz und Wolfratshausen für alle so auf und bei der Yser und Loysach

---

[27]) Verordnung v. 11. Jänner 1491, Krenner Landtagshandlungen Bd. 9, S. 19. — Döllinger, Repertor. der Staatsverwaltung des Kgr. Bayern Bd. XVII, S. 235.

[28]) Riezler, bayer. Geschichte Bd. 3, S. 780.

[29]) Kgl. bayr. allg. Reichsarch., Kloster Tegernsee, No. 218.

Gepürg, Wäld, Vorst und Holzmarkh haben, daraus man Floßholz für Tölz, Wolfratshausen und München herabbringen oder verführen lassen, zu wissen", welche mit wenigen Modifikationen im Jahre 1536[30]) von Wilhelm IV. als „Holz- und Kollordnung vor dem Gebirg an der Iser und Loysach" wiederholt und am 1. Mai 1560 von Albrecht V. abermals erneuert wurde.

In dieser Holzordnung wird auf schon früher gegebene Verordnungen Bezug genommen. Zur Verhinderung der Holzabschwendung wurde besonders die Fällung jungen Stangenholzes zu Zwecken, für die auch anderes Material tauglich sein könnte, untersagt, wie z. B. für Brennholz und für Floßbäume, wozu man erwachsen zeitig Holz nehmen solle, und zu Latten, welche besser aus Schnittbäumen hergestellt würden; es wurde die Fällung und Verarbeitung von Eschenholz zu Reifen verboten, um dasselbe ausschließlich für die Herstellung von Spießen aufzusparen u. dergl. mehr.

Diese Bestimmungen wirkten auf den Holzhandel insofern ein, als die zur Gewinnung verbotenen Sortimente dem Verkehr entzogen wurden.

Zum Zwecke der Holzversorgung Münchens wurde der Holztransport dahin besonders begünstigt. Doch erstreckte sich die Erlaubnis solcher Holzlieferungen, damit die guten Waldbestände geschont blieben, nur auf das Astholz und krummes und ungeschlachtes Stangen- und Altholz, welches in den Waldungen aufgeräumt und unentgeltlich weggeführt werden durfte; die neuen Windwürfe und Afterhölzer konnten nach Anweisung der Förster weggebracht und, um dem Mangel und der „großen Holzteuerung" in München abzuhelfen, zu Wasser und zu Lande dorthin geführt werden.

Wichtige Bestimmungen galten dem Floßhandel. Es wurden präzise Vorschriften über die Herstellung und die Maße der Flöße gegeben; ein Tannen- oder Fichtentragfloß und ein Buchenfloß durfte höchstens aus 20, ein Schnidfloß höchstens aus 12 Floßbäumen bestehen; die Mindestlänge eines Tannen- oder Fichtentragfloßes betrug 38, der übrigen Flöße 30 Schuh, die Floßbreite 16 Schuh.

Die strenge Einhaltung dieser Maße war geeignet, junge und kleine Stämme von der Verwendung zu Flößen auszuschließen, wenn sie nicht den Anforderungen an die Mindestlänge entsprachen oder in obiger Höchstzahl nebeneinander gereiht das Breitemaß eines Floßes nicht ausfüllten.

Für die holzhandelnden Floßleute wurde die durch alten Brauch

---

[30]) Mayr, G.-S. Bd. IV, 1788, S. 541.

entstandene Übung, daß nicht zum voraus bestelltes und unverkauftes Holz an einem Ort drei Tage zum Kaufe ausgeboten werden mußte, ehe es weiter geführt werden durfte, zur ordnungsgemäßen Vorschrift (Stapelrecht). Niemand durfte Holz länger als ein Jahr auf Ganter liegen lassen, damit der Spekulation auf höhere Preise vorgebeugt würde.

Entgegen der sonstigen Einschränkung der Flößerei wurde denen, die eine Floßladung Kohlen hatten, gestattet, Floß und Bretter zu kaufen, ein Kohlenfloß herzurichten und es selbst zu verführen. Da die Kohlen nur in den entlegenen Wäldern gebrannt werden durften, sollte mit dieser Erlaubnis die Kohlengewinnung dort begünstigt werden[31]), um durch Förderung des Kohlenverbrauches die Inanspruchnahme der leichter zugänglichen Waldungen zu mindern.

Der Inlandhandel mit selbst gearbeitetem Material, Holz, Brettern, Flößen war den Untertanen gestattet, nur der „gefährliche Verkauf" wurde bekämpft.

Mit Nachdruck wiederholte diese Holzordnung das schon von Albrecht IV. gegebene Holzausfuhrverbot: „Kein Stangen-, Leiter-, Wagner- noch ander dergl. Holz, so in unserem Lande geschlagen wirdet", soll „füran aus unserem Fürstenthum on sonder unser glaubwürdig Paßpart oder Erlauben verkauft noch verfüert werden, sondern zu Förderung, Notdurft und Geprauch der gemaynen Handwerchsleut behalten werden".

Dieses Ausfuhrverbot zeigt gegenüber jenen der Verordnungen von 1476 und 1491 eine Erweiterung ihres Geltungsbereiches von prinzipiellster Bedeutung. Ohne Einschränkung auf die landesherrlichen und die freien Waldungen, erstreckte es sich auf das Holz aus dem ganzen Fürstentum, während die früheren Verbote nur für die freien Waldgebiete und solche landesherrlichen Besitzes galten, für die sie speziell erlassen waren. Der Einschluß der Waldungen des Privatbesitzes im ganzen Fürstentum unter dieses Holzausfuhrverbot kann als ein Anzeichen einer schon vorgeschrittenen Entwicklung der Forsthoheit in Bayern gelten, welche dann durch die Forstordnung von 1568 ausgeprägt zum Ausdruck kommt.

Auch im inneren Wesen der Holzausfuhrverbote vollzog sich um diese Zeit eine Wandlung. Mit dem allmählichen Vordrängen der Geldwirtschaft und der landesherrlichen Macht traten mehr und mehr fiskalische Zwecke in den Vordergrund; die Betonung von

---

[31]) Endres, Waldbenutzung S. 121.

Motiven patriarchalischer Fürsorge diente nur noch zum äußeren Aufputz der oft sehr rigorosen Verbote. Der Neuzoll, welcher mit der Instruktion vom Jahre 1548 auf das mit spezieller Konzession zur Ausfuhr erlaubte Holz gelegt wurde, ist ein Produkt dieser fiskalischen Tendenzen. Ein weiteres Motiv der Ausfuhrverbote als Mittel gegen die Holzabschwendung erstand ferner durch die Ausbildung der Jagdhoheit, deren Träger mit der Erhaltung der Wälder einer Beeinträchtigung seiner jagdlichen Interessen entgegen wirken wollte.

Die Forstordnung für das Fürstentum Ober- und Nieder-Bayern vom 1. November 1568 befaßt sich mit dem Holzhandel in verschiedenen Artikeln. Der Inlandhandel wurde nur in soweit gestattet, als der dringende Bedarf holzarmer Gegenden es forderte. Die Ausfuhr wurde bekämpft, die Einfuhr des Holzes dagegen begünstigt.

Damit die Städte und Märkte, welche infolge Mangels an Gemeinhölzern und an Gefährten sich nicht selbst mit Brennholz versehen konnten, vor Holzteuerung und damit vor Schmälerung ihrer Wohlfahrt bewahrt und ihnen die Zollabgaben, welche durch die Bauern bei der Holzanlieferung zum Markt zu reichen waren, nicht entzogen würden, wurden den Zinsern alle Jahre etliche Klafter nach dem Stamm an Orten, wo es dem Gehölz am wenigsten schädlich erschien, gegen ein „gebührliches Gelt“ durch die Förster verabfolgt, um es in die Städte und Märkte zu bringen. Zu gleichem Zweck wurde den Prälaten, Hofmarks-Herren und Privatwaldbesitzern bewilligt, ihren Untertanen ohne Schaden für die Gehölze jedes Jahr über die Hausnotdurft eine gebührliche Anzahl Holz um ein „leidliches Geld“ abzugeben.

Die Bauern, welche ihren Holzbedarf aus den eigenen Waldungen decken konnten, sollten aus landesherrlichen Forsten keinerlei Holz erhalten, um zu verhüten, daß sie das Holz aus ihren Gutswaldungen anderweitig verwerteten und verkauften. Sie sollten sich bei der Nutzung ihrer Eigenwälder möglichst auf ihre Hausnotdurft beschränken und bei Strafe im Verkaufen ein schädliches Übermaß vermeiden.

Bei Strafe an Geld und Konfiskation wurde verboten, aus jungem geschlachtem Holze Brennholz herzurichten, auf Flöße zu bringen und zu verführen; zu Brennholz sollte nur abgestandenes, ungeschlachtetes, verwachsenes Holz, große Stalbuchen, Windwürfe, Afterschläge zu gebrauchen erlaubt sein. Zu Latten und Hopfenstangen durfte nur unterdrücktes Gestäng, zu Lichtbäumen, Spanholz und Schindeln nur Windfälle, solange solche vorhanden waren, abgegeben werden. Es war bisher an manchen Orten gestattet, daß Bauern Holz schlugen und an ihren Gehöften ein- und zweigädige Getreidekästen (Scheunen) daraus zimmerten, welche sie zerlegt zum Verkaufe fortführten; den Förstern, Knechten, Holzheyen und Amtleuten wurde ernstlich befohlen, darauf zu sehen, daß sie „die, so ihren aigenen Nutz suechen und mit den Kästen ain fürkauff treiben" zur Strafe brächten. Holzbezugsberechtigte Bauern am Gebirge und an den Wasserstraßen trieben mit ihren Rechten den Mißbrauch, daß sie unter dem Vorwand der Hausnotdurft die doppelte Anzahl ihres Bedarfes an Sägebäumen schlugen, um die Sägmüller in der Weise zu entlohnen, daß sie für das Schneiden eines Baumes einen andern als Entgelt gaben; die Sägmüller aber benutzten die aus diesen Bäumen hergestellten Bretter zum Handel, schlugen Floßbäume und brachten die Bretter damit außer Land. Gegen solche Fälle sollte mit ernstlicher Strafe eingeschritten werden. Ein besonderes Interesse in volkswirtschaftlicher Beziehung bietet das die altbayerischen Verhältnisse illustrierende Verbot der Flößerei für die Bauern, Tagwerker, Häusler und Inwohner, „welche sich bey den schönisten Gebürgen vnnd Wassersträmen als an dem Lech, der Iser, in der Riß, der Jachna, Loysach vnnd andern orten vil mehr, auch maisten thails vmb der Klöster Gehülz, die den paurn verleibt, zum gewaltigsten auff das Floßwerk legen, Also daß die Pauern durch das Floßwerch ihre güter in abschlaipff bringen, dieselben nit zaffen noch bawen, vnd fragen vmb mehrerm nit, dann was sie zur notturft ins hauß erbawen vnd muß vmb die Herrengült das Gehültz herhalten, wölchs maistenthails von der Bauchsfülle vnnd des geschlecks wegen, damit' sie oft zu Statt vnd Märkten kommen, beschicht".

Hier gab also nicht die Sorge um eine waldschädliche Ausdehnung der Flößerei allein den Anstoß zu dem Verbot, sondern hauptsächlich die Erwägung, daß das Floßhandwerk und dessen leichterer Geldverdienst den Bauern seiner landwirtschaftlichen Beschäftigung entfremde, seiner einfachen Sitten und Lebensansprüche entwöhne[32]), und den Arbeitermangel in der Landwirtschaft erhöhen helfe.

[32]) Die gleichen Grundsätze kommen in den württemberg. Forstordnungen v. 1567 u. 1614, der Baden-Durlachschen Forstordnung v. 1574, der Salzburger Forstordnung v. 1594 zum Ausdruck.

Den Tagwerkern, Häuslern und ledigen Inwohnern „die kain Ehrlicher Mann noch Paursleut vnnd ander vmb das gebührlich taglohn bekommen kann“, „soll man das Floßwerch maistenthail niderlegen, damit sie für sich selbst nicht soviel Holtz niderschlagen oder verfüern, sondern dem mad dröschen, vnd andern tagwerchen außwarten, Es wer dann sach, das ainer ainem rechten Floßen ann bei Märkt und Stetten auff dem Floßwerch vmb ain zimblich taglohn arbeiten wolt“.

Ein völliges Flößereiverbot hätte aber die Holzversorgung der Städte und Märkte in holzarmen Gegenden des Inlandes unterbunden. Um einerseits dies zu verhindern, anderseits die Flößerei in Schranken zu halten, sollte in den einzelnen Gerichtsbezirken eine genügende Anzahl armer Tagwerker durch die Pfleger widerruflich zum Floßhandwerk zugelassen werden und den Bauern, welchen das Floßwerk im Lande verboten wurde, die Ausbringung des Holzes in den Gebirgen in den Rissen mit Roß und Wagen gestattet sein.

Die Importflößerei wurde dagegen den Bauern ungeschmälert erlaubt: „Wo der pauern ainer oder mehr die gantzen gestrick vnnd Flöß, so gar beyainander sein, außer Lands von frembden, die das Floßwerch auß andern anstoßenden Fürstenthumben vnd Herrschaften auff die Wasserstränı brechten, erkaufften vnd deßhalben glaubwürdige vrkunden fürlegten, denselbigen paurn sol das Floßwerch jetzgehörtermaßen vnverwärt sein.“

Bei der Herstellung der Flöße mußten die schon in der Holzordnung von 1536 erwähnten Dimensionen, von denen nur das Breitemaß eine Erhöhung auf 17 Schuh erfuhr, eingehalten werden.

Gleiche Bestimmungen wie die bayr. Forstordnung von 1568 enthält jene vom Jahre 1616.

In den Forstordnungen anderer bayerischer Landesteile und auch geistlicher Gebiete, welche mit Altbayern in territorialer Verbindung standen und später mit diesem vereinigt wurden, nahmen die Holzhandels-Beschränkungen neben den Ermahnungen und Vorschriften für gute Pflege der Wälder und ökonomische Ausnutzung des Holzes einen weniger breiten Raum ein als in der besprochenen Forstordnung für Ober- und Nieder-Bayern. Die natürliche Landesbeschaffenheit, das Fehlen eines ordentlichen Flößerei-Betriebes gaben hier dem Holzhandel eine geringere Bedeutung. Eine Ausnahme hiervon machte nur die hochstiftisch-freisingische Grafschaft Werdenfels.

Die „newe Holtzordnung auffm Norggau“ vom 31. Mai 1570[33]) enthält das Verbot der Abgabe von Säg- und Schrotstämmen über die Notdurft oder gar zum Verkaufe ohne Genehmigung des Forstmeisters. Die Forstmeister und Forstknechte wurden angewiesen, dagegen einzuschreiten, daß „wie bisher eine große anzal holtz durch das Fludern auf dem Wasser in vberfluß verfürdt werde, das zu notdurfft des Lanndts auch gehaiet vnd erhaltenn werden khan, fürnemlich an den orthen Wir oder vnnser Vntherthanen das holtz selbst nottürfftig zu verfüren“. Aus den Kästen-, Herrn- und Zinsgütern durften die Untertanen nur erwachsenes Holz und auch dies nur mit Vorwissen des Kastners oder Forstmeisters verkaufen. — Der Verkauf von Holz aus den fürstlichen Wäldern durch die Forstmeister und Forstknechte unterlag der Zustimmung der Kastner. In einem spezifizierten Verzeichnis waren in der Forstordnung Verkaufs- und Abgabetaxen festgesetzt.

Die am 10. Mai 1571[34]) erlassene „neue Holzordnung zu Neuburg und in Schwaben“, welche mit einigen Zusätzen und Erweiterungen im Jahre 1690[35]), als „des Fürstenthums Neuburg Erneuerte Forst- und Holzordnung“ in neuer Auflage erschien, verbot bei Strafe die Außerlandbringung von Eichenreifen ohne besondere Bewilligung. Aus den Kasten-, Herren- und Zinsgütern durfte starkes Holz nur verkauft werden, wenn der verkaufende Untertan Holz über seinen Bedarf zur Verfügung hatte und der Kästner oder Forstmeister die Erlaubnis gab. Diesen Verkäufen wurde in der Forstordnung von 1690 eine noch engere Grenze gezogen: „Und in solchem Verkauff soll keiner Macht haben, mehr Brenn- oder anderes Holz abzuhauen und zu verkauffen, denn was des Jahres zu Bezahlung der vier Handwerk, als Schmied, Wagner, Sattler und Sailer Besserung halb seiner Schiff und Geschirr bedürfftig seyn möchte“. Nur wenn „einer oder mehr sonderliche Befreyungsbrieff oder Vorträg fürzulegen hätte, so soll vnd mag er sich deren mit obgesetzter Maß und Zulassung geruiglich gebrauchen, vnd weiters nit“.

Eine Beschränkung des Holzverkaufs lag auch in der Bestimmung dieser Forstordnung, daß „die Unterthanen in Stetten und auf dem Land, die eigene Holtz haben, dieselben ohne Vorwissen der Herr-

[33]) Kgl. Kreisarch. München, Gen.-Reg. 451/1 (noch nicht veröffentlicht).
[34]) Desgl.
[35]) Im Druck erschienen.

schaft nicht an Jemand, so außerhalb des Fürstenthums gesessen mit Grund und Boden verkauffen sollen". Die Erträgnisse der Wälder durften dem Inlande nicht entzogen werden, was durch einen Waldverkauf an Ausländer zu befürchten gewesen wäre. Wie in der Forstordnung für den Nordgau, so wurden auch in jener von Neuburg von 1690 die Abgabe von Bäumen oder Schroten und das übermäßige Fludern verboten.

Das Hochstift Freising erließ am 1. September 1559[36]) eine kurze Forstordnung, in welcher der Holzverkauf nur insofern berührt ist, als den Berechtigten der Verkauf oder die Weitergabe von Rechtholz unter Androhung des Verlustes ihres Rechtes verboten wurde.

Eingehender befaßte sich mit dem Holzhandel die der bayerischen Forstordnung von 1568 in vielen Stücken nachgebildete freisingische Forstordnung von 1576[37]). Dieselbe wendete sich gleichfalls gegen die Veräußerung von Rechtholzbezügen, und befahl strengstes Einschreiten gegen den Holzfrevel und den gewerbsmäßigen Verkauf gefrevelten Holzes durch Freisinger Bürger und Inwohner.

Der Grafschaft Werdenfels wurde eine Reihe besonderer Artikel gewidmet, welche sich hauptsächlich auf den Holzhandel bezogen und den Flößereibetrieb regelten. Verboten wurde derselbe nicht; er bildete mangels genügender landwirtschaftlicher Beschäftigung der Bevölkerung eine ihrer Haupterwerbsquellen; auch bedurfte man seiner, um Freising mit Holz aus dem Werdenfelser Lande zu versorgen. Nur das nicht altansässige „jung zusammengeheyrat gesündl, welche sich mit Gewalt auf den holcz vnnd floßwerch legen", und durch ihre Konkurrenz die eingesessenen Flößer schädigten, sollten von dem Flößerhandwerk entfernt werden; es wurde die Beherbergung solcher Leute und die Errichtung von Wohnungen durch sie verboten.

In erster Linie sollte der Holzverkauf in nicht freisingisches Gebiet hintangehalten werden, während die Deckung des Selbstbedarfes der Untertanen im großen und ganzen freigegeben war.

Um den Flößereibetrieb auf ein waldunschädliches Maß zurückzudämmen, „damit die wäldt vnnd gehültz nit wie bisher also zerschlagen vnnd hauffen weiß in flößen verfürt werde", wurden die Floßdimensionen nach der bayerischen Forstordnung von 1568 eingeführt.

[36]) Kgl. bayer. allg. Reichsarch. Hochstift Freising, III C/2. 215 (noch nicht veröffentlicht).

[37]) Desgl.

Die Holzverarbeitungsgewerbe wurden mit Rücksicht auf die Erhaltung der edleren Holzarten, die sie verwendeten, in ihrer Fabrikation eingeengt. Den Gabel- und Werbmachern wurde die Fertigung von Gabeln aus dem am besten dazu geeigneten Ahornholz gänzlich verboten und die Verwendung von Buchenholz befohlen; aber auch von diesem durfte kein Gabelmacher jährlich mehr als dreihundert Gabeln fertigen und verkaufen. Den Wärbmachern war nur die Herstellung und der Verschleiß von höchstens zweihundert Stück Wärb erlaubt. Die Herstellung von Camethölzern war für den Handwerker auf fünfzehn Büschel, von Spänholz und Werperer-scheitern auf hundert Prügel oder Scheiter im Jahr beschränkt. Der Verkauf von Schindeln, Stecken und Spelten und dergleichen Arbeiten außerhalb der Grafschaft wurde gänzlich verboten.

Dem ausgedehnten Köhlereibetrieb wurden seiner Waldschädlichkeit wegen sehr enge Schranken auferlegt. „Es soll fürterhin Ainem der khollen prent mehr nit alls ainer auf ainem Ainfachen floß verfürn khan, zuuerkhauffen gestatet werden, Es soll auch ain yeder dasselb Khollholcz zu Grißen vnnderhalb deß Wassers die Nag dranen genannt, hackhen, auch selbs durch Ine vnnd khainen andern Arbaiter außbringen oder verfiern; was aber yeder an Kollen in der Grafschaft zuuerkhauffen waiß, das mag er an anndern gebürlichen Orthen außbringen".

Die Außerlandführung und der Verkauf von Leiterstangen aus der Grafschaft, welche im Übermaß betrieben erheblichen Schaden an Waldbeständen gebracht hätten, wurden gänzlich abgestellt.

Die Durchführung dieser Forstordnung ließ wohl den erwarteten Erfolg vermissen, auch wurde das Hochstift auf größere finanzielle Nutzbarmachung der Wälder und des Holzhandels bedacht, weshalb es im Jahre 1592[38]) für die Gemeinden Krünn und Wallgau bezüglich des Waldes „die Krynnerin" das Verbot jeglichen Holzschlagens „zum fürkhauff oder anndere aigennutzigkeit" und am 4. Januar 1599[39]) eine allgemeine Wald- und Holzordnung für die Grafschaft Werdenfels ausgegeben wurde, welche generell anordnete, daß „hinfüro khainer, wer der sey, ainichen holtzschlags wenig noch vill, weder zum verkhauf, haußnotturfft, zimmern auch zum Schnidt, Schindl, Daufl vnd Speltenmachen, Zain, Kholen noch

---

[38]) Kgl. bayer. allg. Reichsarch., Grafschaft Werdenfels fasc. 11, Erlaß vom 25. Januar 1592.

[39]) Ebend. Grafschaft Werdenfels fasc. 11.

in all anderweeg, für sich selbst nit mer vnderfachen, er hab dann solches zuvor dem Waldtmeister angezeigt, der ime alßdann solches gegen raichung einer (in der F. O. verzeichneten) Tax außzaigen solle".

Diese Taxe bezog sich fast ausschließlich auf das Exportmaterial; nur Bretter- und Lattenwaren hatten auch beim Inlandverkauf eine Taxe, bestehend in der Hälfte der Ausfuhrtaxe, zu leisten.

Insoweit das Exportholz allein oder höher als das Inlandverkaufsholz taxpflichtig war, besaß die Taxe in ihrem ganzen oder einem Teilbetrage praktisch den Charakter eines Ausfuhrzolles, während die bei der Holzordnung für den Nordgau von 1570 erwähnte Holztaxe ein für alle Abgaben, ohne Berücksichtigung der weiteren Bestimmung des Holzes, in Anrechnung zu bringender Verkaufspreis war.

Die Empfänger von Begünstigungsabgaben durften ihr Zahlholz nur mit eigenen Gefährten an das Wasser und an den Ländeplatz bringen und ohne vorherige Besichtigung und Abzählung des Waldmeisters weder verführen oder verkaufen noch sonstwie verwenden; strenge war es untersagt, solches Holz auf dem Stock oder im Astach, d. i. unaufgearbeitet im Walde zu verkaufen oder anstatt um Barlohn gegen Hingabe eines Teiles des Holzes von andern abfahren zu lassen.

Unter Androhung von Strafe und Konfiskation wurde die Verführung leerer Flöße von Mittenwald aus als Ursache weitgreifender Waldabschwendung verboten. Des Handels wegen war jedoch der Verkehr mit Güterflößern gegen Stammgeldreichung ohne weitere Schmälerung erlaubt. Den Untertanen in den Gerichten Garmisch und Partenkirchen wurde die Ausübung der Flößerei „ihrer Nahrung wegen", wenn auch mit Einschränkungen weiter verwilligt. Einem Mänatbesitzer standen zwei lange Flöße zu 18 und zwei kurze zu 12 Bäumen, einem Manne ohne eigenes Gefährt je ein langes und ein kurzes Floß jährlich gegen Erlag des Stammgeldes zur Verführung zu, den Untertanen zu Wallgau und Krünn wurde ein weiteres kurzes Floß bewilligt.

Die Ausfuhr von Schneidwaren unterlag der Kontrolle des Waldmeisters.

In einer Holzordnung für den Trauchenberg in der Herrschaft Hohenschwangau vom Jahre 1586[40]) wurde den

[40]) Döllinger, Repert. der Staatsverwaltung des Königreichs Bayern Bd. XV, S. 87.

Hintersassen bei Verlust ihres Holzes verboten, ihre Holzzahl an die um den Holzschlag angesessenen Bauern zu verkaufen. Wenn Untertanen der Klöster Steingaden und Raitenbuch, auch jene der Grafschaft Schwangau in den Gotteshaus-Ettal-Wäldern Holz schlugen und zum Verkauf ausführten, gingen sie in diesem Jahre der Abgaben aus dem Trauchenberg verlustig.

Es würde zu weit führen, alle in den verschiedenen Gebieten Bayerns erlassenen Forstordnungen nach ihren Holzhandels- und Ausfuhrartikeln näher zu betrachten. Die im Vorstehenden eingehend aufgeführten forsthoheitlichen Bestimmungen kehren, mit kleineren oder auch weitergehenden Varianten sich stets den speziellen Verhältnissen der einzelnen Gebiete anpassend, in allen späteren Forst- und Waldordnungen wieder. Die aufgeführten Beispiele geben aber ein Bild, wie in den verschiedenen Landstrichen und Gebieten und unter verschiedenen Verhältnissen die Forstgesetzgebung steigenden Einfluß auf den Holzhandel nahm.

Schon die intensivere Kontrolle der Waldnutzungen, die von der ersten Hälfte des 15. Jahrhunderts an dem Walde zugewendet wurde, war imstande, dem Holzverkehr fühlbar zu werden; mehr aber noch wurde derselbe berührt, als die Nutzung und Gewinnung einzelner Gattungen, besonders der jungen Stangenhölzer, untersagt und diese damit dem Handel entzogen wurden, bis schließlich die weitgehendsten und vielfach ganz außerhalb der Sphäre der eigentlichen Forstpolizei stehenden Beschränkungen und Verbote des Holzhandels in den Forstordnungen niedergelegt wurden.

4. Besondere Polizeiverordnungen über den Holzhandel und die Holzausfuhr.

Die in den Forstordnungen gegebenen Holzhandels- und Ausfuhrbeschränkungen wurden im 17. und 18. Jahrhundert durch die mannigfachsten Spezialverordnungen ergänzt und erweitert. Begründet wurden sie fast ausnahmslos mit der üblichen Holzverschwendung, dem Holzfürkauf, der Kauderei, dem wucherischen Holzhandel und der Sorge um des Landes Notdurft und „dem zeitigen Rathe, dieweil Gebürg, Wald, Forst und Hölzer fast verödet und zerschlagen sind und dadurch merklichen Abgang und Teuerung im Holzwerk täglich verursachen“, die dem Staate die Erhaltung der Holzvorräte des Landes zur strengen Pflicht mache; stellte man ja das Holz in der Reihe der menschlichen Bedürfnisse vor das Getreide, „da letzteres ohne das erstere nicht genießbar gemacht werden könne und dasselbe nicht wie Getreide jährlich zur Nutzung heranwachse"[41])[42]).

War auch um die Mitte des 18. Jahrhunderts ein Holzmangel unzweifelhaft in einzelnen Gegenden fühlbar geworden[43]), so waren doch die finanzielle Ebbe der landesherrlichen Kasse und das Geldbedürfnis des Staates die eigentlichen, wenn auch unausgesprochenen Motive vieler dieser Verordnungen.

Mehr als früher nahmen auch die damaligen staatswirtschaftlichen Prinzipien, die ängstlieh darüber wachten, daß ein Nachbarland nicht aus der Zufuhr von rohen Produktionsmitteln Vorteil ziehen möchte, an den Beweggründen zu diesen Holzausfuhrverordnungen teil.

In ihrer praktischen Ausübung und Durchführung waren sie weit störender und drückender für den Holzhandel als die Artikel der Forstordnungen. Für letztere erschwerten schon die ausgedehnten Bezirke der Forstbeamten und Forstknechte die Möglichkeit einer intensiven Kontrolle. Über den Vollzug der Spezialmandate aber wachte das ganze Heer der Mautner, Zöllner und sonstigen Polizeiorgane, welchen es weniger um die Verhütung von Gesetzesverletzungen zu tun war, als um eine gute Belohnung für die zu übende Nachsicht.

Wie ein Kuriosum mutet es an, wenn man zu den Zeiten, da

---

[41]) Rechtmäßigkeit § 19 Anm. a. S. 86.

[42]) Die Bekämpfung des Holzmangels wurde auch in der um die Mitte des 18. Jahrhunderts entstandenen forstlichen Literatur eingehend behandelt. Siehe z. B. Stahls Forstmagazin Bd. 7, S. 39 und die daselbst vorgeschlagenen „allgemein brauchbaren Regeln zur Verminderung des Mangels".

[43]) Verschiedene Berichte und Verfügungen aus dem Jahre 1747 befassen sich mit dem empfindlichen Holzmangel in München bei der damaligen großen Winterkälte (Kreisarch. München, Gen.-Reg. fasc. 480/68 b). Siehe ferner Seite 55, Bericht des Triftverwalters von München 7. Sept. 1748.

Im Jahre 1759 wurde in Schleißheim ein Torfstich angelegt (Mandat Max Josefs vom 8. Jänner 1759; Kreisarch. München, Gen.-Reg. 473/57 über Torfstechen, Steinkohlenbrennen 1758—1796) „nachdem der Holzmangel sich von Tag zu Tag dergestalt äußert, daß in Zukunft nicht einmal die notwendige Pauhölzer aufzubringen sein werden."

1759 wurde der Akademie der Wissenschaften die Konzession zur Aufgrabung der Steinkohlen erteilt. — „Die Intention S. Churf. Durchlaucht ging dahin, daß wegen fast allgemein sich bezeigendem Holzmangel zu nuzen des Publici und besonders der armen Leutchen, die Grabung des Torfs und der Steinkohlen, dann der Gebrauch derselben sowohl zu Heizung der Oefen als zum Ziegel und Kalchbrennen so andern nach aller Thunlichkeit in dero Landen introduciert und hiemit also das Gehölz möglichst menagiert werden solle." Im Jahre 1779 wurden Erhebungen über Torflager bei Reichenhall und Steinkohlenlager im Hohenwaldeckschen Grafschaftsbezirk angestellt.

alle Gebietsherren möglichst viel Holz in ihrem Lande zur Verfügung zu haben bestrebt waren, aus Pfalz-Neuburg erfährt, daß dort bis bis zum Jahre 1697[44]) ein Holzeinfuhrverbot (Einfuhr nach Donauwörth) bestand.

Die hier zu betrachtenden Verordnungen lassen sich in zwei Gruppen scheiden: 1. in jene Mandate, welche aus Rücksicht auf bestimmte Staatszwecke oder Staatsbetriebe die Ausfuhr einzelner Holzgattungen oder Sortimente beschränken wollten und 2. in Holzausfuhrverbote im Interesse der allgemeinen Volks- und Staatswohlfahrt.

Unter die 1. Gruppe fallen folgende Verordnungen:

Am 8. Februar 1553[45]) erging ein Verbot des Schlagens und der Ausfuhr von Ulmenholz ohne besondere Erlaubnis, welches Herzog Albrecht an den Abt des Klosters Benediktbeuern erließ „in Bedenkhung, daß wir dasselb Holcz zu unserm Zeughaus in München selbs nottürftig seyn“. Zugunsten der Regierung zu Innsbruck wurde durch einen Erlaß vom 17. November 1554 eine Ausnahme be-

---

[44]) Kreisarch. München, Gen.-Reg. 479/68a. Mandat v. 29. Sept. 1697. Von dem ausgehenden Holze wurde der alte und neue Zoll eingehoben. Mandat v. 18. Jan. 1698.

[45]) Kgl. bayer. allg. Reichsarch., Kl. Benediktbeuern, Nr. 185. Das Zeughaus in München bezog viel Ulmenholz aus den Benediktbeurer Waldungen (Mandat v. 16. Juli 1555); 1599 wurden aus diesen Waldungen 30 Stämme Kirschbaumholz zu Schäften (Mandat v. 19. Okt. 1599), 1635 (Mandat v. 16. Okt. 1695) 50 Ulmenstämme für das Zeughaus geliefert. Im Jahre 1673 leistete ein neuer junger Prälat den Holzlieferungs-Forderungen des Herzogs Widerstand (Schreiben des Zeughauses v. 17. Febr. 1673), mußte sich aber anscheinend doch fügen, denn am 12. März 1673 lieferte das Kloster Benediktbeuern an das kurf. Zeughaus um 309 fl. 14 kr. folgendes Material:

10 Paar Chartaunenwendt jedes 7 Zoll dick und 18 Schuh lang
10 „ Schlangenwendt „ 7 „ „ „ 18 „ „
1 „ Ulmenpöllerwendt
4 halbe Chartauenwendt
57 Naben von Ulmenholz
258 Felgen „ „
314 Speichen „ „
34 Achsen „ „ und anderes mehr.

Noch im Jahre 1740 (kurfürstl. Befehl v. 6. Okt. 1740) mußte Ulmenholz nebst „Veldtöschenholz zur Mundierung der Artiglerie“ und zur Verfertigung von Pfählen, Lafetten und Rädern aus den Benediktbeurer Waldungen an das kurfürstliche Hauptzeughaus abgegeben werden; das Kloster widersetzte sich dem anfänglich, gab aber schließlich bei Androhung von Gewalt nach.

züglich 30 Ulmenstämmen aus den Klosterwaldungen von Schlehdorf und Peilberg gestattet.

Am 18. September 1693[46]) erließ das kurfürstliche Baudirektorium eine Verfügung an die Regierung in Straubing, in welcher die Holzausfuhr nach Österreich verboten und die Mautämter mit strengster Überwachung des Holzverkehrs beauftragt wurden. In einem Mandate an die Regierung in Landshut vom 22. Oktober 1698[47]) wurde dieses Verbot wiederholt, da zuviel Holz nach Österreich ausgeführt werde.

Ein Mandat vom 27. Februar 1693[48]) verbot die Ausfuhr „der Birken-, Buchen- und häßlenen Reife“ wegen des Bedarfes der kurfürstlichen Bräuhäuser an solchen.

Beschwerden der Zeughäuser über den Mangel an Flinten- und Pistolenschäften aus Nußbaumholz bewirkten ein Mandat vom 7. Januar 1724[49]), demzufolge „kein Nußbaumholz, weder viel noch wenig, außer Lands gebracht, auch kein Ausfuhrpaß erteilt werden durfte“.

Den kurfürstlichen Bauämtern stand ein Vorkaufsrecht für alles Bau- und Schnittholz zu; die Generalbaudirektion hatte die Ausfuhrpässe auszustellen[50]) (Mandat vom 9. Februar 1694). Das Schnittholz durfte dieses Verkaufsrechtes wegen gemäß § 6 des Mandats vom 22. August 1746[51]) nur in Längen ausgehalten werden, aus welchen sich 24schuhige Bretter gewinnen ließen.

Das Vorkaufsrecht der kurfürstlichen Bauämter war den Waldbesitzern sehr lästig und stieß auf Widerstand. Am 14. November 1757 und 2. Januar 1761[52]) wurden dem Richter des Klosters Benediktbeuern scharfe Verfügungen hierwegen erteilt. Besonders wurde ihm eingeschärft, den „Schnittbaumverkauf unter dem Schnee“ hintanzuhalten, damit das Hofbauamt vorher seinen Bedarf auswählen könne.

Aus analogen Beweggründen entstanden mehrfache Ausfuhrverbote in den geistlichen Territorien. Im Hochstift Passau erging am 8. September 1683[53]) an die Pflegerichter ein

---

[46]) Kreisarch. München, Gen.-Reg. Nr. 479/68a.

[47]) Ebenda.

[48]) Mayr, G.-S. Bd. III 1788, S. 143.

[49]) Ebenda S. 144.

[50]) v. Freyberg, Pragm. Gesch. der bayer. Gesetzgebung usw. Bd. 2, S. 471.

[51]) Mayr, G.-S. Bd. II 1784, S. 717.

[52]) Kgl. bayer. allg. Reichsarch. Kl. Benediktbeuern fasc. III, Nr. 156.

[53]) Kgl. bayer. allg. Reichsarch. Hochstift Passau, Gen.-Bd. II, Nr. 704, Stück 120.

Erlaß, „indem nicht das Geringste an Schindeln, Läden und Bauholz bei Vermeidung von Strafe und Konfiskation“ außer Landes verkauft werde, damit es für die Zwecke der bischöflichen Regierung verfügbar bleibe.

Ein Mandat des Bischofs Sebastian von Passau vom 28. Juni 1684[54]) sagt: „Da nicht allein unsere Unterthanen, sonderbar was nahe beim Wasser entlegen, sondern auch Fremde im Hochstift das Brennholz zusammenkaufen und außer Landes versilbern, wodurch nicht allein vorderst unsere Bräuhäuser, sondern auch die Inländer und Passauer Bürger wo nicht in Mangel, so doch in teuern Wert gesetzt werden. So befehlen wir, solch schädlich Verkauf auf keine Weise zu gestatten.“

Da trotzdem „durch einen oder den anderen Holzhändler sowohl Brenn- als auch allerhand Bau- und anderes Holz in großer Quantität aus dem Land geführt und eine merkliche Teuerung verursacht wurde“, wurden am 9. Juni 1690[55]) die Verbote verschärft wiederholt und das Landjägermeisteramt angewiesen, schon bei den Holzanweisungen ein Augenmerk auf die Holzhändler zu haben.

Am 6. August 1728[56]) wurde im Hochstift Passau die Fällung und der Verkauf von Eichen zu Bau- und Taufelholz durch die Untertanen ohne besondere Bewilligung zur Verhütung eines für die Bau- und Bräuämter zu besorgenden Mangels untersagt; dieses Verbot wurde am 8. Mai 1732 und 23. September 1761 wiederholt.

Zur 2. Gruppe gehören:

Ein Mandat vom 9. Februar 1694[57]): „Da auf geschehene Erinnerung immerdar eine merkliche Quantität Holz stromabwärts und wohl auch ins Ausland gehet und dadurch zu besorgen stehet, daß außer den möglichen Veruntreuungen durch die übermäßige Abschwendung Holzmangel eintrete und die Wildfuhr leide, darf in Zukunft ohne Pässe von der General-Baudirektion kein Stammholz mehr außer Landes verkauft werden. Klöster, Hofmarchen, Sitze, Städte und Märkte, welche eigene Hölzer haben, sind auf die Forst- und Gejaidordnung hinzuweisen. Die an den Flüssen befindlichen Mauten und Zöllner sind beauftragt, Niemand ohne obrigkeitliche Anweisung, woher das Holz genommen, was es für eine Gattung

---

[54]) Kgl. bayer. allg. Reichsarch. Hochstift Passau, Gen.-Bd. II, Nr. 704, Stück 135.

[55]) Ebenda Bd. III, Nr. 705, Stück 24.

[56]) Ebenda Bd. III, Nr. 712, Stück 7.

[57]) v. Freyberg, Pragm. Gesch. der bayer. Gesetzgebung usw., Bd. 2, S. 471.

und wie viel es nach Klaftern oder Stämmen sey? passieren zu lassen".

1699 wurde ein wiederholtes Verbot gegen Außerlandführung von Bau- und Werkholz, geschnittener Holzware, Taufel- und Reifholz erlassen[58]).

Ein starker Ausfuhrartikel nach Österreich zu Beginn des 18. Jahrhunderts war das Kuftaufelholz, welches aus den Eichenbeständen der Donau-Auen gewonnen wurde und auf der nahen Donaustraße leicht verfrachtet werden konnte.

Ein Hofratsbeschluß vom 20. Oktober 1716[59]) verbot die Ausfuhr dieses Sortimentes; doch wurden zahlreiche Ausnahmebewilligungen gewährt; die einzelnen Gesuche wurden meist sehr umständlich geprüft, schließlich aber genehmigt und ein Paß „um so mehrers ertheillt, als in tuitu dessen der Neuzohl und Mauttgebühr, auch das höchste Interesse befördert"[60]). Beim Hauptmautamt in Straubing wurden in den Jahren 1715—1728 im ganzen 2145 Pfd. (à 240 Stck.) Kuftaufeln als zur Ausfuhr bestimmt angemeldet; beim Hauptmautamt Ingolstadt wurden 1746—1755 einschließlich auf der Donau zum Transporte nach Wien vermautet:

ausländisches Kuftaufelholz	im Transit . .	$505\frac{1}{4}$	Pfd.
inländisches „	zur Ausfuhr .	56	„

Während der österreichischen Administrationszeit (1708 u. 1709) war die Holzausfuhr auf dem Inn nach Wien besonders groß. Auch in den Jahren 1715 und 1716 gingen nennenswerte Quantitäten Holz nach Österreich. Nach Berichten wurden in diesen beiden Jahren vermautet: bei Plattling 1952 Flöße, 23300 Bretter; bei Vilshofen: 1711 Isarflöße, 30 doppelte Donauflöße, 82 Pfd. Bodenläden, 49 Pfd. gemeine Läden, 164000 Schindeln, 362 Klafter Scheittholz[61]).

Im April 1727 wurde die Ausfuhr des Eichenholzes untersagt, „da die Eichen zusammengehen". Ein kurfürstliches Generalmandat vom 27. Juni 1730[62]) verbot „die Schlag- und Arbeitung des eichenen Holz zu auswendigen Weintaufeln und die Ausfuhr allerdings und ohne Unterschied".

Am 22. August 1746 wurde eine allgemeine Holzsperre

58) v. Freyberg, ebenda.

59) Kreisarch. München, Gen.-Reg. fasc. 481/68c.

60) Kreisarch. München, Gen.-Reg. I. Im fasc. 481/68 findet sich eine Reihe solcher Gesuche und deren Verbescheidungen.

61) Kreisarch. München, Gen.-Reg. fasc. 479/68a.

62) Kgl. bayer. allg. Reichsarch. Kl. Benediktbeuern Nr. 156.

verhängt[63]); „An Holz, Brettern und all anderm Holzwerk, unter was für einem Prätext es auch immer sey, darf nichts ohne Spezialverwilligung mehr außer Landes geführt werden“. Nur Flöße mit Kaufmannsgütern, Wein durften zur Beibehaltung des Handels passieren.

Um die Holzkäufer vor Übervorteilung seitens der holzhandelnden Floßleute durch hohe Preise zu bewahren, wurde im gleichen Mandate angeordnet, daß „von nun an die Klafter buchenes Holz nicht höher denn zu 3 fl., das feichtene zu 2 fl. verkauft werden darf“. Die Holzkäufer waren nur gehalten, das buchene Holz zu dem dekretierten Satze zu erhandeln, den Floßleuten blieb aber freigestellt, die Stämme ihres Floßes aufzuscheitern und zu einem billigen Preise zu verkaufen; sollten sie aber „wegen suchend allzu großen Gewinn inner 3 Tagen die Flöße nicht versilbern“, so sollten von obrigkeitswegen die Flöße aufgearbeitet und um 2 fl. die Klafter verkauft werden.

Die Bauern, welche ihr Holz höher als um obige Taxe verkaufen wollten, hatten Konfiskation des Holzes samt dem erlösten Gelde zu gewärtigen.

Auch den Klöstern und Hofmarks-Inhabern wurde vorgeschrieben, „sich nach dem dekretierten Satze zu regulieren und den Untertanen das Stammholz so abzugeben, daß sie noch ihre Mühe und Unkosten ersetzet sehen“.

Da auf der Donau eine namhafte Holzausfuhr betrieben wurde, ergingen im Jahre 1748 an das Mautamt Vilshofen eine Reihe von Befehlen zur genauesten Handhabung der gegen den Holzexport gerichteten Bestimmungen[64]).

Im Jahre 1749 erhoben die verbürgerten Floßleute von Tölz laute Beschwerden über die verordnete Holzsperre, durch welche sie eine Vereinbarung mit der Regierung vom 11. März 1749 erreichten; nach derselben wurde ihnen bewilligt, in der Grafschaft Tirol und in der freisingischen Grafschaft Werdenfels Holz aufzukaufen und gegen Erbringung eines Ursprungszeugnisses außer Landes zu handeln. Für die Zeit, während welcher sie der Witterung halber Werdenfelser oder Tiroler Holz nicht verschleißen konnten, wurde ihnen zur Unterstützung ihres Betriebes die Ausfuhr von in Bayern erkauftem Holze gestattet, doch mußten sie alsdann das Tiroler und Werdenfelser Holz im Lande belassen[65]).

---

[63]) Mayr, G.-S. Bd. II, 1784, S. 717.

[64]) Kreisarch. München, Gen.-Reg. fasc. 480/68 b.

[65]) Siehe Kreisarchiv München, Gen.-Reg. fasc. 480/68 b.

In der Grafschaft Werdenfels verbot der Bischof von Freising am 23. Februar 1752[66]) den eine gewisse Quantität überschreitenden Ausfuhrhandel von Schindeln bei 5 Reichstalern Strafe.

Das wichtigste Ausfuhrverbot erging in Bayern am 26. März 1760[67]), „wegen wucherischen Holzhandels, welchen sich einige zur Nahrung machten und wegen des Holz-Auf- und Fürkaufes“: „Bei Strafe der Confiskation darf keinerley Bau- und Werkholz, geschnittene Holzwaare, Taufel- und Reifholz“, dann kein Brennholz in Plöcken oder Scheitern, weder mittels Trüfften noch auf Zillen oder Flößen außer Landes geführt werden, falls nicht zu derley Ausfuhr-Berechtigung von dem Hofkammer-Sekrete ein Paß ausgestellt ist, worin das Ort und die Mautstation, wo die Ausfuhr geschehen soll, vorläufig benamset werden muß.“

Hingegen wurde die Ausfuhr von Brennholz auf der Achse ohne Erholung eines Passes gegen Entrichtung eines neben der gewöhnlichen Maut zu leistenden Ausfuhr-Konzessionsgeldes einstweilen noch zugelassen.

Über diese Ausfuhr mußte der Hofkammer monatlich Anzeige erstattet werden unter Angabe der Quantität, des Bestimmungsortes und des Verkäufers, um nötigenfalls der Ausfuhr anderweitigen Einhalt tun zu können.

Letzteres geschah auch durch das Mandat vom 19. August 1762[68]); in diesem wurde für die Holzmärkte in Lechhausen verfügt, daß die Ausfuhrerlaubnis auf ein Höchstquantum von 20 Klaftern für jeden Markttag reduziert werde. Später wurde durch Mandat vom 29. Mai 1769[69]) für die Lechgegend sogar ein gänzliches Ausfuhrverbot ausgesprochen, während für andere Gegenden, z. B. Regensburg, die mildere Bestimmung von 1760 fortbestand. Das strenge Verbot der Holzausfuhr am Lech hatte seinen Grund in der Befürchtung, es möchte Holz unter milden Bedingungen über den Lech, besonders nach Augsburg, gehen, um von da als Transitholz wieder durch Bayern nach Österreich geführt zu werden[70]), wodurch die Ausfuhrgesetze umgangen würden.

---

[66]) Siehe Kreisarch. Oberbayer. Forstakten fasc. 589/50.

[67]) Mayr, G.-S. Bd. I, 1784, S. 578.

[68]) Mayr, G.-S. Bd. I, 1784, S. 280.

[69]) Mayr, G.-S. Bd. II, 1784, S. 821.

[70]) Diesen Gedanken spricht Utzschneider in seinem Votum bezüglich der Aufhebung des Holzgartens Lechhausen im Jahre 1789 aus, wobei er die Ansicht vertritt, es müsse auf jeden Fall die Holzausfuhr nach Ausburg aus dem erwähnten Grunde verhindert werden. Kreisarch. München, F.-A. 552.

Die Ausfuhr ausgedienter alter Schiffe wurde in dem Mandat vom 26. März 1760 gänzlich freigegeben. Die landesansässigen Schiff- und Floßleute sollten mit Schiffen und Flößen außer Landes frei passieren dürfen, wenn sie mindestens eine halbe Ladung Marktgüter führten. Von dem Holzmaterial der Fahrzeuge selbst mußte die gewöhnliche Maut- und Neuzollgebühr jedoch entrichtet werden (Mandat vom 5. Februar 1761)[71].

Zur Verhütung von Defraudationen unter dem Vorwande des Transittransportes wurden Transit-Paß-Polletten mit genauer Angabe des Transportweges eingeführt.

Nachstehend der Tarif des Ausfuhr-Konzessionsgeldes vom 26. Mai 1760: Taxation, was auf die Ausfuhr des inländischen Holzes zum Konzessionsgeld einzubringen ist (neben der gewöhnlichen Maut).

A. Rohnutzholz.

1 Baueiche, halbfüdrig, die überm Stock 1½ Schuh dick	1 fl.	
1 Baueiche, füdrig, die überm Stock 2½ Schuh dick	1 „	30 kr.
1 Baueiche, noch stärker	2 „	
1 eichener Sägblock oder Schneidbaum	3 „	
1 kleines Eichreißl oder sonstiges kurzes Eichenstück		30 „
Von Flößen, leer oder mit weniger als halber Ladung		
von jedem langen Floßbaum		12 „
von jedem kurzen Floßbaum		8 „
1 Fichten Bauholz, 40 Schuh lang, Mindest-Zopfdchm. 1 Werkschuh	1 „	
1 Fichten Bauholz, 40 Schuh lang, Zopfdchm. 8 Zoll bis 1 Schuh		45 „
1 Fichten Bauholz, 40 Schuh lang, Zopfdchm. 5—8 Zoll		30 „
Gerüst-, Rahen-, Strähebäume, v. 60 Schuh Länge an		10 „
Stangen (Hopfen-, Ruder-, Leiterstangen) vom Stück		1 „
1 Fichtenbaum		30 „
1 Fichten-Sägblock (mit spez. Ausfuhrkonzession)	1 „	30 „
1 Lärchen-, Buchen-, Ahorn-, Kirsch-, Birnbaumstamm zum Verkauf an auswärtige Handwerker von je 10 Schuh Länge		12 „
Schopper- und Kipfholz (Ausfuhr ganz verboten)		—

B. Nutzholz verarbeitet.

Daufeln, eichene vom Pfd. und jedem Schuh der Länge		24 „
Daufeln, fichtene vom Pfd. und jedem Schuh der Länge		8 „
Fässer, alte und neue, v. Eimer		3 „
Läden, eichene, von jedem Zoll der Dicke		8 „
Läden, fichtene		2 „
Rähmlinge, eichene		8 „
Rähmlinge, fichtene		2 „
Gemeine Bretterware vom Stück		¼ kr.
Falzbretter		1 „
Latten vom Hundert		24 „

[71]) Mayr, G.-S. Bd. I, 1784, S. 581.

Schindeln von hartem Holz v. Tausend	1 fl. 30 kr.
Schindeln von weichem Holz v. Tausend	36 „
Müsseln (zu Schindeln) Ausfuhr verboten	—
Alles Reifholz: frei	—

C. Brennholz.

Hartes Brennholz, von der Klafter	30 „
Weiches Brennholz, von der Klafter	15 „
Mischling (halb weich, halb hart)	20 „
Bauschen, vom Fuder	8 „
Schiffe, beladen und alte: frei	—
Schiffe, leer: Ausfuhr verboten	—
Holzwaren: frei	—

Für Holzdurchfuhr mußte eine Transitopaß-Pollette am erstberührten Mautamt erholt werden.

Daß eine so harte Auflage, wie dieses Konzessionsgeld es war, von den Interessenten nicht unwidersprochen hingenommen wurde, ist erklärlich. Es wurde der kurfürstlichen Regierung der Vorwurf gemacht, die Begründung der Konzessionsgeld-Verordnung mit der Notwendigkeit einer Vorbeugungsmaßregel gegen Holzmangel und Teuerung in Bayern sei nur ein Scheinvorwand; „da das Holz eine von denjenigen Lebensnotwendigkeiten sei, deren Gebrauch man nicht, wie in Ansehung anderer, bloß zur Üppigkeit dienender Dinge geschieht, einschränken könne, so sei durch die neue Auflage die Teuerung nicht vermindert, sondern vielmehr erhöht worden und die Konsumtion sei die nämliche geblieben“ [72]).

Daß der Vorwurf, die Konzessionsgebühr sei nichts anderes als ein neuer Essitozoll, der nur zur Mehrung der kurfürstlichen Einkünfte errichtet wurde, nicht unberechtigt war, beweisen die Begründungen, mit welchen oft Ausfuhrgesuche zur Genehmigung begutachtet wurden: „würde das Holz im Inlande verkauft, so habe das Ärar keinen Nutzen, während die alt Maut, der Neuzohl nebst der Paßgebühr ein Nambhafftes abwerffen“ [73]).

[72]) Siehe Rechtmäßigkeit Beil. 58 und Anm.

[73]) Der Posthalter Josef Frischeisen von Saal bei Kelheim bat im Jahre 1762 um Ausfuhr-Bewilligung für 41 Pfd. Kuftaufeln nach Wien. Der Wert derselben betrug abzüglich des Macherlohnes 698 fl.; die Abgaben davon beliefen sich auf 69 fl. 48 kr. Das einschlägige Mautamt begutachtete die Erteilung der Ausfuhr-Erlaubnis, „da für das churf. Cameral-Interesse mittels solcher Ausfuhr und Einforderung der gewöhnliche Mautt und Neuzohls, dann gnädigst introducierten concessions-Gebührnissen ein Nambhaffter Nutz zufließet“. Frischeisen bat um Ermäßigung der Abgaben und erhielt im Jahre 1765 gnadenweise 36 fl. zurückerstattet. Kreisarch. München, Gen.-Reg. fasc. 481/68c.

Lebhafteste Klagen erhoben die Bayern benachbarten Reichsstände, welche mit ihrer Holzversorgung auf Bayern angewiesen waren, und die Stadt Regensburg, welche ihr altes Recht des freien Holzbezuges aus Bayern verletzt sah.

Die nunmehr dekretierte Konzessionsgeld-Belastung halb beladener und leerer Flöße rief zahlreiche Beschwerden der Floßleute[74]) hervor, nicht nur wegen der Abgabe allein, sondern auch weil viele derselben alte Generalausfuhrpässe (die Münchener Floßmeister aus 1722) hatten, die jetzt lediglich für beladene Schiffe und Flöße gelten sollten, während für jede Fahrt mit einem leeren Floße neue Spezialpässe erworben werden mußten (Ziffer 5 des General-Mandats von 1760). Die bayerischen Floßleute kauften die Flöße von den verbürgerten 20 Floßleuten von Mittenwald und Werdenfels und jenen aus Tirol samt den Güterladungen, welche sie bei ihrer Talfahrt absetzten, so daß sie schließlich an der Landesgrenze mit leerem oder gering beladenem Floße ankamen, welches sie alsdann zu verwerten suchten.

Nach wiederholten Vorstellungen erreichten schließlich die Münchener Floßmeister, daß sie eines ihrer vier Wochenflöße ohne Entrichtung der Konzessionstaxe unbeladen ausführen durften und daß sie zur wöchentlichen Wiener Floßfahrt von der jedesmaligen Paßerholung entbunden wurden. Ähnliche Privilegien wurden der Landshuter Floßfahrt nach Wien zugestanden. Doch wurden sowohl die Münchener als die Landshuter Floßleute verpflichtet, zwischen München und Passau keine neuen Flöße herzustellen, solange sie beim kurfürstlichen Bräuhaus oder Holzgarten bezw. Triftamt oder auch bei der Stadt München vorhandene Flöße oder geeignete Stämme käuflich übernehmen konnten (Hofkammerdekret vom 6. August 1761).

Auf weitere Gesuche hin (Februar 1762) wurde mit Verfügung der Forstdeputation vom 2. März 1762 verwilligt, daß die leeren Flöße, welche zwischen München und Passau übernommen und nicht mehr beladen werden konnten, konzessionsgeldfrei nach Österreich exportiert werden durften.

Die Regierung war gezwungen, ihren rigorosen Standpunkt zu verlassen, wollte sie nicht den althergebrachten regelmäßigen Marktverkehr, der sich vom bayerischen Oberland aus auf der Isar nach Wien bewegte, unterbinden und damit zahlreiche Existenzen zerstören. Wie sehr das General-Mandat von 1760 auf den Holzverkehr ein-

[74]) Die diesbezüglichen Verhandlungen sind in fasc. 481/63e Gen.-Reg., Kreisarch. München, enthalten.

zuwirken vermochte, lassen z. B. die Bitten Kloster Irrseeischer Untertanen um Ermäßigung des Konzessionsgeldes ersehen. Dieselben hatten im Jahre 1763 zur Verflößung nach Augsburg auf der Wertach 1638 Stück Floßholz und 1173 Stück Schnittbäume liegen, von welchen sie pro Stamm 12 kr., also rund 562 fl. Konzessionsgeld geben sollten. Auf erhobene Vorstellung hin wurde mit Dekret vom 24. März 1762 diese Summe um die Hälfte ermäßigt[75]).

Außer dem Konzessionsgeld kam auf der Wertach, weil sie nicht als flumen publicum angesehen wurde, auch eine Transitogebühr zur Erhebung[76]).

Größten Nachteil brachte das Mandat von 1760 auch dem kleinen ländlichen Waldbesitzer, welcher eine Einnahme aus seinem Walde ziehen wollte. Die Holzunterhändler drückten unter Berufung auf die Ausfuhrabgaben die Preise, kauften sich Pässe für den Export und machten im Auslande gute Geschäfte mit dem Holze, das der bayerische Waldbesitzer billig abzugeben gezwungen war. Die ausländischen Privaten und Korporationen mit Waldbesitz in Bayern konnten dagegen auf einfachen Paß hin jede Menge Holz frei aus dem Lande bringen[77]).

Aller Vorstellungen ungeachtet ließ jedoch die Regierung das Konzessionsgeld bestehen.

In Regensburg stieg nach Einführung des Konzessionsgeldes der Preis für ein Maß (Klafter) Buchenholz in enormer Weise von 3 fl. 30 kr. auf 5 fl. 50 kr., was allerdings nicht so fast dem Konzessionsgeld von 30 kr. für die Klafter an sich allein, als den mit Zeitaufwand und Kosten verbundenen bureaukratischen Umständlichkeiten der Konzessionserholung und Manipulationen der Händler zuzuschreiben sein könnte.

Als die Holzpreise nach dem Jahre 1760 mehr und mehr stiegen, wurde durch das Mandat vom 3. März 1764[78]) die Kassierung aller bisher ausgestellten Pässe für den Floßverkehr ins Ausland und eine Universalholzsperre zu Wasser angeordnet. Gleichzeitig wurde „den Klöstern und Herrschaften des Oberlandes und forderst der Stadt München eingebunden, soviel, als ohne Schaden thunlich, schlagen zu lassen, ferner das Stammrecht nicht zu übertreiben und

---

[75]) Verhandlungen hierüber siehe Kreisarch. München, Gen.-Reg. fasc. 481/68 c.

[76]) Ebendaselbst.

[77]) Zirngibl, S. 390.

[78]) (Kreittmayr), G.-S. Bd. 1771, S. 465; Döllinger, Rep. Bd. 16, S. 259.

mit demselben in solchen Schranken zu bleiben, daß das Puchenholz in München um $3\frac{1}{2}$ fl. käuflich ist, widrigenfalls das Holz auf dem Stamm taxiert werde“ [79]).

5. Holzhandelsmonopole.

Die besprochenen Holzverkaufs-Beschränkungen erstreckten sich nur auf den Holzhandel seitens der Untertanen. Der Landesherr selbst bewahrte sich uneingeschränkte Handels- und Verfügungsfreiheit. Galt ja im merkantilistisch geleiteten absoluten Staate aller Handel als ein droit domanial, das der Landesherr selbst frei ausüben durfte, der Untertane aber nur in den Grenzen, die der Staat ihm zu setzen für gut befand.

Dieser Grundgedanke bildete die theoretische Unterlage dafür, daß ganze Handels- und Industriezweige zu staatlichen Monopolen gemacht wurden, welche der Staat zum Teil selbst betrieb, teils auch gegen bedeutende Leistungen Privaten übertrug. Die wahren Motive sind stets auf fiskalischem Gebiete zu suchen. Auch beim Holzhandel begegnen wir in Bayern derartigen Monopolen, in staatlicher Selbstausübung sowohl wie auch in Gestalt von auf Privatunternehmer übertragenen Holzhandelsprivilegien.

Ein Monopol der letzteren Art treffen wir schon im Jahre 1551, als Pfalzgraf Albrecht einem gewissen Gabriel Däxl von Nürnberg für alle Gebirge und Hölzer des Fürstentums Bayern die alleinige Erlaubnis gab, „Eybenholtz, das allda wächst zu schlagen, zu Eybenbogen zu machen vnd seins gefallens vnnd gelegenheit volgends aus dem Fürstenthumb zu füren“; doch mußte dies jederzeit mit Wissen des einschlägigen Pflegers und Richters geschehen, welcher die gearbeiteten Bögen abzuzählen hatte; von jedem Hundert Bögen hatte Däxl 4 fl. rheinischer Münze zu entrichten (Dekret vom 27. Dezember 1551)[80]).

Als Selbstunternehmer tritt das kurfürstliche Ärar in dem nachstehend geschilderten Holzlieferungsvertrag auf. Am 29. Februar 1720[81]) schloß die bayerische Regierung mit der Firma Gg. Gebhard Bayrhuber u. Cie. in Linz einen Holzkontrakt für sechs Jahre, beginnend vom 1. Januar 1720 an. Während dieser Zeit sollten aus den kurfürstlichen Waldungen 60000 Wiener Klafter Scheiter, das

---

[79]) Vergl. Mandat vom 16. März 1793. Siehe im II. Teil, S. 79.

[80]) Kreisarch. München, F.-A. 454/1.

[81]) Kreisarch. München, Gen.-Reg. fasc. 470/45.

Scheit zu 3 Schuh 2 Zoll und in der Dicke dreigratig, also erstklassiges Material, und zwar jährlich 8000 Klafter Buchen- und 2000 Klafter Fichtenscheitholz, ersteres die Klafter zu 5 fl., letzteres zu 3 fl., im ganzen somit für 46000 fl. Holz, nach Wien geliefert werden. Die Stämme für die Transportflöße wurden nach besonderem Vertrag aus den kurfürstlichen Waldungen billig geliefert. Außer der Verfrachtung und der Wassergefahr übernahm die Hofkammer alle Maut, Aufschläge, Lieferungs-, Austragungs- und sonstige Kosten für Holz und Floßbäume bis nach Wien zu den dortigen Brennholzgestötten in der Roßau; die eine Hälfte des Jahresquantums mußte bis Ende April, die andere Hälfte bis Ende Juni loco Roßau angeliefert sein.

Bis nach Verschleiß der 60000 Klafter durfte die Hofkammer mit keiner andern Firma einen Kontrakt auf eine gleiche Holzlieferung abschließen, noch aus den bayerischen Waldungen selbst Holz nach Österreich ausführen oder einem andern auszuführen gestatten.

Es ist kaum zu verstehen, wie die kurfürstliche Hofkammer einen so unvorteilhaften Vertrag eingehen konnte, und läßt sich nur erklären aus der ungeheuren Finanznot, in welche die kurfürstliche Kasse durch den unglückseligen spanischen Erbfolgekrieg und durch die verschwenderische Hofhaltung Max Emanuels geraten war und in der die Regierung sich an jede Gelegenheit, Bargeld zu erlangen, klammerte.

Im Jahre 1763 fanden mit einer ausländischen Holzkompagnie Unterhandlungen über einen Holzkontrakt bezüglich des Cobernauser Waldes statt. Die Anforderungen der Holzkompagnie scheinen jedoch dem Ärar so nachteilig gewesen zu sein, daß sich, trotz der eifrigen Fürsprache des an dem Zustandekommen des Vertrages vielleicht nicht uninteressierten Rates Carl de Gross, die Verhandlungen zerschlugen[82]).

6. Holzmaße.

Einen nicht geringen Einfluß auf den Holzhandel nahm die Regierung durch ihre Vorschriften über die beim Handel zu beachtenden Maße sowohl des rohen als des verarbeiteten Holzes, deren Tendenz in erster Linie wohl die Reellität des Verkehrs[83]) be-

[82]) Kreisarch. München, Gen.-Reg. fasc. 470/43.

[83]) Ein Mandat des Hochstifts Passau vom 8. April 1687 (Kgl. bayr. allg. Reichsarch., Hochstift Passau 704 Gen.-Bd. II, S. 154) wendete sich dagegen, daß die Sägmüller die Bretterwaren und Latten zu dünn schneiden und den gleichen

zweckte, welche aber, wie alle damaligen künstlichen Reglementierungen und alle Einrichtungen, die der Handel nicht aus sich selbst herausbildet, an sich unpopulär waren oder infolge von bureaukratischen Mißgriffen in der Durchführung unpopulär wurden und auf vielseitigen Widerstand gerieten.

Für das Brennholz galt in Süddeutschland von altersher als Maßeinheit die Klafter, in manchen Gegenden auch Lachter (Bergmannslachter), Lafter genannt. Die Dimensionen der Klafter waren in den einzelnen Territorien verschieden; sie wurden vielfach in den Forstordnungen festgesetzt[84]).

In Ober- und Niederbayern wurde die Klafter durch die Forstordnung vom Jahre 1616 als allgemeines Verkaufsmaß anerkannt[85]): „Alle Städte und Märkte, bei welchen bisher kein Holzmaß üblich war, haben dieses ebenfalls einzuführen und es muß künftig das Holz auf den Märkten nach dem eingeführten allgemeinen Maße verkauft werden und auch die Scheiter nach der Länge des Maßes gehackt sein. Was aber die Waldklafter und das Holz anbetrifft, welches nicht zum offenen Markte gebracht wird, bei solchem hat es bei dem eingeführten Ortsgebrauche zu verbleiben.“

Die bayerische Klafter war je 6 bayerische Schuh hoch und breit. Die Scheiterlänge betrug in früherer Zeit 3, später $3^1/_2$ Schuh.

Im Hochstift Passau galt eine $2^1/_2$ schuhige Scheiterlänge und $6^1/_2$ schuhige Klafterhöhe[86]).

Im 18. Jahrhundert widmete die bayerische Regierung der Einführung eines einheitlichen Scheiterlängenmaßes von $3\,^1/_2$ Schuh zur Sicherung der Käufer vor Übervorteilungen im Handel große Zähigkeit und eine Unmenge von Verfügungen. Trotz aller Mittel und Wege — wollte man ja sogar dem Privatmann im eigenen Walde das Holz

höheren Preis der vorschriftsmäßigen Ware nehmen, „sodaß kein guter Laden oder Latten mehr zu haben, wobei aber einem Bauern oder Jenem der solches von nöten hätte, sein Pfennig nicht vergolten würde“.

[84]) Bambergische Forstordnung für das Amt Kupferberg vom Jahre 1580; die Bambergische Lachter hatte 7 Schuh in der Höhe, 6 Schuh in der Breite, die Scheiter waren 4 Schuh lang (bamberg. Maß). Die Regensburger Klafter verhielt sich dem Inhalte nach zu der bayerischen wie 6 : 7. Ihre Höhe und Breite maß 5 Schuh 7 Zoll (Regensburger Maß). (Rechtmäßigkeit § 23.)

[85]) Bayr. Landrecht 1616, S. 729. — Döllinger, Repertor. Bd. XVI, S. 250.

[86]) Passauer Mandate vom 15. Juli 1690, vom 22. May 1693. Kgl. bayer. Reichsarch., Hochstift Passau 705, Gen.-Bd. III, Stck. 26 und 93; Mandat v. 11. Juni 1700, Akt. 706, Stck. 6; Mandat vom 10. Juni 1756, Akt. 710, Stck. 210; Mandat vom 4. Januar 1764 und vom Dezember 1767, Akt. 713, Stck. 53 und 139.

für seinen Hausbedarf nach Belieben herzurichten verbieten — und trotz schärfster Strafandrohungen vergingen mehr als siebzig Jahre, bis sie durchdringen konnten.

Bei Einführung einheitlicher Maße und Gewichte im Jahre 1732 [87]) wurde dem Holzmaße der bayerische Münchener oder Landschuh zugrunde gelegt (sog. Eisenmaß), wie er später 1761 [88]) für alle bayerischen Landesteile eingeführt wurde.

Um eine Gleichheit der Klaftermaße zu erzielen, wurde mit Mandat vom 22. August 1746 [89]) die $3^1/_2$ schuhige Scheiterlänge für alles zum öffentlichen Verkauf kommende Brennholz angeordnet. Diese Anordnung wurde jedoch von den Holzverkäufern nicht beachtet. Sie brachten mit einigem $3^1/_2$ schuhigen meist 3 schuhiges Holz auch fernerhin zu Markte und übervorteilten das Publikum, indem sie beides mit dem gleichen Preise belegten.

Dem suchte die Regierung durch ein Mandat vom 28. April 1760 [90]) zu steuern, indem sie das obige Gebot vom Jahre 1746 wiederholte und weiter verfügte, daß „die zu Brennholz gewiedmeten Stämme nicht mehr mit der Axt, wodurch sehr vieles Holz in die Scheiten (Späne) geht und keine Gleichheit beobachtet werden kann, sondern mit der Säge in ordentlicher Länge zu $3^1/_2$ Schuh aufgescheitert werden müsse".

Diese Bestimmungen wurden auch auf das dem Privatgebrauch dienende Brennholz erstreckt. Die Waldbesitzer erhoben vergeblich lebhaften Widerspruch. Unter Androhung von 30 kr. Strafe per Klafter für Zuwiderhandelnde wurde die Verfügung durch die Mandate vom 24. März 1762 [91]) und vom 5. August 1762 [92]) wiederholt eingeschärft.

Der hauptsächlichste Einwand gegen diese Anordnungen war, abgesehen von der polizeilichen Bevormundung, die Vorschrift des Gebrauches der Säge, eines bei den Holzhauern zu jener Zeit noch sehr selten verwendeten Werkzeuges. Es wurde eingewendet [93]):

---

[87]) Mandat v. 8. März 1732, Mayr, G.-S. Bd. IV (1797), S. 604; 1 bayr. Schuh = 12 Zoll = 29,1859 cm, 1 bayr. Klafter = 126 Kubikfuß = 3,13250 Raummeter.

[88]) Mandat vom 20 Nov. 1761, Mayr, G.-S. Bd. II (1784), S. 1326.

[89]) Mayr, G.-S. Bd. II (1784), S. 717.

[90]) Mayr, G.-S. Bd. 1784, S. 777.

[91]) (Kreittmayr), G.-S. Bd. 1771, S. 457, 22.

[92]) Mayr, G.-S. Bd. II, 1784, S. 785.

[93]) Komm. vom 24. Juni 1763, Geh. Staatsarch. Mchn. Kasten blau 144/3. Die Holzhauerlöhne betrugen damals für die Klafter zu hauen 15 kr., zu schneiden 15 kr., zusammen 30 kr.

„Durch die Aufstellung der sägenden Arbeiter wird im Walde viel junges Holz ruiniert, auch verstehen sich viele Unterthanen nicht aufs Sägen; welche aber Sägen haben, die müssen sie fast alle zwei Tage in die Stadt oder andere Orte, wo die Sägenfeiler sind, tragen, oft mehrere Stunden weit und haben dadurch große Versäumnis; lieber wollen die Unterthanen die Strafe von 30 kr. zahlen. Unter diesen Umständen sähen sich die großen Hofmark-Herrschaften bemüßigt, es bei ihren Unterthanen fernerhin beim Hauen zu belassen, und dies um so mehr, als sonst in den Städten das erforderliche Brennholz nicht mehr die Klafter um 5 fl. zu haben wäre.“ Bitten um Dispens von der vorgeschriebenen Scheiterlänge für das Hausnotdurftsholz wurden abgelehnt (Mandat vom 12. November 1762)[94]. Fast zwei Jahre hindurch wiederholter Vorstellungen bedurfte es, bis mit dem Mandat vom 3. März 1764[95]) gestattet wurde, auch $1^3/_4$-schuhige Scheiter auszuhalten, „jedoch nur soviel die selbsteigene Hausnotdurft oder das krumme und verwimmerte Holz betrifft“.

Langnutzholz — als Stämme, Zimmerstämme, Reiser, Lichtstämme — wurden in frühester Zeit nach dem Fuder eingeschätzt, Fuderstämme.

Später richtete sich die Zurichtung des Stamm-Nutzholzes nach den Bestimmungen der Forstordnungen. Die Maßfestsetzungen nahmen bei den einzelnen Holzarten vor allem Rücksicht auf die Länge der Stämme und deren Verwendbarkeit zu Flößen, zu Zimmerbäumen und Schneidblöchern. Für Tannen- und Fichten-Langholzstämme galt in der Regel ein Mindestlängemaß von 38 Schuh, für Schnittbäume von 30 oder 24 Schuh ohne Scharm[96].

Mit der Steigerung des Holzpreises erfuhr die Holzsortierung allmählich eine den vermehrten Verwendungszwecken und den Stammqualitäten entsprechende Differenzierung.

Eine solche findet sich bereits in der Verordnung vom Jahre 1635 (siehe S. 67), in welcher bei den Eichen und dem Fichten- und Tannenbauholz Stämme von über und unter $1^1/_2$ Schuh Durchmesser unterschieden werden.

Den hauptsächlichsten Einfluß auf die Nutzholz-Sortimenten-

---

[94]) (Kreittmayr), G.-S. 1771, S. 463, Ziff. 6.

[95]) (Kreittmayr), G.-S. Bd. 1771, S. 466, Ziff. 5.

[96]) Ordnung des Holzschlages in den Gerichten Tölz und Aibling vom 8. Mai 1476, Holz- und Kohlenordnung vor dem Gebürg an der Iser und Loisach von 1528 u. 1536, Holzordn. f. d. Trauchenb. in der Herrsch. Hohenschwangau 1586 (Döllinger, Samml. d. b. Forst- u. Jagdordn. Bd. II, S. 87).

bildung nahm im 18. Jahrhundert die Baupolizei. Nach § 6 des Mandates vom 22. August 1746[97]) durften Schnittbäume, auf welche den kurfürstlichen Bauämtern ein Vorkaufsrecht zustand, nur in einer Länge ausgehalten werden, daß 24 schuhige Bretter daraus gewonnen werden konnten.

Der Durchführung dieser Vorschriften wurde eifrigstes Augenmerk geschenkt, wie beispielsweise kurfürstliche Befehle an den Abt von Benediktbeuern vom 20. Juni 1758, an den Klosterrichter von Benediktbeuern vom 31. Oktober 1758 und eine Reihe anderer Verfügungen ersehen lassen[98]).

Diese Maßvorschriften, die in einem Mandat vom 18. November 1748[99]) wiederholt wurden, erlitten in einer Verordnung vom 11. März 1749[99]) eine Änderung insofern, als die Mindestlänge der Schnittbäume des Kipfes wegen auf 26 Schuh erhöht wurde.

7. Holztaxen.

Nachweislich vom Beginn des 15. Jahrhunderts an, sicher aber auch schon früher, fanden in den Waldungen des Landesherrn Holzabgaben an die Untertanen auf Grund von Berechtigungen, durch Bewilligung oder Verkauf gegen Leistung festgesetzter Taxen statt. Diese waren einseitig vom Landesherrn bestimmt und in Verordnungen, Gültbeschreibungen, Salbüchern niedergelegt. Ihre Giltigkeit war, wie schon hieraus hervorgeht, auf eine lange Dauer bemessen.

Für das Brennholz war da, wo die zu einem Forstbezirke eingeforstete Bevölkerung dasselbe in ungemessener Quantität bezog, lediglich ein jährlicher, von der Gesamtheit aufzubringender fixierter Bauschbetrag, „die gesetzte Gült" [100]), zu entrichten.

Doch gab es auch Forstbezirke, wie z. B. den Feilenforst bei Geisenfeld, dessen Eingeforstete an den jährlich abgehaltenen Holzgedingen oder Holzschreibetagen ihren Holzbedarf anmeldeten[101]) und dann gegen Erlag einer bestimmten Taxe schlagen durften.

---

[97]) Mayr, G.-S. Bd. II, 1784, S. 717.

[98]) Siehe kgl. bayer. allg. Reichsarch. Kloster Benediktbeuern No. 156, fasc. 3.

[99]) Kr. Arch. Mchn. G. R. fasc. 480/68 b.

[100]) Neuburger Copialbücher Bd. 31, fol. 31 (Rainer Gericht).

[101]) In der „fürgenommenen ordning in dem Feulenforst" v. ca. 1470 ist ein Holzgeding zu Aglsperg erwähnt, bei dem „ain Fueder prennholtz nit mynnder dann vmb 13 Pfg. angeschlagen wird" (Neuburger Copialbücher Bd. 31, fol. 261).

Nutzholz — Zimmerholz, Reiser, Lichtbäume — war bei der gesetzten Gült nicht mit inbegriffen; es wurde nur bei spezieller Anmeldung des Bedarfes zur Hausnotdurft und nach Anweisung des Försters mit Genehmigung des Jägermeisters abgegeben. Vielfach war ein Stammgeld, Stammiete[102]), festgesetzt, d. i. eine Taxe, welche für einen im Walde zur Abgabe auf dem Stocke angewiesenen Stamm zu bezahlen war.

In dem 1417 niedergeschriebenen Salbuch der Herrschaft Graisbach[103]) heißt es bei der Beschreibung der zur Herrschaft gehörenden Holzmark: „Auf den . . . Hölzern ist kein Schlag und mag keiner darauf gesein, man wollt denn einen Bauschlag machen, doch so geyt man ein fuderholz nach dem besten, wer deß bedarff, auf dem Stamm um 4 Pfg." Ein weiterer Beleg aus der „Beschreibung der Holzgült und Vorsterbesoldungen" des Jägermeisters Kargl zu Siespach vom Jahre 1448[104]): „Ain Vorst genannt die Hagnaw gelegen bei Schrobenhausen vnd hat 14 slag, gilltet jeder Slag ain Jar Inn das annder 14 Pfg., und darauß sol sich nyemannts behulczen, dann vmb gelt, dann außgenommen meins herrn Castenleut. Wann man der sleg ainen vmb die obgenannte gült abgibt, das soll nvr prennholtz sein, vnd vnder dem sol man kain Zymerholtz, Reyser noch Lichtpäm nicht abgeben an (ohne) des Jägermeisters haißen und geschäfft."

In der Herrschaft Grayspach[105]) lagen verschiedene Hölzer, in welchen die Herrschaft „keine gesatzte Gült" hatte „vnd ain Fuderholtz auf dem Stamm bey 4 Pfg. kostete".

Eine eigentliche Wertbemessung lag in diesen Taxen nicht; sie tragen mehr die Eigenschaft von Rekognitions-Gebühren für die Erlaubnis des Holzschlags durch die Untertanen. Ein höherer Preisanschlag trat nur bei Verkäufen an Fremde ein.

Im 16. Jahrhundert wurden in verschiedenen Gebieten die Taxen in den Forstordnungen niedergelegt. Die „newe Holtzordnung auffm Norggau" vom 31. Mai 1570[106]) enthielt z. B. ein Ver-

---

[102]) Furgenommene ordening für den feulenforst. Neuburger Copialbücher Bd. 31, fol. 261.

[103]) Neuburger Copialbücher Bd. 5, fol. 120.

[104]) Neuburger Copialbücher Bd. 31, fol. 366 u. 67.

[105]) Neuburger Copialbücher Bd. 31, fol. 74.

[106]) Kreisarch. München, Gen.-Reg. 454/I.

zeichnis[107]) von Verkaufspreisen, nach welchen der Forstmeister das abzugebende Holz unter „Achtung, ob es groß oder clain sey“ einzuschätzen hatte.

Auch die Hochstift-freisingische Forstordnung für die Grafschaft Werdenfels vom Jahre 1599[108]) enthält ein spezifiziertes Taxverzeichnis[109]), welches anscheinend schon früher eingeführt und in der

---

[107]) Ittem ein Klaffter Dürrholtz . . . . 7 Pfg.

[107])	Ittem ein Klaffter Dürrholtz			7 Pfg.
„	denn Kueffern ein Aichen Reis	1 fl.	8 kr.	2 „
„	denn Schoppern, so d. schif machen, ein Aichen	1 „	30 „	
„	denn Innlenndischen khueffern ein Aichen		44 „	
„	der gemain Zimerholtz aines		3 „	
„	tausendt Schinndl		30 „	
„	der geschwellholtzer eins		26 „	
„	ain Claffter Spachholtz		12 „	
„	ain fueder Raiff		12 „	
„	ain Raffen oder Sparen			5 „
„	ain Segpaum am hohelberg		12 „	
„	ain Segpaum am Samspach		12 „	
„	ain Riemenholtz		15 „	
„	das Pfd. Zalholtz, so die Pegkhen zum Pachenn brauchen	1 „	30 „	
„	ein kharren vol dürrholtz		2 „	
„	ein fueder Dürrholtz		4 „	
„	ein Claffter grien Prennholtz		4 „	
„	ein Claffter Holtz z. Malzdärrn		8 „	

[108]) Kgl. bayer. allg. Reichsarch., Hochstift Freising III C/2, Nr. 215.

[109]) Die Taxen waren: Ein Floß- oder Zimmerbaum, über und bei 40 Wertschuh lang, der aus dem Land geführt wird, 3 kr.; desgl. unter 40 Schuh lang 2 kr.; von einer Schnittlänge oder einem kurzen Baum, Fichte oder Tanne, der außer Land geführt wird, 8 kr.; von den Gipfelstärken solcher Bäume, die nur Tragbäume geben, 1 kr.; von einem Ahorn-, Eschen-, Zirben- und Lärchenstamm oder dergl. mit Größe und Dicke des Ringmaßes 6 kr.; von einem dergl. mittleren und kleinen Stamm 2 kr.; von einem Buchenstamm oder Floßlänge 2 kr.; von einer Reif-Reißen 1 Pfg., ein Gefeg 15 kr.; von zwei Hopfenstangen 1 Pfg. Zu Mittenwald, wo das Holz nicht so schön und groß ist als zu Garmisch und Partenkirchen, von jedem Floßbaum kurz oder lang 2 kr.; von zwei Spänprügeln, die außer Land geführt werden, 1 Pfg.; von je 10 Schaufeln und Krückenbrettern zur Verführung 1 Pfg.; von je 10 Kummetscheitern 1 Pfg.; von sechs Fehn 1 Pfg.; von je sechs Gabeln, Rechenstielen und Wärben zur Verführung 1 Pfg.; von einem Schindlhaufen mit 72 Gelegen 3 kr., mit nur 52 Gelegen 6 Pfg.; von einer Klafter Buchenholz 2 kr.; von einem Stamm zu Daufeln- und Schäfflerholz 3 kr.; von einem Stamm zu Sieb- und Reiterscheitern, unbestimmt, nach Qualität des Stammes. Ein Müller oder Sägmüller soll von Brettern, Latten und dergl., die er außer Land führt, geben was folgt: von einem dicken Bodenbrett oder Riemling, tannen oder fichten 2 Pfg.; von einem Falz, gemeinen und Täfelbrett

genannten Forstordnung neuerdings aufgestellt wurde: „Dieerweil wir vormerkhen," heißt es in dem darauf bezüglichen Artikel der Forstordnung, „daß sy (die Untertanen) das Stammen- und Holczgelt nach volgender Tax gar wol erschwingen vnd dasselbe auf die Materialia, so sy an der Stath verkhauffen oder verfiehren, schlagen mögen, vnnd ainmall recht vnd billich, solches auch die vnuermeidenliche notturfft erfordert, Das wir hiebej vnnsers Stüffts Freising nucz vnd Wolfarth mehr, als bishero aus vnwissenhait beschehen, bedenckhen vnnd in acht nemmen, so sol es der Zeit bei nachbestimbter Tax, die wir durchaus (es fielen dann sonderbare Neue Vrsachen für, derentwegen etlichermaßen dieselbe zu Limitieren were) wellen gehalten haben, allerdings verbleiben."

Mit festen Holztaxen ließ sich bei landesherrlichen Holzverkäufen wirtschaften, solange die Forste vornehmlich für den Bedarf der nächstwohnenden Bevölkerung in Anspruch genommen wurden, Abgaben zum Weiterverkauf und an Fremde nur selten vorkamen und die Waldungen durch ihre Vorräte allen Anforderungen dienen konnten. Sie wurden aber unerträglich und schließlich der landesherrlichen Kasse selbst nachteilig, sobald mit fortschreitender Entwicklung des Wirtschaftslebens die Holzbedürfnisse sich änderten, ein Handel mit dem Holze der privaten Waldbesitzer und ein allgemeiner Holzmarkt, welche eine natürliche Preisbildung schufen, sich herausgebildet hatten und die Vorräte und Angebote an Holz einer gesteigerten Nachfrage nicht mehr Genüge leisten konnten. Diese Verhältnisse wurden von Privaten benutzt, um den landesherrlichen Verkäufen Konkurrenz zu machen. Sie kauften Holz um die Taxen, speicherten dies aber, womöglich mit dem Holze aus eigenen Wäldern, zu großen Quantitäten auf und diktierten dann hohe Preise.

Die Regierung fühlte die Schwäche ihrer Position, gab aber das Taxensystem nicht auf, sondern begann unter dem Vorwande, die Steigerung der Holzpreise hintanzuhalten, kraft ihrer Polizeigewalt den Kampf gegen den „Holzwucher", gegen die Freiheit des privaten

---

1 Pfg.; von zwei Gestängen 1 Pfg.; von vier Latten 1 Pfg. Von Verkauf dieser Bretter- usw. -waren im Inlande war die Hälfte dieser Sätze zu geben. Von einem Fuder Kohlen, in der Grafschaft gebrannt und ins Ausland geführt, 2 kr.; von einem Kohlenhaufen 7 Batzen; von einem Floßgefährt Kohlen 15 kr.; von Kohlen, die im Inland bleiben: die Hälfte dieser Sätze. Zum Eigenbedarf der Untertanen war das Brennholz taxfrei, Zimmer- und Bauholz, Schnittbäume unterlagen der halben Taxe.

Holzhandels, den sie zu unterdrücken suchte, um das Monopol des Holzverkaufs allein in Händen zu haben. Als aber mit der, sei es wirklichen oder nur gefürchteten, Abnahme der Holzvorräte in den landesherrlichen Waldungen der Handel mit dem Holze aus den Privatwaldungen nicht mehr entbehrlich schien, duldete die Regierung ihre Konkurrenten zwar, suchte sie aber durch mannigfache Beengungen und auch dadurch im Zaume zu halten, daß dem Holzverkauf in Städten, Märkten usw. die Einhaltung bestimmter Preise auferlegt wurde[110]).

Die natürliche Folge dieser Maßregel war, daß die Privaten den Holzverkauf ins Ausland dem Verschleiß im Inland vorzogen oder daß das geschlagene Holz an den Verflößungsorten im Gebirge unverkauft blieb.

Aus Holzbeschreibungen für das Benediktbeuerer Gebirge aus den Jahren 1681—1693[111]), in welchen die Abzählungen des in der Jachenau geschlagenen Holzes enthalten sind, läßt sich ersehen, daß ein großer Teil des damals bereitgelegenen Holzes unverkauft blieb, das unter anderen Verhältnissen vielleicht nach München abgesetzt worden wäre.

Daß die Münchener Holztaxen hier den Handel nach München direkt unmöglich zu machen geeignet waren, zeigen Berichte über die Kosten der Holzgewinnung und des Floßtransportes aus der Jachenau vom Jahre 1682.

Für einen Jachenauer, der nicht selbst Gespann und Ehehalten zur Arbeit hatte und auf Tagwerker und Mietgefährte angewiesen war, berechnete sich die Gewinnung, Zurichtung und die Anfuhr von einer Klafter Buchenholz an die Isar auf 3 fl. 14½ kr.; einem Flößer aus der Jachenau kam die Klafter Prügelholz bei Annahme des damals niedersten Einkaufspreises von 1 fl. loco Ländeplatz München auf 2 fl. 9 kr. zu stehen, „die Mühe, Arbeit, Leib- und

[110]) Eine Ausnahme soll nicht unerwähnt bleiben. Sie betrifft die Buchenholz-Verkäufe an der Ländstätte in München. Auf erhobene Bitte der Untertanen des Gerichtes Tölz und Benediktbeuern hin, welche die Vorstellung machten, daß sie das Buchenholz nicht mehr in nahen Waldungen schlagen und deshalb auch nicht um die billige Taxe liefern könnten, wurde mit kurf. Befehl vom 19. Nov. 1649 (Kgl. bayer. allg. Reichsarchiv, Kloster Benediktbeuern Nr. 156, S. 18 und 19) sämtlichen Floßleuten der freie Verkauf des Buchenholzes auf der Lände in München zugestanden; gleichzeitig wurden sie der Zahlung des vom Gefäß Buchenholz wegen des Aufwerfens auf der Länd begehrten Batzens enthoben.

[111]) Kgl. bayer. allg. Reichsarch., Kl. Benediktbeuern Nr. 184, S. 15ff.

Lebensgefahr, Wasserschaden, Zöhrung, herrschaftliche und Landtpürden (Abgaben), wo solche hergenommen werden müssen, zu geschweigen“ [112]).

---

[112]) Kgl. bayer. allg. Reichsarch., Kl. Benediktbeuern Nr. 184, Stck. 28 „Ungefehrlicher Entwurf, was ainem Underthanen in der Jachenau die Holzarbeith, zum Fahl derselbe mit aigenem Möneth und Ehehalten nit versehen ist, costen thuet.“ Arbeit eines Mannes von früh 5 Uhr bis abends 7 Uhr; Abhauen, Ausästen einer Buche zu 2 Klafter, Auslängen zum Transport an den Ganterplatz 20 kr., triff auf ein Klafter . . . . 10 kr.

Transport an die Ganterstatt am See mit Schlitten und 2 Paar Ochsen (diese umsonst von einem Nachbarn geliehen) pro Tag 1 Klafter	2 fl.		
hierzu 3 Tagwerker erforderlich		30 „	
1 Tagwerker zum Abbacken und Aufklieben des Holzes am Ganterplatz, pro Klafter		16 „	
Transport über den See, durch die Klamm bis an die Mühle; hier Auswerfen und Aufrichten des Holzes; für 5 Klafter 2 Tage und 1 Nacht Arbeit erforderlich 1 fl., trifft auf 1 Klafter		12 „	
Abgabe zum Gotteshaus Benediktbeuern von 1 Klafter . .		6 „	
Klammzins von einer Klafter			2 Pfg.
Summa	3 fl.	$14\frac{1}{2}$ kr.	

„Es erscheint also“, wird beigefügt, „daß den Untertanen, wenn sie nicht selbst hart arbeiten und mit gedingten Ehehalten nicht versehen sind, bei solcher Holzarbeit mehr Verlust als Gewinn haben. Weil sie aber selbst persönlich Tag und Nacht arbeiten, bei der Arbeit liegen und einer dem andern mit seinem Gefährt ohne Belohnung zuzeiten Hilfe leistet, können sie das Holzwerk um die beschriebenen Preise verkaufen und haben ihrer wahren Bekenntnis nach mehr nicht als bei dem Klafter 8 kr. übrig, worum Weib und Kind samt den Ehehalten ernährt und belohnt, auch die herrschaftlichen Schuldigkeiten aber erstattet werden müssen“.

„Entwurf, was einem Floßmann in der Jachenau die Claffter priglholz bis uf München an die lendt ze bringen gestehnt wann Er es in den geringsten preiß, wie heuer (1782) pro 1 fl. erkhaufft.“

Ankauf	1 fl.		
Die Prügel einmal abhauen, pro Klafter		8 kr.	
Kliebn		8 „	
Transport zum Triftbach		17 „	
Auswerfen		4 „	
Herrichten des Floßes, Aufladen des Klafterholzes, Floßfahrt nach München: 2 Knechte à 1 fl. = 2 fl.; da 4 Klafter auf 1 Floß geladen werden, trifft auf 1 Klafter		30 „	
Abgabe zu Mittenwald von der Floßladung 9 Pfg., also von 1 Klafter			2 Pfg.
Ländgeld in München, von der Floßladung 6 kr., von 1 Klafter		1 „	2 „
Im Ganzen	2 fl.	9 kr.	

Schlägt man dies alles und noch weiter die Ausgaben und Versäumnis der Leute beim Aufenthalt in München und bei der Rückkehr in die Jachenau an, so ist es undenkbar, daß der damalige Münchner Verkaufspreis für das Buchenländholz zu 2 fl. 20 kr. auch nur die baren Aufwendungen des Flößers und die Holzhofspesen ersetzen konnte. Wenn trotzdem Holzzufuhren stattfanden, so konnten dies nur Leute unternehmen, die keine fremden Arbeiter benützten und ihre eigene Arbeit nicht in Anschlag brachten.

Im Jahre 1745 erließ das Hochstift Passau ein Mandat zur Festsetzung von Taxen, um welche das in die Stadt Passau eingebrachte Holz zu verkaufen war, und wiederholte es am 8. Februar 1746[113]) unter strenger Strafandrohung gegen Kauderei und Außer-Landes-Schwärzung, nachdem es mißachtet und „das Holz um gleichsam nur selbst gefälligen, teuern Wert verkaufft" würde.

Wenn der Holzmangel in München infolge der Schwierigkeit der Holzbeschaffung um die Mitte des 18. Jahrhunderts solche Dimensionen annahm, daß selbst der nötigste Holzbedarf nicht zu stillen war, so kann als ein erheblicher Faktor hierbei das Verkaufstaxensystem gelten, welches oft nicht einmal den Ersatz der Holzgewinnungs- und Verfrachtungskosten zuließ und den Waldbesitzer abhielt, sein Holz um einen geringen Preis zu verschleudern.

Am 2. September 1746[114]) erging eine kurfürstliche Spezialverfügung an das Kloster Benediktbeuern folgenden Inhalts: „Die Holzteuerung veranlaßt, die Herrschaften, die Gebürg, Gehölz haben, aufzufordern, daß sie den Untertanen oder solchen, die Holz auf dem Stock kaufen, das Holz billig geben, damit sie dasselbe bei einem festgesetzten Preis von 2 fl. für die Klafter Fichten und 3 fl. für Buchenholz nach München bringen und keinen Schaden dabei leiden, sondern gleichwohl so viel Nutzen dabei haben möchten, daß großhabende Mühe und Unkosten ersetzt werde".

Welche Gewinnungskosten und Preise loco Wald mag die Regierung wohl bei diesen Preisfestsetzungen veranschlagt haben, wenn die Klafter Fichtenholz um 2 fl. in München angeliefert werden sollte!

---

[113]) Kgl. bayer. allg. Reichsarch., Hochstift Passau Nr. 709, Stck. 40. Die Taxen waren:

1 Klafter	Waldbuchenholz	2 fl.	15 kr.
„ „	Birken-, Kirsch-, Äpfel-, Birnbaumholz	1 „	45 „
„ „	Erlen-, Tannen- und anderes weiches Holz	1 „	30 „
„ „	sog. Mischlingsholz	1 „	15 „

[114]) Kreisarch. München, Gen.-Reg. 480/68b.

Es kann nicht Wunder nehmen, daß der Abt von Benediktbeuern sich auf solche Lieferungen nicht einließ[115]).

Die gleichen Tendenzen wie die oben erwähnte Verfügung hatte eine Bestimmung des Mandats vom 3. März 1764[116]), daß „die Klöster, dann Herrschafts- und Hofmarksbesitzer die Stammrechte nicht übertreiben, sondern mit denselben in solchen Schranken verbleiben sollten, daß das Buchenholz in München um $3^1/_2$ fl. verkauft werden könne, außerdem man bemüßigt sein werde, das Holz auf dem Stamme taxieren zu lassen".

Wenig im Einklange mit diesen Beschränkungen der Verfügungs- und Verkaufsfreiheit der Waldbesitzer wie auch mit der stets zur Ausschmückung der Verordnungen dienenden Fürsorge für die Wahrung der Wohlfahrt der konsumierenden Bevölkerung steht es, wenn der Landesherr selbst die Holztaxen in die Höhe zu setzen bedacht war, wie dies mit dem Mandat vom 24. Mai 1756[117]) geschah, wonach die Beamten sich bei dem Verkaufe des Brenn- und Bauholzes mit den Preisen nach den benachbarten adligen und geistlichen Ständen richten und nicht mehr so geringe Preise verrechnen sollten.

Die Gesichtspunkte, nach welchen die Holztaxen bestimmt wurden, vereinigten sich stets in dem Bestreben, der landesherrlichen Kasse gute Einkünfte zu sichern und die verhaßte Konkurrenz des Privatholzhandels niederzuhalten. Das System der Verwertung der Waldprodukte um feste Taxen fand entschiedene Unterstützung durch die damaligen Lehren der Wirtschaftspolitik. Der hervorragende Vertreter des Merkantilismus in der Forstwirtschaft J. G. v. Seutter[118]) kommt bei einer eingehenden Betrachtung über die Holzpreise und deren Berechnungsweise „zu dem unzubezweifelnden Resultat: daß sowohl zur Erhaltung und Beförderung der Produktion im allgemeinen als auch zum Vorteile der Staatskasse, die Holzbedürfnisse nach

---

[115]) Am 21. Okt. 1746 wurde ein Mandat an den Abt von Benediktbeuern erlassen, daß binnen 8 Tagen der Holznot wegen Holz nach München zu liefern sei, widrigenfalls solches konfisziert und in Scharwerk abgeführt werde. Als der Abt sich weigerte, erging wiederholter Befehl (7. Dez. 1746), auf den der Abt alsdann erwiderte (20. Dez. 1746), daß wohl einiges Floß- und Scheitholz in der Jachenau vorhanden sei, dies aber des seichten Wasserstands halber nicht verführt werden könne. (Kgl. bayer. allg. Reicharch., Kl. Benediktb. Nr. 156.)

[116]) (Kreittmayr), G.-S. 1771, S. 465; Döllinger, Repertorium der Staatsverwaltung des Kgr. Bayerns Bd. 15, S. 259.

[117]) Döllinger, w. v. Bd. 15, S. 259.

[118]) J. G. v. Seutter, Versuch einer Darstellung der allg. Grundsätze der Forstwirtschaft, Ulm 1804, S. 80.

bestimmten, mit den respektiven Produktionskräften in Relation stehenden, und nach den Kosten des Transportes sich modifizierenden Preisen befriedigt werden müssen, niemals aber als Gegenstände des inneren Handels betrachtet und subhastationsweise erworben werden können".

8. Holzgärten.

Im Laufe des 17. Jahrhunderts entstanden an vielen größeren, zumeist an Flüssen gelegenen Städten und Märkten das Landes Holzmagazine.

Ihre ursprüngliche Aufgabe[119]) war die Erleichterung der Besoldungsholzabgaben an Beamte, die Herstellung einheitlicher, von Schwankungen des freien Handels unberührter Preise, die Ermöglichung einer leichten und bequemen Beschaffung des Brennholzes wie auch der in den Gewerben nötigen Nutzholzgattungen für Orte, welche von Waldungen entfernt lagen oder deren benachbarte Wälder den Bedarf nicht oder wegen früherer Übernutzung nicht mehr zu liefern imstande waren, die Schaffung eines Absatzmarktes für das in abgelegenen landesherrlichen Waldgebieten nicht gut verkäufliche und durch Triften an die Holzmagazine beförderte Holz, sowie die Erzielung einer Staatseinnahme aus den Betriebsüberschüssen.

Eine wichtige Rolle, die schließlich neben dem letztgenannten Punkte zum Hauptzweck der Holzmagazine sich auswuchs, teilte der im 18. Jahrhundert in Blüte stehende Polizeistaat diesen Einrichtungen zu, unterstützt von den merkantilistischen Ideen, daß der Staat selbst allerlei Gewerbe treiben solle. Sie wurden das Werkzeug rücksichtslosester Beschränkung des Holzhandels im Inland sowohl, wie ganz besonders — Holzgärten zu Lechhausen und Reinhausen — des Holzexporthandels, ein Kampfmittel gegen den Holzwucher in der Hand des absoluten Landesherrn. Die ganze Abwicklung des Holzverkehrs sollte in die Holzhöfe zusammengedrängt werden. Sie wurden zu ausgesprochenen Holzhandels-Kontrollstellen oder, soweit der An- und Verkauf in Regie betrieben wurde, zu Zentren eines staatlich ausgeübten Holzhandelsmonopols.

---

[119]) J. G. Estor schreibt in Stahls Forstmagazin Bd. 8, 1766, S. 125, § 16 und 17: „Ein Holzmagazin dienet dazu, um dem Unterthanen das Holz jederzeit in einerley Preise zu verschaffen. Der vorige kluge König in Sardinien fand, daß die Bauern das in die Stadt gefahrene Holz nach Gefallen steigerten; diesem Unwesen abzuhelfen, ließ er ein Holzmagazin anlegen. Bei denen Universitäts-Städten ist ein Holzmagazin möglich, anerwogen der Student weder allzeit mit Geld zum Holzkauf nicht versehen ist, noch öfters an den Vorrat gedenket, noch jederzeit den Platz findet, sein Winterholz sich aufzubewahren."

Die Regierung selbst erklärte die Holzgärten und Niederlagen für Einrichtungen, welche in Ausübung des Landeshoheitsrechtes begründet wurden, um einerseits als Polizeianstalten zu fungieren, insoweit sie zur Ordnung des Holzhandels und zur Verhinderung von Zollhinterziehungen dienten, anderseits als Kameralanstalten, insoweit sie die Verwertung des Holzes aus ärarischen Waldungen erleichtern sollten.

Der Merkantilist J. G. v. Seutter schreibt über die Holzmagazine[120]: „Minder leicht (als die Reduktion der Holzbesoldungen der Beamten auf das Maß ihres wirklichen Bedürfnisses, um zu verhindern, daß die das Bedürfnis übersteigende Quote des Holzbesoldungsbezuges in den Handel gegeben werde und damit in Konkurrenz mit dem ärarischen Holzangebot und den ärarischen Taxpreisen trete) ist die Erhaltung dem allgemeinen Produktionsvermögen entsprechender Holzpreise oder die Verhütung des inneren Handels mit Holz in dem Falle, worin sich ein Mißverhältnis zwischen der Ausdehnung oder dem Ertrage der Staats- und Privatwaldungen findet, unter welch' letzteren auch alle, verschiedenen inneren Korporationen zustehende Waldungen begriffen sind. Das erworbene Eigentum dieser Waldungen muß ihren Besitzern das Recht sichern, die, nach forstwirtschaftlichen Grundsätzen von denselben erhaltenen Produkte nach den möglichst höchsten Preisen zu verwerten, und eines der gewöhnlichen Mittel hierzu ist: Die Zurückhaltung derselben bis auf die höchste Zeit des Bedürfnisses; diesen Weg des Erwerbs, so schädlich er auch für das Allgemeine wird, zu verschließen, ohne dabei despotisch zu werden und den Genuß rechtmäßigen Eigentumes zu beschränken, ist nur ein indirektes Mittel — die Anlage zweckmäßig situierter Holzmagazine — möglich."

Die Kritik dieser Einrichtungen war bei der Bevölkerung meist keine günstige. Die Nachteile überwogen die Annehmlichkeiten, welche sie sicher in mancher Hinsicht zu bieten vermochten.

Für größere Städte, wie München, Augsburg, war es gewiß erwünscht, daß der Staat im Holzhofe stets einen dem Bedarfe der Einwohner angemessenen Holzvorrat bereit zu stellen suchte und dem Publikum die Einkäufe vereinfachte und erleichterte, daß der Kaufliebhaber die gewünschten Sortimente sich auswählen konnte, beim Kaufe die richtige Mäßerei erhielt und gegen Übervorteilungen tunlichst geschützt war.

---

[120]) Versuch einer Darstellung der allg. Grundsätze der Forstwirtschaft, Ulm 1804, S. 83 u. 84.

Andererseits aber mußte der polizeiliche Zwang, welcher den ganzen Holzverkehr lediglich in den Holzgarten verwies und keinerlei Holzeinkäufe außerhalb desselben gestattete, zu einer Last werden, welche jene guten Wirkungen sehr zu beeinträchtigen geeignet war.

Für viele Orte hinwieder, für welche die Holzversorgung infolge reichlicher privater Zufuhr keine Schwierigkeit bot, war die Einrichtung eines Holzgartens in jeder Hinsicht verhaßt.

Weit drückender aber noch als für den Selbstbedarfkäufer, für welchen noch gewisse Erleichterungen bestanden, wirkte die Einrichtung auf den mit Einkäufen in größeren Quantitäten rechnenden Holzhändler, welchem die Regierung eine prinzipielle Voreingenommenheit entgegenbrachte. Der allenfalls gegebenen Bequemlichkeit, das ganze in seinem Geschäftsbetriebe umsetzbare Material an dem einen Platze und in einem großen Posten erwerben zu können, standen erhebliche Mißlichkeiten gegenüber. Der Holzgartenzwang störte jede Freiheit der Handelsbewegung; der Händler war, um seinen Geschäftsbetrieb im Gange zu erhalten, gezwungen, das gerade vorrätige oder nach Befriedigung des Lokalbedarfes übrig gebliebene Material zu übernehmen, auch wenn es seinem Wunsche oder einem bestimmten Zwecke nicht entsprach; für Holzgattungen und Sortimente, welche dem Holzgarten nicht zugeführt wurden, war der Handel völlig ausgeschlossen. Handelsabschlüsse auf Vorausbestellung waren deshalb eine prekäre Sache. In manchen Holzgärten, wie z. B. in Reinhausen, bildete ein weiteres Hemmnis des Holzhandels die amtlich festgesetzte Holztaxe, welche bei den Verkäufen eingehalten werden mußte.

Auch für den Holzverkäufer standen die Vorteile solcher Anstalten hinter den Nachteilen zurück. Zu ersteren gehört der leichtere Absatz infolge der Möglichkeit des Angebotes vor einem größeren Kreise von Kauflustigen in den Holzgärten mit freiem Handelsverkehr, oder die sichere Verkaufsgelegenheit in jenen Holzhöfen, wo das Ärar das Material um einen Taxpreis zusammenkaufte und selbst verschleißte.

Diese Vorteile kamen jedoch nicht zur Geltung in der Nähe von Städten, deren starke Nachfrage nach Holz an sich eine günstige Verkaufsgelegenheit bot, oder in den Gebieten der Flüsse, welche den Transport nach guten Absatzorten erleichterten, wo sich also der natürlichen Lage der Waldungen wegen Käufer einfanden, welche zudem das Holz im Walde selbst aufkauften und damit dem Waldbesitzer den Aufwand der Verfrachtung nach dem Holzgarten ersparten. Diese Selbstanlieferung und Beschränkung des Handelsgeschäftes auf den Holzhof konnte den Holzproduzenten, der nicht selbst Handel trieb, in die mißliche Zwangslage versetzen, sich einen niederen Preis von Käufern aufdrängen zu lassen oder um eine geringe Taxe an die Holzgartenverwaltung abzugeben; denn die Lagerung im Holzgarten bis zu besserer Verkaufsgelegenheit verursachte Kosten und Zeitaufwand durch wiederholte Feilbietung; der Rücktransport aber mag wohl in den seltensten Fällen in ernstliche Erwägung gekommen sein.

So kam es, daß diese Holzgärten fast nirgends oder nur in einem beschränkten Kreise eine günstige Aufnahme fanden. Auch für den Staat selbst ergab sich kein gutes Resultat aus denselben. Nach der Beilage zum bayerischen Finanzetat bezifferte sich der Verlust der fünf in Bayern bestandenen Holzgärten in den 13 Jahren 1764 bis 1776 auf 11413 fl. bei einer Gesamthöhe der „Holzgartengefälle“ von 77976 fl.[121]).

Die Anlage-, Transport- und Betriebsausgaben waren zn hoch, als daß sie in Gestalt von Gebühren oder Zuschlägen zu den Holztaxen wieder hätten eingebracht werden können. Eine derartige Überwälzung der Kosten mußte eben eine Grenze da finden, wo der wirtschaftliche Wert des Holzes einer weiteren Preiserhöhung Einhalt gebot.

Unter den im 18. Jahrhundert in Bayern bestandenen Holzgärten treten zwei, jene zu Lechhausen und Reinhausen, als besonders wichtig hervor; dieselben konzentrierten die ganze, gegen den Inland- wie Ausfuhrhandel gerichtete Polizeigewalt des Staates in sich, während andere Holzhöfe im Landesinnern mehr lokale Bedeutung hatten.

Der Holzgarten bei Lechhausen wurde mit General-Mandat vom 7. Oktober 1748[122]) angeordnet, um einerseits „der guten Nachbarschaft zu Augsburg wegen“ die Holzsperre von 1746 zu mildern, andererseits aber die Ausfuhr unter Augen zu haben. Die ganze Westgrenze blieb unter strengstem Abschlusse für Holz jeder Art; die Ausfuhr durfte einzig über die Lechbrücke bei Lechhausen unter Kontrolle des dortigen Holzinspektors stattfinden und unterlag den tarifmäßigen Zöllen und Konzessionsgebühren. Die zum Verkaufe angelieferten Flöße und Holzfuhren mußten im Holzgarten

---

[121]) Endres, Waldbenutzung S. 156; Mosers Forstarchiv Bd. III, S. 361.

[122]) Mayr, G.-S. Bd. I, 1784, S. 221.

bis zur Verkaufsmöglichkeit anhalten. Flöße, welche Lechhausen auf der Durchfahrt zum Verkauf im Inlande passierten, hatten dieses mittels eines am Abladeort ausgestellten Attestes nachträglich nachzuweisen.

Es war ein ständiger Holzmarkt eingerichtet. Holztaxen wurden nicht festgesetzt und der Kauf und Verkauf der freien Konkurrenz überlassen. Die Kosten der Unterhaltung des Holzgartens und des Personals trugen Eigentümer und Käufer des Holzes; die verschiedenen, zu diesem Zwecke erhobenen Gebühren betrugen 9 kr. pro Klafter.

Die Konzentrierung des gesamten Holzhandels eines großen Landstriches auf den Holzgarten bei Lechhausen brachte Mißstände mit sich. Es wurden deshalb, damit „man das Holz aus erster Hand kaufen könne und sich nicht an Händler und Ausländer halten müsse", zufolge Mandat vom 5. August 1762[123]) weitere Holzniederlagen, gewissermaßen Nebenstellen des Lechhauser Holzgartens angelegt, und zwar für die Herrschaft Hohenschwangau an zwei Orten, ebenso für das Pflegegericht Schongau und eine Holzlegestatt für das Pflegegericht Rauhenlechsperg mit je drei öffentlichen Holzmärkten in jedem Frühjahre.

Diese Holzmärkte genossen, wie alle öffentlichen Märkte jener Zeit, die besondere Sorgfalt der Regierung[124]).

Die Kosten dieser Holzmarktveranstaltungen hatten die Holzeigentümer als Lend- oder Anstoßgeld selbst zu tragen; dasselbe

betrug für jedes Floß	4 kr.
für ein geschnittenes Zeugfloß von jedem Riegel . .	3 „
für jede Klafter Holz	2 „
für einschichtige Schneideware von jedem Sturz . .	1 „ 2 Pfg.

Der Käufer des Holzes aber hatte von jedem Gulden des Kaufgeldes $^1/_2$ kr. Polletengeld zu entrichten.

Der Zwang, auf den Holzmärkten zu kaufen, erstreckte sich nur auf die Holzhändler, nicht aber auf die Gerichtsinsassen der betreffenden Bezirke bezüglich ihres Selbstbedarfes. (Mdt. v. 6. Juli 1763)[125]).

[123]) Mayr, G.-S. Bd. II, 1784, S. 786.

[124]) Die öffentlichen Märkte wurden nach § 305, S. 255 des „Systematischen Planes zur bessern Benützung des Mautregals" „unter die Mittel gezählt, um eine bessere Benützung des Mautregales zu erhalten, weil sie die Quelle dieses letztern, nämlich dem Handel und Wandel einen stärkeren Trieb und Zufluß verschafften, wofolglich wir sie dann mit größter Sorgfalt aufrecht und in Flor zu erhalten gute Ursach haben".

[125]) Mayr, G.-S. Bd. II, 1784, S. 791.

Was in den Gerichtsbezirken Hohenschwangau, Schongau, Rauhenlechsperg, dann Mehring, Friedberg, Aichach, Rain und Schrobenhausen an Bau-, Werk-, Schneid-, Floß- und Brennholz für den Export übrig war, mußte laut Mandat vom 19. August 1762[126]) zur erleichterten Deckung des inländischen Holzbedarfes in die Niederlage bei Lechhausen gebracht werden und dort lagern bleiben. Mit dem so zugeführten Materiale sollte dem inländischen Publikum die Erwerbung seines Bedarfes durch Vorkauf erleichtert werden; in erster Linie durften die Untertanen das zu eigener Konsumtion nötige Holz vorweg nehmen, alsdann konnten die inländischen Floßmeister und anderen handelsberechtigten Untertanen kaufen; das übrige Holz erst stand den Ausfuhrhändlern zur Verfügung.

Die Ausfuhr von Holz aus dem Holzgarten unterlag den Beschränkungen des General-Mandats vom 26. März 1760[127]) mit der weiteren Modifikation, daß das zur Ausfuhr auf der Achse bestimmte Brennholz an einem öffentlichen Holzmarkte gekauft und ohne Spezialbewilligung für einen Markttag das Quantum von 20 Klaftern nicht übersteige. Diese Vergünstigung wurde jedoch, da man einen Rückgang des Holzverschleißes im Holzgarten darauf zurückführte, mit Mandat vom 29. Mai 1769[128]) ab 1. Juli 1769 aufgehoben und eine völlige Brennholzsperre für das Grenzmautamt Lechhausen ausgesprochen. Alles Holz, welches Lechhausen zur Weiterführung auf dem Lech passierte, unterlag der strengen Kontrolle des Holzinspektions-Amtes.

Den Einwohnern von Augsburg verursachte die Holzgartenanlage Lechhausen einerseits eine Beengung im freien Bezuge ihrer Holzbedürfnisse, andererseits aber brachte sie, wie berichtet wird[129]), eine erhebliche Verbilligung des Holzpreises.

Vor Errichtung des Holzgartens stand der Preis der Klafter des harten Holzes in Augsburg auf 12 und 13 fl., des weichen auf 6 fl. bis 6 fl. 30 kr. Im Holzgarten war sogleich das Klafter Hartholz um 10—11 fl., Weichholz um 5 fl. 40 bis 50 kr. erhältlich und bis zum Jahre 1770 fielen die Preise auf 8 fl. 15—45 kr. bezw. 5 fl. 5—15 kr.

Der Holzgarten zu Reinhausen wurde im Jahre 1769 be-

---

126) Mayr, G.-S. Bd. I, 1784, S. 281.

127) Siehe Seite 31.

128) Mayr, G.-S. Bd. II, 1784, S. 821.

129) Rechtmäßigkeit § 23, Not. d. S. 96.

gründet; die Beschreibung seiner Einrichtungen wird im zweiten Teile folgen (siehe Seite 81).

Ein weiterer wichtiger Holzgarten, welcher die Holzausfuhr an der Ostgrenze auf der Donau unter Kontrolle halten sollte, bestand in Hofkirchen bei Passau[130]). Derselbe wurde im Jahre 1768[131]) in den sogenannten Seilerwöhr bei St. Nicola verlegt. Er war hauptsächlich für die Floßfahrt auf der Isar von Bedeutung. Hatten die Floßleute ihre Ladung, meist Baumaterialien, abgesetzt und fanden sie unterwegs keine Abnehmer für ihre Floßbäume, dann sollte das Hofgarteninspektionsamt zu St. Nicola den Flößern das Material „um einen billig zu behandelnden Preis“ gegen bare Bezahlung ablösen, zum „überzeigten Beweis wie sehr darauf gedrungen wird, daß die Wohlfeile noch ferner im Lande erhalten und gar Niemand beschwert sein möge“.

Die außer Landes weitergehenden Güterflöße durften nur 20 Bretter an Schneidware mitführen, worüber zu St. Nicola strenge Kontrolle zu üben war; die Mehrladung mußte dem Inspektionsamt überlassen werden.

Von den Binnenland-Holzgärten ist jener zu München geeignet, ein besonderes Interesse für sich zu beanspruchen, nicht allein als einer der ältesten Holzhöfe in Bayern, sondern auch deshalb, weil er die größte Hauptstadt des Landes mit Holz zu versorgen hatte. Die älteste Spur geht bis zum Jahre 1589, der Errichtung der ersten Trift nach München zurück. Zu Beginn des 16. Jahrhunderts wurden die Triftanstalten verbessert und der Münchener Holzhof in der Konstruktion angelegt, die im wesentlichen noch bis in die zweite Hälfte des 19. Jahrhunders erhalten blieb[132]).

Um die Mitte des 18. Jahrhunderts wurden allenthalben, vielfach wohl nicht ohne Grund, Klagen über sehr empfindlichen Holzmangel laut; so auch hinsichtlich der Holzversorgung des Münchener Holzgartens. Der Triftverwalter von München klagte in einem Berichte vom 7. September 1748[133]), daß der Holzgarten so schwach bestellt sei, „daß von Buchenbrennholz nicht ein einziges Scheit oder Prügel zu sehen und zu finden sei, und daß er sich keines-

[130]) Über die Entstehung des Holzgartens zu Hofkirchen liegen dem Verfasser keine Nachrichten vor.

[131]) Mandat vom 23. Dez. 1768; Mayr, G.-S. Bd. I, 1784, S. 301.

[132]) Forstverwaltung Bayerns, München 1861, S. 277.

[133]) Kreisarch. München, Gen.-Reg. fasc. 480/68b.

wegs hinaussehe, wie in kurzer Zeit soviel Holzvorrat von Buchen-, Länd- oder Wasserholz angeschafft werden könne, um den bevorstehenden Winter hindurch alle Anforderungen zu bestreiten". Diese Schilderung ist jedoch zweifellos stark übertrieben. Nach den alten Triftholzrechnungen waren im Jahre 1748 folgende Holzvorräte vorhanden[134]):

1. Restbestand aus 1747:

249	Klafter	Buchentriftholz
3797	"	Fichtentriftholz
533	"	Buchenländholz

2. Zugang im Jahre 1748:

1578	Klafter	Buchentriftholz
4664	"	Fichtentriftholz
1759	"	Buchenländholz
483	"	Brockenholz

3. Holzhofvorrat im Jahre 1748:

1827	Klafter	Buchentriftholz
8461	"	Fichtentriftholz
483	"	Brockenholz
2312	"	Buchenländholz

4. Demnach Holzvorrat 1748 gegenüber 1747:

+ 827	Klafter	Buchentriftholz
+ 700	"	Fichtentriftholz
+ 118	"	Buchenländholz

5. Abgaben des Holzhofes im Jahre 1748:

1028	Klafter	Buchentriftholz
4212	"	Fichtentriftholz
483	"	Brockenholz
2228	"	Buchenländholz

6. Demnach Abgaben 1748 gegenüber 1747:

+ 277	Klafter	Buchentriftholz
+ 335	"	Fichtentriftholz
+ 351	"	Buchenländholz

Die Preise des Holzhofes waren: 1 Klafter Buchentriftholz 3 fl. 20 kr., 1 Klafter Fichtentriftholz 2 fl. 22 kr., 1 Klafter Buchenländholz 3 fl. Der Preisunterschied von Buchentriftholz und Ländholz wurde damit begründet, daß „drei Klafter Ländholz gleich zwei Klafter Triftholz gerechnet werden, weil dieses drei, das erstere aber nur zwei Längen hat".

Wenn also auch die Besorgnisse der Triftverwaltung bezüglich der Holzbeschaffung nicht zu ernst zu nehmen waren, so mag immerhin die Holzbeschaffung Schwierigkeiten verursacht haben. Besonders stieß der Bezug aus den Benediktbeurer Waldungen, welche ihrer Lage wegen vornehmlich in Betracht kamen, stets auf den Widerstand des Abtes, der sich besonders auf die ungünstigen Transportzustände auf der Isar und deren Nebenflüssen infolge des Einflusses der Witterung und der Wasserstandsverhältnisse berief. In Wirklichkeit aber mag die Spekulation auf anderweitige bessere Verwertung,

---

[134]) Aus Akten des k. Forstamtes München-Nord.

als sie beim Münchener Triftamt möglich war, den Abt zur Zurückhaltung des Holzes seiner Waldungen veranlaßt haben. Ähnlich dachten wohl auch andere Waldbesitzer, sodaß die hinter den Wünschen der Triftverwaltung zurückgebliebene Beschickung des Holzhofes vielleicht weniger den Mangel der Wälder an Holz als vielmehr dem niederen Preisangebote des Holzhofes und den sogenannten Holzwucher-Bestrebungen der Waldbesitzer und Holzhändler zuzuschreiben sein dürfte[135]).

Um die Holzversorgung Münchens durch die Beischaffung größerer Holzquantitäten zu heben, wurde im Jahre 1789 die Anlage eines „Vorratholzhofes für das Münchener Publikum und besonders für die Dikasterialpersonen und anderer Hofdienerschaft" ins Auge gefaßt und das Klostergericht Benediktbeuern (Hofkammerdekret vom 21. Januar 1789) beauftragt, sich mit lieferungsfähigen Personen bezüglich der Holzanlieferung und der Holzpreise ins Benehmen zu setzen[136]).

---

[135]) Eine größere Holzlieferung zum Holzgarten in München fand im Jahre 1749 aus der hinteren Riß statt: „1000 Floßbäume zu 50 und 54 Schuh lang, 9—12 Zoll in der Scharb dick, zu 50 kr. per Stück; 8000 Falz und gem. Bretter in der ordinären Länge, das Falzbrett zu 10 kr., das gem. Brett zu 5 kr.; 1000 Bäume, auf welchen das Buchenholz geführt wird, zu 40 und 45 Schuh lang, 6—9 Zoll in der Scharb dick, zu 40 kr.; 2—300 Klafter Buchenlendholz in der ordinären Länge, à 2 fl. 50 kr.; 9—12 Gefäß Kohlen, der Sack zu 56 kr.; 12—1500 Klafter oder Schilling Prügel zu 7 Schuh lang, den Schilling zu 3 fl. 30 kr." Kreisarch. München, Gen.-Reg. fasc. 480/68b. — Der Holzhofvorrat war nach den Triftholzrechnungen im Jahre 1749: 1643 Klafter Buchentriftholz, 10132 Klafter Fichtentriftholz, 480 Klafter Brockenholz, 1253 Klafter Buchenlendholz. Gegen 1748: — 203 Klafter Buchentriftholz, + 1671 Klafter Fichtentriftholz, — 1058 Klafter Buchenlendholz. Abgegeben 1749: 1348 Klafter Buchentriftholz, 4887 Klafter Fichtentriftholz, 480 Klafter Brockenholz, 905 Klafter Buchenlendholz. Gegen 1748: + 320 Klafter Buchentriftholz, + 589 Klafter Fichtentriftholz, — 1323 Klafter Buchenlendholz. Die Preise waren gleich den oben angegebenen vom Jahre 1748 (siehe S. 56).

[136]) Kgl. bayer. allg. Reichsarchiv, Kl. Benediktbeuren Nr. 156. In einem Protokoll vom 16. Hornung 1789, welches Unterhandlungen mit Holzlieferanten wiedergibt, wird berichtet, daß die Flößer und Holzhändler zu Benediktbeuern sich ablehnend verhielten, weil sie der Flößerei nicht kundig genug seien, um die Kosten der Lieferung angeben zu können. Jene von der Gemeinde Kochel und Joch fanden Schwierigkeiten im Transport; die Floßfahrt auf der Loysach sei sehr kostspielig und gefährlich, weit mehr als auf der Isar. Mit geladenen Flößen über die Kochelseen zu fahren, brauche man gewöhnlich fast einen ganzen Tag, dann auf der Loysach zwei ganze Tage, bis man in die Isar und nach Wolfratshausen komme. Trete starkes Regenwetter ein, so müßten sie Aufent-

Im Jahre 1789 wurden 3325 Floßbäume und 1059 1/2 Klafter Buchenholz aus dem Isargebiete zur Lieferung angemeldet, was für den Bedarf der damaligen Münchener Bevölkerung (1783 wurden 37 840 Einwohner in 1676 Häusern gezählt) ausreichend gewesen sein dürfte.

---

halt nehmen, ihr Geld verzehren und dabei Gefahr laufen, daß ihnen das Holz oder gar ganze Flöße weggerissen würden. Sei der Wasserstand auf der Loysach niedrig, so müßten sie sich Arbeitsleute hinzu mieten, was sehr teuer sei, besonders wenn sie Floßknechte von Wolfratshausen mitnehmen müßten. Eine Einbuße brächte ihnen die Abmessung nach dem Münchener Eisenmaß und die genaue Aufschichtung, was gegenüber ihren sonstigen Verkäufen nach Haufen bei 4—5 Klaftern eine volle Klafter ausmache. Nach alledem müßten sie für eine Klafter Buchenholz nach Münchener Eisenmaß 5 fl. 30 kr. verlangen. Das weiche Holz wurde nicht in Scheitern, sondern meist in Flößen, somit in ganzen Bäumen geliefert. Als allgemeine Verkaufsmaßregel gaben sie folgendes an: „Jeder Floß solle soviel gelten, als der Wert seiner Ladung beträgt. Da nun ein starker Floß mehr Ladung trägt als ein geringerer von etwa 40 Schuh, dieser auch nicht soviel wert ist als einer von ersterer Gattung, so zeige sich offenbar, daß das auf einen Floß geladene Buchenholz den Wert des Floßes selbst richtig bestimme, nur müsse man diesem noch beifügen, daß die Holzausfuhr und die Abmaßkosten zu München, wie es bisher immer gewöhnlich war, von den Käufern bestritten werden möchten.“ Die Anmeldungen zu Holzlieferungen für 1789 aus den Gemeinden Joch, Kochel, Pfisterberg, Ried, Unter- und Obersteinbach, Pessenbach, Ort und Ober- und Unterenzenau, Ramsau, Obermühl, Schönau, Langau, Heilbrunn, Bamberg, Huel, Bichl, Achmühl, Laingruben, Häusern sowie seitens des Kloster Benediktbeuerer Holzamtes bezifferten sich auf 3325 Floßbäume und 1059 1/2 Klafter Buchenholz. Der Gerichtsverweser des Klostergerichts bezeichnete dieses Quantum (in seinem Bericht vom 20. Febr. 1789) als sehr erheblich und schrieb das große Angebot dem Umstand zu, daß wegen der Holzsperre im Vorjahre nur wenig Holz verkauft und verführt werden konnte. Für die Zukunft hänge viel von der Willkür des Klosters als des alleinigen wahren Eigentümers aller Waldungen ab, ob es viel Holz schlagen lassen wolle; doch nehme es meist Rücksicht auf seine Untertanen, welche dessen immer bedürften, um ihre landes- und grundherrlichen Abgaben zu bestreiten. Es lasse sich in Aussicht nehmen, das künftig jährlich 6—800 Klafter Buchenholz samt den zur Verführung derselben nötigen Floßbäumen zum Verkauf kommen könnten. Die Gegend der Jachenau und des Walchensees wurde bei den Erhebungen nicht einbezogen, da wegen der Transportschwierigkeiten — Hochwasser im Frühjahr — das ohnehin geringe Brennholzquantum, das von dort zu erwarten sei, nicht in Betracht kommen könne. Die Floßleute wünschten, daß der Abnehmer des Buchenholzes zugleich auch das Floß, das schwerer verkäuflich sei, nehmen solle. Bezüglich der Wertbestimmung des Floßholzes wird berichtet, daß ein Floß von 50 Schuh Länge mit 13—14 Bäumen 3 Klafter Buchenholz trage; der Wert desselben würde sich also nach den schon erwähnten Gesichtspunkten auf 3 mal 5 fl. 30 kr. = 16 fl. 30 kr. berechnen, ausschließlich der Ausfuhr- und Abmaßkosten. In dem zur Hofkammer gelangten Bericht wurde diese Wertbemessung begutachtet.

Der Münchener Holzgarten hatte nur für den lokalen und inländischen Holzverkehr aus dem Flußgebiete der Isar Bedeutung; für die Stadt München selbst war er, zumal zur Zeit der unzulänglichen Transportverhältnisse des 17. und 18. Jahrhunderts eine fast unentbehrliche Einrichtung.

B. Zollordnungen und Holzzolltarife.

1. Die alten bayerischen Zollverhältnisse im allgemeinen.

Das Zollwesen läßt sich in Bayern bis auf die Zeiten der agilolfingischen Herzöge zurück verfolgen.

Der ursprüngliche Zweck der Zölle war die Beschaffung von Geld für den Zollherrn. Sie wurden unter den verschiedensten Benennungen und Begründungen erhoben; als theloneum Landzoll, muta Wasserzoll, portaticum Torgeld, pontaticum Brückengeld, rotaticum Wagengeld; auch das pulveraticum, das Trinkgeld, galt als obligate Abgabe[137]).

Staatswirtschaftliche Gesichtspunkte waren den Zöllen jener Zeit fremd. Sie waren Handelssteuern; die Handelsleute mußten sich bei jeder Zollstätte freikaufen. Die Bürger der Städte und Märkte waren meist von der Abgabeleistung frei; der Fremde, welcher Waren kaufen oder zum Verkauf bringen wollte, mußte den Zoll entrichten[138]).

Erst um das Jahr 1500 brach sich der Grundsatz Bahn, nur vom Verkäufer eine Abgabe zu verlangen[139]).

---

137) Siehe die Urkunden aus den Jahren 833, 837, 859, 889 in Mon. boic. vol. XXXI, S. 78, 80, 94, 120.

138) Mon boic. vol. XXXVIa, S. 502: „Swer win fveret veber dev pruke, der geit ie von dem vazze IV pfenn . . ain purger geit nicht (Zoll zu Landau, Urb. Ducatus Baiuw. inf. 1280). Eine Stelle aus einer Zollrolle von Pyburg v. J. 1437 lautet: Was ain gasst kaufft von einem purgär zu Pyburg, was das ist, so geyt der gasst halben zoll, der purgär gibt nichts. — Alte Zollinstruktion der Stadt Braunau (Kreisarch. Landhut R XXIV, V. 1, F. 15, Nr. 4): „Wass die Pürger Khaufmannschafft zu der Statt fuehrent, welcherlay Khaufmannschafft dass ist, nichten aussgenommen, davon gebürt Sy Khain Zohl nicht. Auch was Sywider vondanneführent, Ihr Khaufmannschafft als oben benennt ist, da gebürt Sy auch Khain Zohl nit von. Was man in die Statt fiehrent, daß zu Pau gehört oder Prennholz, da geit der purger und der gast auch Khain Zohl nicht von" (hier war also auch der Fremde von Zoll befreit).

139) Siehe z. B. Befehl des Herzogs Albrecht bezüglich des Marktes zu Holzkirchen 1502. Kgl. bayer. allg. Reicharchiv, Kloster Tegernsee Nr. 261.

Neben den eigentlichen Zoll- und Mautgebühren wurde von der Mitte des 13. Jahrhunderts an ein Zuschlag für Verbrauchsgegenstände, hauptsächlich für Lebensmittel, das Ungeld, Klosteuer als „iniqua exactio“[140]) eingeführt[141]). Dasselbe entsprach den späteren Essito- und Consumo-Akzisen, welche „je nach Erfordernis des Staates“ erhoben wurden und der Regierung „zur Leitung der Commerzien im Lande“ dienen sollten[142]).

Eine, den späteren Transitoabgaben ähnliche Passagegebühr war die sogenannte „Fürfahrt“, ein Konzessionsgeld zur Erlangung der Erlaubnis, mit einem Schiff oder Floß an einer Wasserzollstätte vorbeifahren zu dürfen.

Die Erhebung eines Zolles von transitierenden Waren war ursprünglich ausschließliches Reichsregal, „weil die Freiheit des Handels und Wandels im Reiche solches erheische“[143]). Sie wurde durch kaiserliches Privilegium verliehen[144]). Das Recht, Transitozölle zu fordern, wurde für Bayern erst im Jahre 1534 durch die Herzöge Wilhelm und Ludwig vom Reiche erworben.

Eine Unterscheidung von Ein- und Ausfuhrzöllen war bei den alten Zöllen nicht in der Art ausgeprägt, wie sie bei den späteren Zolltarifen zu finden ist. Die Zölle waren reine Orts- und Passageabgaben. Die Tarife zählten die Gegenstände auf, welche den hauptsächlichsten Verkehr eines Ortes bildeten, und gaben die Art und Höhe der Belegung der einzelnen Waren an. Für Gegenstände, welche im Tarife nicht aufgezählt waren, bestimmte der Zollbeamte die Abgabe unter Angleichung an entsprechende Tarifpositionen oder auch nach allgemeinen Sätzen[145]).

Die Tarife waren, aus lokalem Herkommen entstanden, an jeder

---

[140]) Mon. boic. vol. XXX, S. 337 (vom Jahre 1264).

[141]) Über Ungeld siehe Riezler, bayer. Geschichte Bd. III, S. 735 ff.

[142]) Systematischer Plan zur Benützung des Zollregales S. 20, § 40.

[143]) v. Freyberg, Pragmat. Geschichte der bayer. Gesetzgebung Bd. II, 1836, S. 315.

[144]) Die Stadt Donauwörth hatte ein altes Zollprivilegium, auf Grund dessen „der Durchfahrtzoll und der Zoll under den Toren mit guetter Gewonheit und zu Nutze geübt“ wurden. (Neuburger Copialbuch Bd. 3, S. 58; ão 1418.)

[145]) Conspect Herzogt. Neuburgischer Zolltarife; Kreisarch. Landshut R. VII, V 2, F 46, Nr. 99, S. 124, Not. 2 da: Es bezahlen die nicht namentlich ausgedrückte Sachen, wenn sie unter keiner der bevorstehenden Artikeln sich reduzieren lassen, vom Ctr. 2 kr. $3^{86}/_{100}$ pf. resp. 3 kr.; wenn sie sich aber nicht nach dem Gewicht reduzieren lassen, vom Guldenwert 1 kr. $3^{7}/_{8}$ pf. alle einzelnen oder im Kleinen vorkommenden Sachen aber bezahlen von der Tragt 2 kr. $^{26}/_{100}$ pf.

Zollstätte verschieden; jede Station hatte ihre eigene Zollrolle, welche zumeist geheim gehalten und von den Zollbeamten zur willkürlichsten Ausbeutung des Publikums mißbraucht wurde[146]).

Das Erträgnis der Zölle floß zum Teil in die Kasse des Zollherrn, der Rest diente zur Besoldung der Zollbeamten, solange die Erhebung in landesherrlicher Regie erfolgte, sowie zur Reparatur der Wege und Brücken[147]).

Die Zollabgabe bestand anfänglich zumeist in der Hingabe eines bestimmten Teiles der zollpflichtigen Güter, späterhin vorwiegend in Geld, bis die Reform des Zollwesens im 18. Jahrhundert lediglich Geldgebühren festsetzte.

Die Gerichtsbarkeit in Zollsachen wurde von der Zollverwaltung und deren Beamten selbständig geübt[148]), bis sie im Jahre 1819 an die ordentlichen Gerichte überging.

Die ersten, für das ganze Land einheitlich gültigen Tarife wurden durch einen im Jahre 1543 angeordneten Konsumtionsaufschlag für Getränke, sowie durch die Neuzoll-Instruktion vom Jahre 1548 eingeführt. Der Neuzoll war eine Ausfuhrabgabe, welche neben den hergebrachten Zöllen von Vieh, Getreide und Holz an der zuerst berührten Zollstation erhoben wurde.

Die mißlichen Finanzverhältnisse der landesherrlichen Kasse im 16. Jahrhundert führten zu einer rigorosen Handhabung des Zollregales. Die Kosten für die Besoldungen der Mautbeamten, die Unterhaltung der Weg-, Brücken- und Wasserbauten waren gestiegen, dagegen war der Handel infolge der schlechten Verkehrsverhältnisse, der Belästigung der Handeltreibenden durch die an allen Ecken und Enden, fast in jedem Dorfe errichteten Zollstationen und durch die Höhe der Abgaben sehr zurückgegangen[149]). Um seine Zolleinkünfte

---

[146]) Eine große Reihe alter Zolltarife und Instruktionen, Zollrechnungen usw. sind im Kreisarchiv zu Landshut zu finden. Rep. XXIV, Saal V.

[147]) Mon. boic. vol. XXXVI b (Urb. Duc. Baiuw. inf. aus dem Jahre 1326) „Man sol auch die Pruck von dem Zolle (zu Dingolfing) slahen und steg und weg da von beschaidenlichen machen; waer aber, daz ein newer pruckslag müßt geschehen, daz sol mit dez hertzogen hilf und genaden geschehen.“

[148]) Mon. boic. XXXVI b. Urb. Duc. Baiuw. inf. pag. 193. „Swaz auch wird ze chrieg von den flozzleuten auf den flözzen an der Zolstat, daz soll der zöllner rihten auf dem Lande“ etc. (vom Zoll zu Dingolfing); dann ebenda Urb. vicedom. Pfarrkirchen pag. 202: „Swer Stewer und graensel hat, da zol der mautnaer hin rihten, wan umbe gelt alein und niht der statrichter“ (vom Zoll von der Maut zu Purschhausen); siehe auch system. Plan Seite 20 § 38.

[149]) Siehe systemat. Plan zur Behandlung des Zollregales S. 22 u. 23 § 45.

zu steigern, ließ sich Kurfürst Max I. im Jahre 1609 von Kaiser Rudolf II. mit Bewilligung der Kurfürsten ein Privilegium zur Duplierung der Transitzölle erteilen; die Consumo- und Essitozölle verdoppelte er selbst in eigener landesherrlichen Kompetenz. Das auf 16 Jahre gültige kaiserliche Privilegium wurde im Jahr 1627 auf 30 Jahre erneut und im Jahre 1652 auf ewig zugestanden.

Es kann nicht Wunder nehmen, wenn diese planlose Erhöhung der Zölle nicht zu dem gewünschten Erfolge führte; Handel und Verkehr mußten unter solchen Maßnahmen erlahmen und bald jede Lebensfähigkeit verlieren, als die Schrecken des 30jährigen Krieges ins Land zogen.

Im Jahre 1635 erfuhren die Essitoabgaben eine weitere Mehrung durch einen auf allerlei Viktualien und Feilschaften, Vieh, Getreide usw. gelegten Essitoaufschlag[150]). Die „erheblichen notdringenten Ursachen" hierzu sind außer dem finanziellen Zwecke auch in der Absicht zu suchen, die Produkte des durch den Krieg verwüsteten Landes zum Verbrauch im Lande zurückzuhalten. Um mit einer sicheren Summe aus den Zollanfällen rechnen zu können, wurde im Jahre 1671 die Verpachtung der Zölle ausgeboten; im Jahre 1715 verließ man jedoch dieses System wieder[151]).

„Um das ziemlich verfallene Comercium mit Waren, die im Lande erzeugt und fabriciert werden können, wieder aufzurichten und derentwegen das, was zu Hinterhaltung dessen von auswärtigen Orten hereinkommt, mehrers abgetrieben, folgsam hiedurch der Landmann besser unterhalten und dem Müßiggang und Bettel nachhängenden Volke eine Arbeit und Verdienst verschaffet werde", wurde im Jahre 1722 zu den gewöhnlichen Zoll-, Maut- und übrigen Aufschlagsgebühren ein weiterer Aufschlag oder Taxa auf die Einfuhr von Weinen, Webereifabrikaten, Metallen und allerlei Luxusgegenständen und auf die Ausfuhr von Vieh, Flachs, Wolle und dergleichen gelegt[152]). Trotz des staatswirtschaftlichen Anstriches, den man der Begründung des neuen Aufschlages gab, war der finanzielle Zweck das Hauptmotiv der Verordnung.

2. Holzzolltarife.

Die Entstehungsgeschichte des Holzhandels ist auch die Vorgeschichte zur Entstehung des Holzzolles. Sobald das Holz in die

---

[150]) Rechtmäßigkeit usw. Beilage 57, Seite 141.

[151]) Albert, Seite 26, § 10.

[152]) Desgl.

Reihe der Kauf- und Handelsgüter eingetreten war und der Holzhandel zu einem selbständigen Erwerbszweig sich erhoben hatte, lag es auch nahe, daß das Holz in die Reihe der zollbaren Gegenstände eingereiht wurde und es wäre wohl schwer erklärlich, wenn die damaligen weltlichen und geistlichen Fürsten, zumal nachdem sie mit der Beseitigung der königlichen Zollhoheit im Jahre 1220 in ihren Territorien in den ausschließlichen Besitz dieses Regales gekommen waren[153]) und dasselbe zu einer ergiebigen Finanzquelle unbehindert ausbilden konnten, die Gelegenheit nicht genutzt hätten, um von dem neu erwachenden Handelszweige ihren Tribut zu fordern.

Die ältesten geschichtlichen Nachweise über die Existenz von Holzzöllen in Bayern erhalten wir durch die um das Jahr 1280 entstandenen Urbarien des Herzogtums Bayern[154]).

Eine Erhebung von Holzzöllen fand damals nur an wenigen Orten statt, deren Lage an einer Wasserstraße die Ausübung eines Holzverkehrs begünstigte.

Wie alle Zölle der alten Zeit, so waren auch jene Holzzölle entsprechend ihrer Entstehung aus den jeweiligen örtlichen Verhältnissen und ihrer Anpassung an dieselben je nach dem lokalen Holzverkehre von Ort zu Ort verschieden, sowohl hinsichtlich der zollbaren Sortimente als auch der Art und der Höhe der Abgaben. In dem Urbarium für das damalige Niederbayern sind bei 4 Orten, Deggendorf, Straubing, Abbach bei Kelheim und Hohenrain Zoll-, Maut- und Umgeldabgaben vom Holze aufgezeichnet[155]).

---

[153]) Riezler, bayer. Geschichte Bd. 2, S. 7.

[154]) Mon. boic. vol. XXXVIa Urbarium Ducatus Baiuwariae posterius, ex anno 1280 circ., pag. 131—135.

[155]) Mon. boic. vol. XXXVIa, Urb. Baiuwariae inferioris, S. 479, 480, 481, 494, 509, 524, „Daz ist der zol ze Tekendorf: . . Uon dem fuoder preter ein pret oder ł pfenn (½ Pfg.). Uon dem fuoder schrein, fvert er X schrain I pfenn, fvert er V schrain ł pfenn. Swer geschirr (Holzgeschirr, Teller, Rechen, Gabeln usw.) fvertt, suest verchauffet er umb XXX pfenn, so geit er ł pfenninch. Das ist der pruckzoll ze Tekendorf: Swer veber di pruck fueret hin veber oder her veber, der geit ie von dem siln I pfen. swaz er fveret an holtz ain von der fuoder I pfenninch. So ist dev mautt an dem wazzer daselben ze Tekendorf: . . . Uon dem hvndert preter IIł pfenn . . . Swer zimmerholtz hinn chauffet vnd wil ez an dem wazzer fveren, I helblinch. Daz fuoder wagenholtz an dem wazzer einen hellblinch. Swer einen newen wagen hie aus fveret an das wazzer I pfenninch. Von einem newen halben wagen einen helblinch. Daz ist nv dev mavtt ze Uilshoven enawe wertts: . . . Swer von Straubing her enawe get, von holtz auf dem Regen, der pringt dem mautner einen brief vnd II pfenn. Daz ist der ungelt veber lant (ze Stravbing) . . . Uon dem stuebich puchsbaums

Zu Hohenrain hatten die Untertanen des Klosters Metten eine Holzverkehrsabgabe in Form einer Bauschsumme zu leisten[156]. In dem Urbarium für den nördlich der Donau gelegenen Teil des Herzogtums Bayern wird nur bei den Abgaben in officio et ciuitate Nappurch ein „Theloneum lignorum" im allgemeinen und ohne nähere Einzelbeschreibung genannt[157]. In dem Urbarium für das Gebiet des damaligen Oberbayern sind Holzzölle nicht erwähnt.

Mit dem Aufschwunge des Holzhandels infolge der Preissteigerung des Holzes entstanden nach und nach an vielen Orten Holzzölle[158]. Auch kleine Territorialherren errichteten Holzzölle[159].

Besonders Holzwaren und bearbeitetes Holz waren zollpflichtig, vielfach unter drückend hoher Belegung[160]; so hatte z. B. ein Holzwerktrans-

---

I pfunt ze recht, er giltet aber oft minner. Daz ist der pruckzol ze Stravbing. . . Der holtzwagen einen helblinch. Zimmerholtz einen pfenninch. Daz ist der zol ze Abach: . . . Ein stuebich puchsbaum geit VI pfenning.

156) Mon. boic. vol. XXXVIa Urb. Baiuw. inferioris S. 484. Datz Hohenrain gebent dez aptes laevt von Metem dem zolner LXVIII pfenn. di fverent dann ir haev vnd holtz veber an zol.

157) Mon. boic. Urb. Baiuw. transdanubianae S. 399.

158) Siehe z. B. Neuburger Copialbuch, Bd. 5 (im k. b. allg. Reichsarch.) Saalbuch aus dem Jahre 1417, S. 105; Zoll und Glait, die zu der Herrschaft Graisbach gehören: „Der Zoll zu Monsheim, gilt ain Jar mer oder minder dann das ander und man nympt . . . von ain spaich Wagen 3 Pfg, Zimmernholtz 3 Pfg., Paemholtz, was man mit 3 oder 4 Rossen furt, 2 Pfg., ein Karn mit Holz 1 Pfg." — Ferner Zollordnung von Märzleinsperg, Gerichts Braunau, aus dem 15. Jahrh. (kgl. bayer. allg. Reichsarch. Braunau I. 9. 20): „Von Holzwerkh Perchtesgadener arbeit, auch Rechen und Gabeln gibt man vom Hundert 2 Stück. Wann ainer Holz trägt, gibt man 2 Pfg." — Zollverordnung v. Braunau aus dem 15. Jhrh.: „Von 1 Kasten Schindl 2 Pfg. — Was dem Gegenschreiber allein zugehört: von 100 Läden, die man Naufuert, 2 Läden."

159) Siehe z. B. die Beschwerde des Marktes Viechtach auf dem Landtag des Straubinger Landanteiles am 15. Juni 1461: „Herr Hanns von Degenberg vermeynet von unsern Mitbürgern, die da Kufholz und ander Holz treiben auf dem Wasser, ferner dann gen Viechtach eine Maut zu haben, das doch vor Alter nicht herkommen ist." Krenner, Landtagshandlungen, Bd. 6, S. 36.

160) Siehe z. B. oben unter Note 158. — Ein Auszug aus dem Register des bayer. Zolles am Hof bei Regensburg vom Jahre 1496, welches „aus den vorderen Registern — d. i. v. 1471 u. 1487 — vereint" war und die bis dahin auf Grund kaiserlicher Begnadungen und Herkommen entstandenen Zölle enthält, ist interessant wegen der darin aufgezählten Holzwaren, die damals in den Handel kamen: „Hülzen Geschirr. Item was Waldgeschirr über den Hof gehet, von Wald Sommer und Winter, zu welcher Zeit das ist, es seye Tröger, Multer, Kar, Schüssl, Taler, Läskar, Löfel, Salzvaß, Wintschaufel, Spieß, Schaft, Handstäb oder was von Holzwerk zu Geschirr gemacht oder geförmet wird, groß oder klein

port von Rosenheim über Wasserburg, Oetting, Braunau nach Schärding von 100 Stück 12 Stück als Zoll abzugeben[161]).

Außer den eigentlichen Zollgebühren hatte der Holztransport auf dem Wasser noch erhebliche Floß- und Fluderrechts-Abgaben zu tragen. Von einem Floße ohne Frachtladung waren an solchen zu entrichten:

auf der Donau	1 fl.	17 kr.	3 Pfg.
„ dem Inn	1 „	2 „	1 „
„ der Isar		24 „	
„ dem Lech		25 „	3 „
„ dem Regen	4 „	22 „	2 „

Fast gleich hoch waren auch die Abgaben für beladene Flöße[162]).

Die am 21. August 1548 für das ganze Herzogtum Bayern erlassene Neuzoll-Instruktion erhielt folgenden Holzausfuhrtarif[163]):

„Von einem Aichen Bauholz so aus Hochgedacht unsers genedigen Herrn Erlaubnis aus dem Fürstenthumb geführt wirdet
20 kr. oder 70 Pfg. in sog. schwarz. Münze[164]).
von einem Wagen mit Holz 4 „ „ 14 „ „ „ „ „

---

gemacht, roh gefärbt, gefürnest, gehört von jedem Schock ein Stück, hat der Zöllner die Wahl das Best zu nehmen und ob einer hinter 1 Schock, Multer od. Tröger führet, mag d. Zollner danach 1 Stück nehmen.“ (Rechtmäßigk. usw. Samml. verschied. das Mauth. u. Akziswesen erläuternder Urkunden u. Aktenstücke Nr. III u. Anmerk. hiezu.

[161]) Albert, Bayerns Zollwes., S. 18.

[162]) Albert, S. 21.

[163]) Rechtmäßigkeit usw. Beil. 54.

[164]) Die sogenannte schwarze Münze wurde auf Grund des Münzvereins zwischen den bayerischen Herzögen und dem Bischof von Regensburg im Jahre 1395 in Bayern eingeführt und erhielt sich bis zu Anfang des 17. Jahrhunderts. Ihr Wert stand folgendermaßen: Nach der Münzordnung Kaisers Karls V. von 1559:
1 feine Mark schwarzer oder bayerischer Pfennige = 2261 Stck. pf. = 10 fl. 46 kr.
1 fl. 60 kr. = 7 Schillinge = 210 Stck. pf.
1 Schilling = 30 Stck. pf. = 8 kr. 4 Heller.
1 kr. = $3^1/_2$ pf.
Zu Anfang des 17. Jahrhunderts galt 1 feine Mark = 2835 Stck. = 13 fl. 30 kr.
Zu Mitte des 18. Jahrhunderts sank der Wert von 1 feinen Mark auf 24 fl. nach dem Konventionstaler zu 2 fl. 24 kr.
Mit der allg. Münzkonvention der zum Zoll- und Handelsverein verbundenen deutschen Staaten vom Jahre 1838 (Art. 3) kam von 1. Januar 1841 an der $24^1/_2$ fl. = Fuß zur Geltung (Kgl. bayr. Reg.-Blatt 1839, S. 129 f.).

von einem halben Wagen mit Holz	2 kr.	oder	7 Pfg.	schwarz.	Münze
„ „ Wagen mit Koln . .	16 „	„	56 „	„	„
„ „ haben Wagen mit Koln	8 „	„	28 „	„	„

Und wann man solchen Neuzoll einnimbt und ain Paß-Porten oder Politen begehret würdet, soll man für eine 2 Pfg. nehmen und dieselben Gefell berürter Paßporten einem Mautner oder Zollner und Gegenschreiber zugehören"

Die Gebühr für eine Polete betrug also insgesamt 6 Pfg.

Die Neuzollgebühr vom Holze wurde unabhängig von den sonstigen Abgaben erhoben. Sie blieb mit diesen ohne prinzipielle Änderung in Gültigkeit bis zur großen Reform des bayerischen Zollwesens im Jahre 1764. Die aus der Zwischenzeit bekannten Zollregister bringen bezüglich der Holzzölle in der Hauptsache nur Wiederholungen aus alten Zollrollen.

Als interessant durch die Höhe der Abgabe vom Eibenholz sei noch ein Auszug aus dem „bayerischen Zollregister am Hof der Vorstatt vor Regensburg vom 23. Oktober 1547" erwähnt[165]).

„Recht so dem Mauttner am Hoff halb und dem Gegenschreiber daselbst halb gebürt.

. . . Von dem Holzgeschirr nichts
1 Wagen Eiben Pogenholz . . . . 16 kr.
Vom Karn . . . . 8 „

Nach einer kurbayerischen Zollrolle, welche im Jahre 1608[166]) zusammengestellt wurde, betrug die Maut von Eybenholz „Auff denn Tonaustrom von Vilzhoven auß biß gen Ingolstatt in Viltzhoven: 100 Eyben Pogenholtz 3 fl., in Statt am Hoff: ein Wagen eyben Pogenholz 1 fl. 26 Pfg.

Bay andern Meutten wurde es nach dem Gulden vermautt und unter Pfenbert gerechnet."

Diese hohen Zölle dürften wohl ihren Anlaß in dem enormen Handel haben, welchen Nürnberger Firmen mit dem für die Verarbeitung zur Schußwaffe des Bogens vorzüglich tauglichen Eibenholz aus Österreich nach den Niederlanden und England unter Benützung der Donauwasserstraße in der zweiten Hälfte des 16. Jahrhunderts unterhielten[167]).

---

[165]) Rechtmäßigkeit Beil. XIV.
[166]) Rechtmäßigkeit Beil. XXVI.
[167]) Österreich. Forst- u. Jagdzeitg. 22. Jahrg. 1904, Nr. 2.

Vom Jahre 1609 an wurden die Holzzölle gleich allen andern Zöllen infolge der Zollduplierung auf das Doppelte ihrer seitherigen Beträge hinaufgesetzt.

Eine weitere Erhöhung erfuhren die Ausfuhrabgaben im Jahre 1635 durch die Verordnung eines neuen Essitoaufschlages[168]).

Der Tarif desselben, welcher zum ersten Male eine eingehende systematische Spezifierung der Holzsortimente gibt, enthielt folgende Sätze:

„Es solle neben der gewöhnlichen Mauth und Zoll zugleich der neue Aufschlag eingefordert werden.

Von	ain Clafter Puechenholz	20 kr.	
„	„ „ Veichtenholz	15 „	
„	jedem buchenen Floßpaum . . .	4 „	
„	ainem feichtenen	3 „	
„	ainem ahorn oder Lerchenstammen .	20 „	
„	ainem Aichreis, so yber hürn anderthalb schuech oder darüber hat . .	30 „	
„	ainem Aichreis, so yber hürn weniger als $1^1/_2$ schuech hat	20 „	
„	ainem feichten oder thennen Pauholz dessen Stam yber hürn $1^1/_2$ schuech oder mer hat	16 „	
„	ainem feichten oder thennen Pauholz, so yber hürn weniger als $1^1/_2$ schuech hat	10 „	
„	ainem gemeinen Predt		2 Pfg.
„	ainem Täfel oder falzprödt oder aichrigl	1 „	

In welchem Verhältnisse nach der Einführung dieses neuen Aufschlages die Holzausfuhrabgaben zu dem Werte des Holzes standen, wird durch folgendes Beispiel illustriert.

Der Waldpreis von einer Klafter Fichtenholz ist für die Mitte des 17. Jahrhunderts zu 1 fl. 15 kr. durchschnittlich anzusetzen[169]). Der Neuzoll vom Jahre 1548 betrug für den Wagen Holz, zu 1 Klafter gerechnet, 4 kr., dupliert 8 kr.; Poletengebühr 6 Pfg. oder rd. 2 kr.; hiezu Aufschlag vom Jahre 1635 = 15 kr., gibt zusammen

[168]) Rechtmäßigkeit usw. Beil. 57, S. 141.

[169]) Angleichung an die Preise in einer Holzbeschreibung aus dem Benediktbeurer Gebirg vom Jahre 1681 (Akt. d. Kl. Benediktb. Nr. 184, Kgl. bayer. allg. Reichsarchiv).

25 kr. oder $33\,{}^1/_3\,\%$ des Holzpreises. Bringt man außerdem noch die Abgaben auf jeder der großen Reihe von landes- und grundherrlichen, kommunalen und privaten Zollstationen, welche auf der Reise passiert wurden, ferner die Floßrechtsgebühren auf den Wasserstraßen und dergleichen in Betracht, so dürfte es nicht zu hoch gegriffen sein, wenn man die Summe aller Abgaben, welche z. B. einer Brennholzlieferung auf der Donau oder dem Inn nach Österreich erwuchsen, auf 50 und vielleicht mehr Prozent des Waldpreises des Holzes anschlägt.

Die Folgen einer derartigen Belastung des Holzhandels waren, daß ein Teil der Bevölkerung sich nach Möglichkeit nach anderem Erwerbe umsah, ein anderer Teil aber durch Zollhinterziehung und Bestechung der Zollbeamten sich schadlos zu halten suchte.

Der Aufschlag vom Jahre 1722 erstreckte sich nicht auf das Holz.

Im Jahre 1758 wurde ein besonderer Holzaufschlag für die Floßausfuhr eingeführt, welcher 15 kr. von jedem Floßbaum betrug. Die verbürgerten Floßmeister zu München petitionierten jedoch sofort um Aufhebung desselben: Sie könnten diesen neuen Impost unmöglich tragen ohne ihre „völlige Verruinierung“ und bäten, ein neues Regulativ herstellen zu lassen, mit der Bestimmung, daß die „zu der Wiener ordinari auch zur Verführung verschiedener herrschaftlich und anderer Güttern bis Freysing, Landshueth, Dingolfing vor Passau das Jahr hindurch benötigt seynd, gegen Erlag der bisherigen Zoll- und Mauttgebühr ohn einhalt und bekränkhung außer Lands gefiehrt werden“ [170]).

Ein weiterer Abgabentarif, welcher mit dem Ausfuhrverbotsmandat vom 26. März 1760 erlassen wurde, fand bei der Schilderung des letzteren nähere Erwähnung und Besprechung [171]).

---

170) Kreisarch. München, Gen.-Reg. fasc. 480/68 b.

171) Siehe S. 31, 32.

II. Nach dem Jahre 1764.

A. Holzhandel und die darauf bezüglichen Verordnungen.

1. Forstordnungen, besondere Polizeiverordnungen über Holzhandel und Holzausfuhr.

Von den Holzausfuhrverboten, die vor 1764 erlassen wurden, blieben nach diesem Jahre nur die Bestimmungen der Forstordnungen in Geltung. Die sonstigen polizeilichen und fiskalischen Maßnahmen hinsichtlich des Holzhandels und der Holzausfuhr erfuhren eine durchgreifende Umgestaltung durch die Organisation des Zollwesens im Jahre 1764.

In den Motiven und Grundlagen zu der Maut- und Accisordnung vom 29. November 1764 wurde zwar ausgesprochen, daß die Ausfuhrsperren für inländische Produkte nur behutsam zu gebrauchen seien, „da sie beträchtlichen Geldeinfluß vom Land abtreiben und öfters statt dem Mangel und der Teuerung zu steuern, gerade eine widrige Wirkung machen, jederzeit aber und am gewissesten dem Maut- und Accisregal einen sehr empfindlichen Entgang verursachen". Desungeachtet aber enthielt diese Mautordnung ein Verbot der Ausfuhr von Holz aller Art zu Wasser und zu Land, sowie von inländischen leeren oder nur mit Holz, Kohlen, Lohe, Kalk u. dergl., also nicht mit Kaufmannsgütern, oder mit halber Ladung an Kaufmannsgut befrachteten Schiffen ohne landesherrliche Bewilligung.

Immerhin lag in dieser Bestimmung eine ganz erhebliche Besserung gegenüber den vorigen Zuständen; da nur die gewöhnliche Essitoabgabe zu entrichten war, entbehrte sie der Schärfe und des häßlichen Ausbeutungs-Charakters der bis dahin gültigen Mandate von 1760 und 1764.

Die Sperre der Ausfuhr von Schiffen mag etwas auffallend erscheinen. Sie war in der Art des damaligen Schiffereibetriebes begründet. Die Schiffe, Kähne u. dergl. waren schlecht und ungeschickt gebaut; sie brauchten nur die Talfahrt auszuhalten, da der

Schiffer, der sich keine Mühe gab, für Rückfracht zu sorgen, sein unzweckmäßiges Fahrzeug am Fahrtziele als Brennholz verkaufte. Dieser irrationelle Betrieb war von schädlichster Rückwirkung auf die an Flüssen, besonders an der Donau gelegenen Waldungen, welche durch den ständigen Neubau von Wasserfahrzeugen einer Raubwirtschaft auf das zum Schiffbau taugliche Holz ausgesetzt waren[1]).

Die bayerische Sperre hatte keine Gültigkeit für das hochstiftisch passauische Gebiet, das in Handelssachen als bayerisches Inland galt (Mandat vom 28. September 1764)[2]). Dieses Verhältnis wurde auch in dem am 22. April 1767[3]) zwischen Bayern und Passau geschlossenen Handelsvertrag aufrecht erhalten, so daß also der bayerische Sperrgürtel das passauische Gebiet mitumfaßte.

Mit der Vereinigung der Oberpfalz mit Kurbayern wurden vom 1. November 1769 an die zwischen beiden Landteilen bestandenen Ausfuhrverbote aufgehoben, die für Bayern durch die Maut- und Accisordnung von 1764 verordnete Holzsperre aber auch auf die Holzausfuhr aus der Oberpfalz erstreckt.

Die Absicht, Erhebungen über den Holzvorrat der Waldungen zu pflegen, gab Anlaß, um mit einem Mandat vom 10. Juni 1788[4]) eine Totalsperre bis zur Durchführung dieser Untersuchungen zu verfügen, „da der täglich zunehmende Holzmangel die unumgängliche Notwendigkeit hiezu ergibt, wenigstens solange bis über den Zustand sämtlicher Waldungen Erkundigungen eingenommen sind und die darnach zu bemessende Forstordnung zu stande gebracht, auch dasjenige, was ohne Bekränkung der eigenen Landesnotdurft zum auswärtigen Verkehr jährlich bestimmt sein wird, zu untersagen, hingegen den inländischen Holzhandel zum besten der damit Gewerbetreibenden und resp. sothanen Produktnotdürftigen Unterthanen zu erleichtern“.

Fast gleichzeitig, unterm 7. Juni 1788[5]) erging ein Mandat, welches speziell die Ausfuhr leerer oder mit Holz beladener Flöße wegen des einreißenden Holzmangels einzustellen versuchte. Bald aber wurde dieses Verbot wieder gemildert. Eine Verordnung vom

---

[1]) Zirngibl, S. 39.

[2]) Siehe Kgl. bayer. allg. Reicharch., Hochstift Paussau 713, Stck. 99.

[3]) Desgl. Stck. 115.

[4]) Mayr, G.-S. Bd. IV, 1788, S. 1074; Kreisarch. München, F.-A 552; siehe auch S. 73 (Anton Ottischer Holzkontrakt).

[5]) Mayr, G.-S. Bd. V, 1797, S. 98.

18. Juli 1789[6]) gestattete, obwohl sie das Verbot der Holzausfuhr ohne Freipaß aufrecht erhielt, den berechtigten Floßmeistern den Holzhandel und den Betrieb desselben dort, wo er bisher nicht bestand, unter Aufstellung einer Floßordnung. Doch waren die Floßmeister gehalten, die Ausfuhr selbst zu betätigen und durften ihre Flöße unterwegs nicht an andere Floßmeister verkaufen. Auch das Mandat vom 19. Dezember 1794[7]) entband „zur Ermunterung der für die inländische Industrie wichtigen Wasserfracht" die berechtigten Floß- und Schiffleute von demselben und bestimmte, daß sie ihre Fahrzeuge, deren Ladung sie im Inlande abgesetzt hatten, gegen Entrichtung der gewöhnlichen Gebühr ausführen durften, während für andere leere, zum inländischen Kommerz nicht gebrauchte Fahrzeuge die Ausfuhr dann freigegeben wurde, wenn die Besitzer den Nachweis vergeblicher Feilhaltung im Lande erbrachten.

Gemäß Ziffer 1 der provisorischen Zollordnung vom 7. Dezember 1799[8]) wurden mit dem Schlusse dieses Jahres alle bis dahin bestandenen Maut- und Accisgesetze, Tarife, General- und Spezialverordnungen, Instruktionen, Patente usw. außer Wirkung gesetzt. Damit fielen auch die mit denselben verbundenen Holzausfuhrbeschränkungen; die in Ziffer 7 der Zollordnung genannten Artikel, darunter das Holz, waren essitozollpflichtig, ohne daß besondere Ausgangserschwerungen vorgeschrieben wurden.

Dagegen finden sich noch Ausfuhrbeschränkungen kraft einiger spezieller Verordnungen. In der 1806 zu Bayern gekommenen Provinz Tirol wurden in einer Verordnung des k. bayer. Guberniums vom 14. September 1807[9]), welche völlige Holzhandelsfreiheit innerhalb der Provinz verfügte, die bestandenen Holz-Ausfuhrverbote für weiterhin festgelegt.

Ein Ausfuhrverbot wurde im Jahre 1806 in dem seit 1803 mit Bayern vereinigten Fürstentum Bamberg erlassen, dessen Landesdirektion mit Verordnung vom 18. März 1806 die Ausfuhr des Nußbaumholzes derart beschränkte, daß Rohholz nur unter Paßerteilung, nußbaumene Schäfte aber überhaupt nicht außer Land gebracht werden durften.

Auch die auf den Holzhandel und die Ausfuhr gerichteten Be-

---

6) Kreisarch. München, Oberbayer. Forstakten fasc. 589/50.

7) Mayr, G.-S. Bd. V, 1797, S. 148.

8) Münchener Intelligenzblatt 1799, Stck. 51, S. 819—846.

9) Bayer. Reg.-Blatt 1807, S. 1531.

stimmungen der Forstordnungen blieben einstweilen noch unberührt, hatten aber ihre praktische Bedeutung verloren.

Vom 2. Jahrzehnt des 19. Jahrhunderts an gab die bayer. Regierung die besonderen Holzausfuhrverbote auf. Vom fiskalischen Standpunkte aus hatten sie nach Beseitigung der Konzessionsgebühren im Jahre 1764 nicht allein jeglichen finanziellen Effekt für die Staatskasse verloren, ihre bureaukratische Behandlung und Verbescheidung beanspruchte sogar relativ nicht unerhebliche Verwaltungskosten.

Soweit ihnen die Aufgabe der Waldkonservierung zukam, suchte sie die Regierung durch eine intensivere Handhabung der forstpolizeilichen Aufsicht zu ersetzen.

Ihrer Stellung zur Frage der Holzausfuhrverbote gab die Regierung Ausdruck in einer an die Generalforstadministration ergangenen Entschließung des Finanzministeriums vom 7. März 1815[10]), die Holzausfuhr aus dem Landgerichte Berchtesgaden betr.: „Den Berchtesgadischen Untertanen wurde, wie schon in einer Entschließung vom 4. Oktober 1811, gegen Erfüllung der bestehenden Mautgesetze der Verkauf und die Ausfuhr von Holz aus den eigentümlichen Waldungen gestattet, mit dem Beifügen, daß ein Verbot der Holzausfuhr in das Ausland auf keinen Fall stattfinde und keine andere als die durch die allgemeinen Maut- und Ausfuhrgesetze vorgeschriebene Beschränkung derselben eintreten dürfe, wodurch jede Besorgnis wegen übermäßigen Holzschlagens zum Nachteile des eigenen Bedürfnisses der Untertanen durch die genaue Befolgung der allgemeinen Vorschriften über Holzfällung und Anweisungen, welche durch Realisierung der anbefohlenen Forstaufsicht über die Privatwaldungen erzweckt werden kann, von selbst verschwinden wird."

Eine Rückwirkung auf den Holzverkehr übte die Säkularisation der geistlichen Gebiete in den ersten Jahren des 19. Jahrhunderts. Sie gab die sehr ausgedehnten Waldbesitzungen der Klöster, Stiftungen, Bistümer usw. dem Holzhandel frei, der bis dahin durch Ausfuhrbeschränkungen, welche die kleinen geistlichen Herrschaften ebenso wie es der Staat im großen tat, im kleinem übten, behindert war. Es verschwand nicht nur die unbequeme Notwendigkeit der Erholung von Pässen für beabsichtigte Holzausfuhr aus einem dieser Gebiete, sondern auch die Leistung von Ausfuhrgebühren, deren Wegfall dem Holzhandel innerhalb der bayerischen Grenzen sowohl wie jenem

[10]) Döllinger, Sammlung, Bd. XIV 4, S. 1597.

nach dem Auslande zu gute kam. Solche Ausfuhrgebühren bestanden in größeren Territorien durch die Mautgesetze (Hochstifte Freising, Passau), Forstordnungen (z. B. Hochstift-freisingische Forstordnung für die Grafschaft Werdenfels), in kleineren auch durch besondere Anordnungen[11]).

2. Holzhandelsmonopole.

In der zweiten Hälfte des 18. Jahrhunderts begegnet man in verschiedenen Staaten Holzmonopolen als Mitteln zur Unterdrückung des Holzwuchers. Man sagte sich, daß die Geschäftsgebarung eines einzigen oder auch einiger weniger Holzhändler oder Firmen leichter unter Augen zu halten sei, als die einer unbeschränkten Anzahl von Flößerei- und Holzhandeltreibenden. Der Monopolträger war ein ständiger Abnehmer des ärarischen Holzes, ein durch Kautionen Sicherheit bietender Käufer, er gewährleistete ordnungsgemäße Entrichtung der Maut- und Accisabgaben und wurde durch die Furcht vor einem Verluste seiner einträglichen Konzession stets der Regierung gefügig erhalten.

Ein Holzmonopol solcher Art hatte Bayern von 1769 bis 1788 in dem sogenannten Anton Ottischen Holzkontrakt[12]). „Zur Beschränkung der eingerissenen und von verschiedenen Leuten getriebenen Kaudereien" wurde mit dem kurfürstlichen Holz- und Rothfloßmeister Anton Ott von Schongau am 30. September 1768 für unbestimmte Zeit ein Vertrag geschlossen, vermöge dessen derselbe das ausschließliche Recht der Übernahme und Verführung des in den kurfürstlichen Landen und besonders am Donaustrom zum Verkauf stehenden eichenen Kuftaufel- und Schneidholzes erhielt.

Erhebliche Eichenholzanfälle infolge eines Sturmbruches im Altmannsteiner, Hienheimer und Kelheimer Forst im Jahre 1777 gaben Anlaß zu einer Revision des Vertrages. Derselbe wurde am 7. Juli 1777 für die 8 Jahre 1777 mit 1784 neu festgesetzt und Ott verpflichtet, innerhalb 4 Jahren die in den genannten Forsten liegenden Eichenwindwürfe zu verschleißen. Die Abgabepreise der einzelnen

[11]) Kreisarch. München, Akt. d. Rentamts Miesbach, A.-R. I 683/8. Das Kloster Tegernsee erhob z. B. für Holz aus den Heimhölzern der Untertanen, das nach Tölz oder auf der Isar weiter ging, von jedem Bespannungspferd des Holztransportes 2 kr., sodaß auf einen Stamm oder 1 Klafter Brennholz oder 1 zweispännige Fuhre Bretter 4 kr. trafen, wovon je die Hälfte dem Überreiter und dem Waldmeisteramt des Klosters zufiel. Mit der Aufhebung des Klosters verschwand auch diese Verkehrsabgabe.

[12]) Kreisarch. München, F.-A. 549/65 u. 552.

Taufel- und Schneidwarensortimente waren festgesetzt[13]). Neben diesen mußte Ott von je 100 Gulden des Einkaufspreises 6 fl. sogenannten Profitentgang an das Holzgarten-Inspektionsamt Reinhausen, sowie die tarifmäßige Maut- und Accisgebühr entrichten. Ott hatte auch das Alleinrecht, in den Donaurevieren das dort verkäufliche Eichentaufelholz und Schneidewaren aufzukaufen und zum Holzgarten Reinhausen zu bringen.

Was Ott an Inländer zu deren Selbstgebrauch und in den Holzgarten Reinhausen nicht absetzte, konnte er nach Wien exportieren, jedoch mit der Bedingung, daß er die erforderlichen Floßbäume aus dem Holzgarten Lechhausen zu erwerben hatte.

Um den Monopolcharakter dieses Vertrages scheinbar etwas zu mildern, blieb es den inländischen Holzeigentümern freigestellt, Taufel- und Schneidwaren aus Eichenholz gegen Entrichtung des oben genannten Profitentganges und der Maut- und Accisgefälle auszuführen. Praktisch hatte diese Vergünstigung keine Bedeutung, da den Leuten keine Transportfahrzeuge zu Gebote standen, so daß sie doch immer auf die Ablassung an Ott angewiesen waren.

Nach 1784 blieb der Ottsche Holzkontrakt fortbestehen, bis er schließlich im Jahre 1788, nachdem Ott inzwischen verstorben war und seine Söhne den Handel einstweilen fortgeführt hatten, durch

---

13) Die Preise, zahlbar bei der Abfuhr, waren:

1 Pfd.	4	schuhiges	Taufelholz	(Wiener	Maß)	24 fl.
	4½	„	„	„	„	34 „
	5	„	„	„	„	45 „
	5½	„	„	„	„	48 „
	6	„	„	„	„	60 „
	6½	„	„	„	„	70 „
	7	„	„	„	„	85 „
	8	„	„	„	„	140 „
für ein	9	schuhiges	Faß	„	„	50 „
„ „	10	„	„	„	„	60 „

Schneidwaren, eichene Bretter, normal 14—20 Schuh lang, 1 Zoll dick, bei anderen Dickenmaßen Angleichung des Preises:

1	Zoll	dick,	14	Schuh	lang	18 kr.
1	„	„	15	„	„	19 „
1	„	„	16	„	„	20 „
1	„	„	17	„	„	21 „
1	„	„	18	„	„	22 „
1	„	„	19	„	„	23 „
1	„	„	20	„	„	24 „

Zurichtung und Anfuhr des Materiales an Lagerplätze besorgte das Ärar auf Kosten Otts, welcher 3000 fl. Vorschuß hierfür leistete.

Resolutionen vom 11. April bezw. 17. Mai 1788 aufgehoben wurde. Die Aufhebung dieses Monopoles stand in direktem Zusammenhang mit der damals verordneten allgemeinen Holzsperre[14]).

3. Holzmaße.

In der Einführung eines einheitlichen Klaftermaßes für das Brennholz hatte die Regierung bisher nichts erreicht. Die erlassenen Verordnungen erwiesen sich nach wiederholten fruchtlosen Erlassen — Mandat vom 9. November 1767[15]) — als undurchführbar. Die Regierung gab schließlich nach. Das Mandat vom 27. Juli 1769[16]) hob alle bisherigen Festsetzungen über eine gesetzmäßige Scheiterlänge des Hausbedarfsholzes auf, ließ Verkaufsholz nach dem bayerischen Klafter- oder Eisenmaß mit $3^1/_2$- und $1^3/_4$schuhigen Scheitern zu und gestattete, auf Bestellung auch Scheiter von über $3^1/_2$ Schuh Länge zu fertigen.

Mit der Verordnung vom 14. März 1789[17]) wurde das Münchener Klaftermaß als Verkaufsmaß für alle Kameralwaldungen der 20 Forstmeistereien Bayerns, und mit dem Edikt vom 18. Februar 1809[18]) über Einführung gleicher Maße und Gewichte im Königreich Bayern für ganz Bayern festgesetzt.

Wie schwierig und langsam sich die allgemeine Einführung des bayerischen Klaftermaßes mit $3^1/_2$schuhiger Scheiterlänge als öffentliche Handelsverkaufsgröße vollzog, lassen die zahlreichen späterhin noch ergangenen Erlasse ersehen[19]).

Der bayerische Brennholzverkehr bewegte sich eben nur auf einem eng begrenzten Lokalmarkte, welcher zähe an dem Herkommen festhielt. Es fehlte ihm damals noch die erst durch die Entwicklung und Belebung des Wasserstraßenverkehrs möglich gewordene Ausdehnung und damit die durch die Konkurrenz auf einem größeren Marktgebiete gebotene innere Organisation, welche die sicheren Grund-

---

[14]) Siehe S. 70.

[15]) Mayr, Bd. II, 1784, S. 809.

[16]) Mayr, Bd. II, 1784, S. 822.

[17]) Mayr, Bd. V, 1797, S. 178, Ziff. 15.

[18]) Königl. Bayer. Regierungsblatt 1809, S. 473 f.

[19]) Mdt. v. 4. Febr. 1791 (Mayr, G.-S. Bd. V, 1797, S. 210); Mdt. v. 13. Nov. 1796 (Mayr, G.-S. Bd. VI, 1799, S. 56, Ziff. 10); Mdt. v. 5. April 1798 (Mayr, G.-S. Bd. VI, 1799, S. 113); Verordnung v. 25. Oktober 1811 (Reg.-Bl. 1811, S. 1667); kgl. Verordnung v. 4. Dez. 1814 bezw. Entschl. d. Generalforstadministr. v. 31. Dez. 1814 (Reg.-Bl. 1815, S. 21); Verfgg. v. 12. Dez. 1820 (Intelligenzblatt des Isarkreises 1820).

lagen des Handels und Verkehrs besser zu schaffen imstande ist als alle Polizeiverfügungen.

Auf die Lang- und Nutzholzmaße wirkte im 18. Jahrhundert hauptsächlich die Baupolizei ein, welche bestimmte Dimensionen für das zu Bauzwecken in den Handel gelangende Roh- und Schnittmaterial vorschrieb, um dadurch Gediegenheit und Festigkeit der Wohnhäuser und sonstigen Bauten zu gewährleisten. Man begnügte sich jedoch nicht nur mit einem Verbote des Verbrauches nicht vorschriftsmäßig dimensionierter Hölzer bei den Bauten, sondern ergriff das vermeintliche Übel gleich an der Wurzel, indem man schon die Anweisung, Abgabe und Abmessung des Lang- und Schnittholzes im Walde und die Herstellung der Sägwaren auf den Schneidmühlen unter den strengsten Zwang der Beachtung der verordneten Maße stellte.

Die Handhabung dieser Vorschriften, welche besonders in den Mandaten vom 28. Februar 1768[20]) und vom 22. Oktober

---

[20]) Mayr, G.-S. Bd. II, S. 1784, S 811: Norma über Holz-, Mauer- und Eisenmaterialien in Gebäu- und Reparationssachen:

ad II. Holzmaterial.

Es hat Einfluß auf die Holzwirtschaft, daß kein zu unausgewachsenes Holz oder zur Zeit nicht schlagbares Stammenholz angegriffen, sondern bey demselben alle mögliche Ordnung beybehalten werde; es sollen sich die Forster, Überreiter, Jäger und Holzhey oder wer immer einige Holzabgaben zu machen hat, auch die selbstverkaufenden Unterthanen, sodann die Floßmeister, Sägmüller und andere Werkleute, welche die Verführ- und Verarbeitung der Bäume zu thun pflegen, an nachgesetzte Mäßereyen genau halten:

Bey einem Ensbaum der kleinsten Gattung 36 Schuh lang, 1 Schuh breit, 6 Zoll dick,
Baueichen 30 Schuh lang, 1 Schuh 4 Zoll dick,
Schneideichen 24 Schuh lang, 2 Schuh 6 Zoll dick,
Eichreiß 26—30 Schuh lang, 1 Schuh dick,
Feichten- oder Thannenbaum 48 Schuh lang, 2 Schuh dick,
Dergleichen Baubäume 50, 60 bis 70 Schuh lang und 14, 16 bis 18 Zoll dick.
Ein solcher Schnidbaum 24 Schuh lang, 15 bis 18 Zoll dick,
Schnidbuchen und Färchen auch 24 Schuh lang, 15 bis 18 Zoll dick.

Es verstehet sich hiernächst von selbsten, daß die bey obig-verschiedenen Gattungen ausgesetzte Dicke nur auf das kleinere Ort zu nehmen ist und die Länge der Feichten, Thannen, Buchen, Eichen und Färchen auf die Schneidbäume ohne den Scharm, mithin ganzes Holz gemeynet seye und im übrigen die geradest, geschlachtest und am wenigsten ästige Stämme in der entworfenen Dicke, auch wenn sie noch stärker zu haben, zu Schnidbäume appliziert, die gröberen hingegen zu Ens- und anderen Bäumen genommen werden sollen. Bei

1769[21]) repräsentiert werden, bedeutete einen schwerwiegenden Eingriff in die Freiheit des Holzhandels.

---

den Mäßereyen ist nur der 1732 introducierte generalmäßige Münchner Schuh zu gebrauchen, bei allen Gebäuden: ferner sowohl in Unsren Churlanden zu Bayern als auch der oberen Pfalz die ausgedrückte Ordnung respectu der Stärke und Dicke der Schneidwaaren, soviel hieran das Holz schon bey Handen ist, gleich und ohne weiteres, sodann mit dem Holzmaterial ihrer Länge nach bey Eingang des 1769. Jahres ... von nun an nach gegenwärtiger Norma fabriziret, der Vorrat aber von Zeit längstens sechs Monaten aufgeräumet und beyseits geschafft werden solle.

[21]) (Kreittmayr) G.-S. 1771, S. 440: Erläuterung, wie in Baumaterialsachen die Mödl zu den Mauermaterialien hergestellt und welche Dicke, Länge und Breite die Holzmaterialien, dann welche Gattung der eisernen Nägel beobachtet werden solle (Veranlassung war die Nichtbefolgung des Mandates vom 28. II. 1768). — In Ansehung des Holzmaterials ist auf die Bestimmung der Forstordnung art. 27 fol. 747 zu achten, nach der das Holz zu rechter Zeit d. i. v. 24. Okt. bis Febr. von der Wurzel geschlagen werde. Für das zum Bauen nötige Holz hat es bei der Verordnung v. 1768 zu bleiben, jedoch ist zu achten, daß einesteils jede Gattung des spezifizierten Materials und zwar bei denen Schnidbäumen mit Ausschluß des Scharms die Länge deren 24 Schuh durchgehends, in der Breite, und andernteils aber

ein	Laden wenigstens	14 Zoll,
„	Riemling	15 „
„	Falzbrett	17 „
„	Truchenbrett	18 „
„	gemeines Brett	10 bis 12 Zoll,
„	Tafelbrett	17 Zoll,
die	Dachlatten	2 1/2 „
„	Weinlatten	2 „

nebst Beibehaltung der anbefohlenen Dicke und Länge wenigstens breit seyn sollen, nach Befund der Schnidbäume, aber auch breiter seyn können. Die Sägmüller müssen sich genau an diese Maaße halten; Strafe: im ersten Fall die Hälfte des Wertes des vorschriftswidrigen Materials, weiterhin Confiszierung des Ganzen. Vom 1. Januar 1770 an ist alles anders geschnittene Material verboten. — Was nun aber die Läden anbelangt, diese können auf 2 1/2, 3, 3 1/2, 4 auch noch mehr zöllig in der Dicke und 13 bis 15 Zoll breit geschnitten werden, gestalten der Baum nach der ob entworfenen Maaß die Länge von selbst ergibt.

Die Riemlinge sollen i. d. Dicke 2 Zoll und in der Breite 13—15 Zoll halten.

Die Falzbretter 7/4 Zoll i. d. Dicke und in der Breite auch 13—15 Zoll.

Die Truhenbretter 5/4 Zoll dick, 13 - 15 Zoll breit.

Die gemeinen dto. 1 starken Zoll dick, 10 – 12 Zoll breit.

Tafelbretter 8/4 Zoll dick, 13—14 Zoll breit.

Die Riegel mögen zu 3, 4, 5 und mehr Zoll dick nach Erfordernis und Verlangen geschnitten werden.

Die Dachlatten entgegen auf 7/4 Zoll dick und 3 Zoll breit.

Die Wein- und Wurflatten 1 starken Zoll dick u. 2 Zoll breit.

Die vorgeschriebenen Maße waren:

Für Langholz:

1 Ensbaum kleinster Gattung: Länge ohne Scharm 36 Schuh; Zopfdurchmesser 1 Schuh 6 Zoll (am kleinen Ort).

1 Baueiche: Länge ohne Scharm 30 Schuh; Zopfdurchmesser 1 Schuh 4 Zoll.

1 Eichreiß: Länge ohne Scharm 26 bis 30 Schuh; Zopfdurchmesser 1 Schuh.

1 Fichten- oder Tannenbaum: Länge ohne Scharm 48 Schuh, Zopfdurchmesser 2 Schuh.

1 Fichten- oder Tannenbaum (Baubäume): Länge ohne Scharm 50, 60 bis 70 Schuh, Zopfdurchmesser 14, 16 bis 18 Zoll.

Für Schneidholz:

1 Schneideiche: Länge ohne Scharm 24 Schuh; Zopfdurchmesser 2 Schuh 6 Zoll (am kleinen Ort).

Fichten- oder Tannenschneidbäume: Länge ohne Scharm 24 Schuh; Zopfdurchmesser 15 bis 18 Zoll (am kleinen Ort).

Buchen- oder Föhrenbäume: Länge ohne Scharm 24 Schuh; Zopfdurchmesser 15 bis 18 Zoll (am kleinen Ort).

Zu Schneidholz sollten nur die geraden und astreinen Stämme ausgesucht werden, die gröberen Stämme waren zu Ens- und anderen Bäumen zu verwenden.

Die Sägmüller durften, falls nicht besondere Bestellung vorlag, die Riemlinge, Bretter und Latten nur in einer genau für jede Schneidwaren-Gattung vorgeschriebenen Breite und Dicke schneiden, worüber polizeiliche Kontrolle geübt wurde.

Diese Vorschriften betrafen das in den Handel kommende Baumaterial; den Privaten stand indes frei, die zu eigenen Bauten benötigten Hölzer nach ihrem Ermessen und Gebrauch zurichten und schneiden zu lassen.

Die Mandate vom 7. Mai 1781[22]) und vom 5. April 1798[23])

Die kurze Lärchene oder Färchene Schindel, deren 32 Stücke einen Büschel machen, haben in der Länge auf 14 bis 15 Zoll, und die lange feichtene Scharfschindel, auch 32 Stücke zu einem Büschel gerechnet, auf ein Schuh 6 Zoll zu bestehen. Wobey aber einem jeden Partikular freygestellt bleibt, die zu seinem vorhabend eigenen Bau erforderliche Holzmaterialien nach seiner Willkühr und Gebrauch zu errichten, und schneiden zu lassen.

[22]) Mayr, G.-S. Bd. II, 1784, S. 974.

[23]) Mayr, G.-S. Bd. VI, 1799, S. 112.

wiederholten obige Bestimmungen unter strenger Androhung der Konfiszierung alles nicht vorschriftsgemäß hergerichteten Materials.

Die Einführung des Kubikfußes als Verkaufsmaß für das Bau- und Werkholz geschah in den bayerischen Kameralwaldungen durch das Mandat vom 14. März 1789[24]).

Die Sortimentierung war, wie den Akten mehrerer oberbayerischer Reviere aus jener Zeit und aus dem Anfang des 19. Jahrhunderts zu entnehmen ist, sehr einfach; meist unterschied man nur die Holzarten, bei den Nadelhölzern auch Bau- und Schneidstämme. In einzelnen Revieren (z. B. Walchensee, Riß) wurden die Stämme nach Mittelstärken von 10 zu 10 Dezimalzollen, anderwärts auch nach Länge und Zopfdurchmesser ausgeschieden[25]). Eine einheitliche Norm bestand nicht.

Das Kleinnutzholz wurde nach gegend-üblichen Sortimenten behandelt — Teicheln, Rafen, Zaunstangen, Geschirrhölzer u. dgl.

4. Holztaxen.

Als die erwähnten Betrachtungen des kurpfalzbayerischen Forstinspektors J. G. v. Seutter über die Holzpreisnormierungen niedergeschrieben wurden (1804), hatte Bayern schon lange, wohl unter dem Einflusse Utzschneiders, das unbrauchbar gewordene Taxensystem verlassen und sich in einer Verordnung vom 26. Oktober 1786[26]), den Rechnungsunterricht im oberbayerischen Rechnungswesen betr., dann in den Mandaten vom 5. Juli 1786 Abs. 5[27]) und vom 31. Oktober 1786[28]) zu dem Standpunkt bekannt, daß die Landesherrschaft sich in ihren eigenen Waldungen keine Schranken setzen lasse, an wen und um welchen Preis sie Holz abgeben wolle; die Hofkammer habe sich hierin wie jeder andere Privatmann zu betrachten und ihre Feilschaften um den möglichst besten Preis zu verwerten.

Mit dem Mandate vom 31. Oktober 1786 wurden öffentliche Holzversteigerungen eingeführt.

Wie gründlich die Regierung mit ihren früheren Anschauungen gebrochen hatte, zeigte eine Verfügung vom 16. März 1793[29]) über

[24]) Mayr, G.-S. Bd. V, 1797, S. 178 Ziff. 15.

[25]) Ausschreiben einer Holzlizitation im Schrendrich-Wald. Intelligenz-Blatt 1800, S. 127.

[26]) Endres, Waldbenützung S. 149.

[27]) Mayr, G.-S. Bd. III, 1788, S. 192.

[28]) Mayr, G.-S. Bd. III, 1788, S. 296.

[29]) Mayr, G.-S. Bd. V, 1797, S. 265.

Beschwerden der Untertanen am Ainzinger Forst: „Se. Churf. Durchlaucht können nicht gestatten, daß höchst dero Hofkammer von den Holzkäufern in Ansehung des Preises Schranken gesetzet werden wollen, da . . . eben die Vorsorge, das Holz als eine für die Stadt- und Landgewerbe unentbehrliche Ware zu erhalten und sich keinem Mangel für die Zukunft auszusetzen, erfordert, daß durch gerechte Preiserhöcherung der Verschwendung vorgebeuget werde“.

Den Lizitationen an die Meistbietenden wurden Holzpreise zugrunde gelegt, welche von Zeit zu Zeit reguliert wurden und stets nur als das Verkaufsminimum zu betrachten waren; die Verkaufshölzer sollten so teuer als immer möglich verwertet werden (Mandat vom 14. März 1789 § 16[30]); vom 8. Mai 1795 bezw. 10. September 1795).[31])

Im Jahre 1813 trat ein Rückschlag ein. Mit kgl. Verordnung vom 25. September 1813[32]) erfolgte die Wiedereinführung der Holzverwertung um bestimmte Preise und die Aufhebung der öffentlichen Verkäufe in den Staatswaldungen. Nur für unveräußerte Materialrückstände und ausnahmsweise bei starker Konkurrenz der Käufer in holzarmen Gegenden wurden öffentliche Lizitationen als zulässig erklärt. Diese Verfügung wurde jedoch schon im Jahre 1817[33]) wenigstens in einem Teile Bayerns wieder aufgehoben. Im Untermainkreis hinwider bestand die Taxverwertung bis zum Jahre 1830. Im Landratsabschied für den Untermainkreis (Ziffer V, besondere Wünsche und Anträge) vom 11. Mai 1830[34]) wurde die Kreisregierung veranlaßt, die Holztaxen, da wo sie bestanden, unverzüglich aufzuheben und jede ungesetzliche Beschränkung des freien Verkehrs mit Holz zu beseitigen.

Im Jahre 1849[35]) machte man nochmals Versuche mit der Abschaffung des Versteigerungssystems, aber ohne Erfolg; die Forstprodukte um bestimmte Preise an die Untertanen zu verteilen, erwies sich als undurchführbar.

---

[30]) Mayr, G.-S. Bd. V, 1797, S. 178.

[31]) Mayr, G.-S. Bd. V, 1797, S. 330.

[32]) Bayer. Reg.-Bl. 1813, S. 1249.

[33]) Verordnung v. 20. Februar 1817. Intelligenz-Blatt des Isarkreises 1817, S. 178.

[34]) Bayer. Reg.-Bl. 1830, Nr. 18, S. 769.

[35]) Forstverwaltung Bayerns, München 1861, S. 244.

5. Holzgärten.

Die Holzgärten standen in der zweiten Hälfte des 18. Jahrhunderts in ihrer größten Blüte und wurden von der Regierung sehr protegiert.

Im Jahre 1769 wurde das Holz-Inspektionsamt nebst dem Holzgarten zu Reinhausen[36]) in der Absicht gegründet, den in die nördlichen Nachbarländer und besonders nach Regensburg gehenden Export zu konzentrieren.

Die Vorräte des Holzgartens wurden zum Teil aus den kurfürstlichen Forsten, insbesondere auf der Regentrift, dann aus den kurfürstlichen Urbarsgehölzen und den der Landesherrschaft zuständigen Waldungen beschafft, zum Teil aus den Holzschlägen der Privatwaldeigentümer, welche gehalten waren, ihr Holz, das sie in Schiffsladungen donauabwärts verfrachten wollten, nach Reinhausen zu bringen, wo sie die forstordnungsmäßige Gewinnung nachweisen mußten und dasselbe öffentlich und mit Vorwissen des Holzinspektionsamtes selbst zum Verkauf bringen konnten.

Um dies durchzusetzen, wurde im Juni 1769 für alle Holzhändler ein Verbot des Holzverkaufes in allen nichtärarischen Waldungen erlassen.

Fremdes, auf der Durchfuhr passierendes Holz aus Tirol, Schwaben, dem Herzogtum Neuburg, dem Nordgau, den Bistümern Eichstädt und Regensburg, dann das auf der Achse verführte Holz unterlag dem Holzgartenzwange nicht.

Der Holzvorrat des Holzhofes sollte hauptsächlich dem Bedarfe von Regensburg[37]), Stadtamhof und Straubing dienen. Die Holzpreise waren festgesetzt. Freier Holzverkehr fand nicht statt[38]).

---

[36]) Nach Ausweis der Furthischen Waldmeisteramts-Rechnung wurden im Jahre 1770 für die Regentrift nach Reinhausen in den dortigen kurf. Waldrevieren geschlagen: 5628 Klafter Scheiterholz (3½ Schuh lang). Rechtmäßigkeit u. Gründl. Bericht, S. 28, Nr. 50.

[37]) Im Jahre 1770 kamen nach Regensburg nach Ausweis der Rechnungen des Holzgartens bezw. verschiedener Mautämter: aus dem Holzgarten Reinhausen 10514 Klafter Brennholz (hartes, weiches und Mischling), durch freie Zufuhr 15142¾ Klafter cf. „Rechtmäßigkeit“: Gründlicher Bericht S. 30, Note 52.

[38]) Die Brennholztaxen betrugen in den Jahren 1770/71 für die Klafter (bei 3½ schuhiger Scheiterlänge):

für Buchenholz 1. Gattung	5 fl.	50 kr.
„ „ 2. „	5 „	36 „
„ „ 3. „	5 „	22 „
„ Ruschen, Birken, Erlen und dergl. Holz	4 „	51 „

Waldeigentümer, welche selbst geschlagenes Holz an Reinhausen vorbei donauabwärts ausführen wollten, hatten beim Holzgarteninspektionsamt einen sog. Profitentgang von 4 % des Holzpreises zu entrichten.

Die Holzgartenanlage zu Reinhausen wurde von der Stadt Regensburg und den dort residierenden kaiserlichen Komitialgesandten aufs heftigste bekämpft, weil sie durch dieselbe ihre vertrags- und gesetzmäßig garantierte Freiheit[39]) des Holzbezuges aus den kurbayerischen Landen gefährdet sahen und der Holzankauf durch den hohen Preis des Holzes im Holzgarten, dessen Unkosten auf die Holztaxen geschlagen wurden, und durch den infolge der Entlegenheit der Niederlage erheblichen Fuhrlohn nach der Stadt sehr verteuert werde.

Auch über den Rückgang der Schiffahrt als Folge der Reinhausener Holzgartenanlage wurden Klagen erhoben; während vordem 40 Schiffleute an dem Holzhandel nach Regensburg teilnahmen, waren für den Holztransport nach dem Holzgarten nur mehr 12 privilegiert.

Die sehr eindringlichen, sogar vom Kaiser unterstützten Beschwerden erreichten nur, daß die kurbayerische Regierung mit einer langen Erklärung (23. Januar 1773)[40]) ihren Standpunkt verteidigte, an den bekämpften Einrichtungen wurde aber nichts geändert.

Die Erwartungen, welche man an die Grenzholzgärten hinsichtlich ihrer Betriebsergebnisse wie ihrer Wirkungen auf den Holzhandel knüpfte, erfüllten sich nicht. Mit einem kurfürstlichen Reskript vom 11. April 1788[41]) wurde eine Untersuchung der finanziellen und wirtschaftlichen Ergebnisse des Holzgartenbetriebes

---

für Eichenholz	4 fl.	40 kr.	
„ sog. Mischlingholz in Prügeln	4 „	40 „	
„ Föhren- oder Mändlholz	4 „	26 „	
„ Fichten- und Tannenholz	4 „	16 „	

(Rechtmäßigkeit usw. Vorstellungen des Kurfürsten v. Bayern bezgl. des Holzgartens bei Reinhausen, S. 14, Beilage 6).

[39]) Bezgl. der Bürger von Regensburg Vertrag v. J. 1496 mit Herzog Albrecht; bezgl. der Komitialgesandtschaft Art. 3 der Wahlkapitulation des Kaisers, dann kais. Mandat v. 4. Mai 1666. (Rechtm. Sammlung versch. das Bayer. Maut- u. Akziswesen erläuternder Aktenstücke, Nr. II. Rechtm. Beilage I zu „Patriotische Bemerkungen etc.“)

[40]) Mayr, G.-S. Bd. I, 1784, S. 337.

[41]) Die beschriebenen Verhandlungen finden sich im Kr. Arch. München F. A. Fasc. 552.

zu Lechhausen und Reinhausen angeordnet, welche in einer am 9. Juni 1788 zusammengetretenen Kommission des Forst-, Fiskal-, Maut- und Kommerz-Departements eingehend behandelt wurden. Ein von dem Kommissionsmitglied Utzschneider ausgearbeitetes Votum fand anscheinend allgemeine Annahme. Der am 24 Januar 1789 dem Kurfürsten vorgelegte, von Utzschneider verfaßte Kommissionsbericht gibt die wesentlichsten Gesichtspunkte dieses Votums wieder. Derselbe enthält folgende Ausführungen:

Eine Berechnung der finanziellen Ergebnisse der beiden Holzgärten für die 10 Jahre 1778 bis 1787 einschl. ergab:

a.	Reinhausen, jährlicher Gewinn	5059 fl.
	davon ab 4 %, Interesse des Verlagskapitales zu 66420 fl.	2656 „
	Bleibt Reingewinn	2403 fl.
b.	Lechhausen[42]), jährlicher Gewinn	4402 fl.
	davon ab 4 %, Interesse des Verlagskapitales zu 27351 fl.	1094 „
	Bleibt Reingewinn	3308 fl.

Bei Berechnung mit Zinseszinsen sinkt in dem angenommenen 10jährigen Zeitraum der jährliche Reingewinn noch um erhebliches, bei Reinhausen auf 5059 — 3189 = 1870 fl., bei Lechhausen auf 4402 — 1313 = 3089 fl.

Die Finanzerträge standen also nicht im entferntesten im Verhältnis zu dem großen Apparate der Holzgärten.

Die Frage, wie man in der Misere der Holzgartenangelegenheit Wandel schaffen könne, wird von Utzschneider in sehr interessanter Weise erörtert. „Hier liegt der wichtige Knoten, welcher nicht aufgelöst werden kann, wenn man diesen verwickelten Gegenstand nicht auf einfache Sätze zurückführt. Die Holzgärten zu Rhainhausen und Lechhausen wurden errichtet, um die Holzvorkäufe und Holzkaudereien, dann die Waldabschwendungen zu verhindern. Dieser Endzweck wurde aber nicht im geringsten erreicht. Denn man hört jetzt die meisten Klagen wider Holzkaudereien, wider Forstabschwendungen. Man hat also an der Einrichtung der Holzgärten ein ganz unschickliches Mittel, obigen guten Endzweck zu erreichen, gewählt. Man hat dadurch vielmehr beide Übel be-

[42]) Vom 1. Nov. 1763 bis 30. Juni 1764 betrugen laut Bilanz des Holzgarten-Inspektionsamtes Lechhausen die Konzessionsgelder nur 2793½ fl. und der reine Holzprofit nur 1470 fl. (Kr. Arch. München G. R. 470/43).

fördert, wenn man die Sache recht einfach und mit hellen Augen betrachtet.

Was heißt Holzkauderei? Kauderei treibt unsers Erachtens nur derjenige, welcher das Holz auf eine monopolische Weise den Unterthanen in einem sehr geringen Preis abkauft und mit übermäßigem Gewinn an das holzbedürftige Publikum wieder verkauft; wir sagen auf eine „monopolische“ Weise; denn wenn der Waldeigentümer sein Holz verkaufen darf und wirklich verkauft, wohin er will, so kann dies keine Kauderei genannt werden. Jeder Holzeigentümer wird trachten, sein eigentümliches Holz um den möglichst höchsten Preis abzusetzen, er wird also sein Holz dahin bringen, wo der Holzmangel ist, wo er wegen dieses Holzmangels einen höheren Preis erwartet. Diesen Weg könnten mehrere Holzhändler ergreifen und in eine Gegend, wo das Holz den hohen Wert hat, soviel Holz bringen, daß durch die große Konkurrenz der Holzverkäufer der Preis des Holzes fällt.

Die Holzkauderei kann also nur dort stattfinden, wo ein Holzmonopol von einem einzigen oder von einer Floßmeisterzunft getrieben wird. Gestattet man im Inland jedem Unterthanen freien Holzhandel, so kann dieses nach wahren Kameralgrundsätzen keine Kauderei genannt werden, sondern es wäre vielmehr eine Ungerechtigkeit, wenn man diese Freiheit des inländischen Holzhandels beschränken würde.

Nun behaupten wir, daß die Holzgärten Rhainhausen und Lechhausen wirklich ein Holzmonopol getrieben haben; bei den Holzgärten mußten die holzverkaufenden Unterthanen ihr eigentümliches Holz so wohlfeil überlassen, daß jenen kaum die Arbeitskosten bezahlt waren.

Beide Ämter haben alsdann dies Holz mit wucherischem Gewinn wieder verkauft. Dies beklagen die meisten Unterthanen am Lechstrom. Daher kamen die immerwährenden Zwistigkeiten am Regenfluß, besonders zu Kötzting. Dies beweist noch mehr ein Vorschlag vom Amt Rhainhausen, vermöge welchem es im Holzhandel 30—90% gewinnen könnte. Die Stadt Straubing, unterstützt von der Landschaft, beschwerte sich ebenfalls 1786 gegen dieses Holzmonopol. Es ist also hinlänglich bewiesen, daß diese beiden Holzgärten ein Holzmonopol getrieben haben und sozusagen mit Holzkaudereien.

Die Holzgärten befördern auch die Waldabschwendung. Jeder Holzeigentümer sagt z. B.: das Holz soll mir heuer 30 fl. tragen. Wenn nun der Holzgarten geringe Preise zahlt, so muß er viel mehr

Holz abschlagen, um diesen Ertrag zu finden, als wenn ihm das Holz nach wahrem kommerziellem Preis bezahlt würde.

Also, will man die Holzkauderei hindern, so lasse man freien Holzhandel für alle Waldeigentümer zu. Ungehindertes Kommerz setzt gewiß den wahren und eigentlichen Holzpreis in ein richtigeres Gleichgewicht mit anderen Waren als alle Taxbestimmungen, welche man gewöhnlich zu machen pflegt.

Will man die Waldabschwendung hindern, so bringe man die Forstordnung in Ausübung.

Diese Betrachtungen führen zu dem Schlusse, daß man die beiden Holzgärten zu Lechhausen und Rhainhausen aufheben solle."

So überzeugend diese Ausführungen auch hätten wirken müssen, der Kurfürst ging trotzdem von den vorhandenen Einrichtungen nicht ab und die Holzhöfe blieben bestehen.

Die Holzgärten wurden im Jahre 1790 dem neu gegründeten Oberforstmeisteramte unterstellt, welches die Beschaffung des Materialbedarfes derselben aus den jährlichen Holzschlägen und Triften zu leiten hatte.

Die Regierung hatte stets die Errichtung neuer Holzgärten im Auge (cf. Mandate über die Errichtung der bayerischen und der oberpfälzischen Forstkammer vom 24. Dezember 1795[43]) bezw. vom 25. Juni 1796)[44]) und suchte den Verkehr in den schon vorhandenen mit allen Mitteln zu heben. So stellte z. B. im Jahre 1796 die kurfürstliche Hofkammer einen Antrag, die Empfänger von Holzausfuhrpässen anzuweisen, daß sie ihren Bedarf aus den kurfürstlichen Holzgärten nehmen sollten. Diesem Antrage wurde jedoch nicht stattgegeben (Mandat vom 11. März 1796)[45]), da man die ohnehin sehr mißliebigen Anstalten durch die Errichtung einer Art Monopol für dieselben nicht noch verhaßter machen wollte.

Mit dem Verschwinden des Merkantilismus ging auch in Bayern die theoretische Grundlage der Holzgarteneinrichtungen in ihrer im 18. Jahrhundert angenommenen Verfassung verloren. Sie waren nicht mehr polizeilich überwachte Verkaufszentren wie früher, sondern lediglich Holzmagazine, in welchen der Staat das Holz entlegener Waldungen mittels Triften zusammenführte, um in Städten, in stark bevölkerten Gegenden oder in der Nähe größerer Industrieetablissements günstigere Absatzverhältnisse zu finden.

---

[43]) Mayr, G.-S. Bd. V, 1797, S. 81 Ziff. 10.

[44]) Mayr, G.-S. Bd. V, 1797, S. 856 Abs. 5.

[45]) Mayr, G.-S. Bd. V, 1797, S. 344.

Die Bedeutung der Holzmagazine sank im Laufe der ersten Hälfte des 19. Jahrhunderts infolge der Hebung des Holzhandels durch die Ermöglichung des Ferntransportes des Holzes für weitere Strecken. Bei der bayerischen Regierung sowohl wie auch in Kreisen der Bevölkerung verlor sich die Neigung für die Holzhöfe mehr und mehr. Ein Antrag des Abg. Crämer in der Ständeversammlung vom Jahre 1851/52[46]), welcher die Regierung veranlassen wollte, „im Interesse der Rentabilität der Staatswaldungen und der Linderung der Not durch Erhebung des Ärmeren zu gleicher Stufe mit dem Reicheren in Beziehung auf Beschaffung der notwendigen Lebensbedürfnisse" neue Holzmagazine in größeren Städten anzulegen, fand keine Unterstützung. Der Ausschuß-Referent Sedlmayr stellte die Errichtung der Holzhöfe unter die Aufgaben der Gemeinden. Der Regierungskommissär Waldmann stimmte dem bei, stellte Gemeinden, welche derartige Anstalten gründen und unterhalten wollten, das Entgegenkommen des Staates durch Abgabe von Holz um die Taxe in Aussicht, lehnte aber die Anlage durch den Staat selbst ab, da dieser Holzmagazine nicht so reichlich zu dotieren im stande sei, daß dem gesamten Brennholzbedürfnisse damit entsprochen werden könne und weil die Kosten der Verwaltung und Regie zu groß sein würden.

Die Regierung zeigte sich also zur Neuanlage von Holzmagazinen nicht geneigt, sie ging im Gegenteil daran, bestehende Anlagen aufzulösen.

So wurde 1860 der im Jahre 1767[47]) für das auf der Amper getriftete Holz angelegte Holzgarten zu Dachau und in der Folge noch eine Anzahl weiterer Holzhöfe aufgehoben.

Von den bestandenen Holzmagazinen[48]) sind heute nur mehr in Betrieb: in Oberbayern die Holzhöfe zu München und Reichenhall, sowie zwei Triftholzumschlageplätze zu Weilheim und Ostin bei Gmund, dann die Holzhöfe zu Passau und Fürsteneck in Niederbayern und zu Speyer und Frankenthal in der Rheinpfalz.

---

[46]) Landtagsverh. 1851/52, Stenogr. Berichte der K. d. Abg. Bd. I, S. 259, 572 ff.

[47]) Mayr, G.-S. Bd. I, 1784, S. 337.

[48]) In der „Forstverwaltung Bayerns", München 1861, sind als damals bestehend noch folgende Holzmagazine genannt: Rosenheim (S. 296), Würzburg (S. 311), dann in der Rheinpfalz Neustadt, Mutterstadt (S. 313), Annweiler, Landau (S. 315), Wilgartswiesen, Kaltenbacherhof (Holzausschlageplatz, S. 317).

B. Zollordnungen und Holzzolltarife.

1. 1765 bis 1799.

Die chaotischen Zustände, die das bayerische Mautwesen beherrschten, erfuhren im Jahre 1764 die langersehnte Reorganisation durch die Einführung einer neuen Maut- und Akzisordnung vom 29. November 1764, welche am 1. März 1765 in Wirksamkeit trat. Dieselbe war vom Jahre 1769--1774 auch in der Oberpfalz und in Leuchtenberg in Geltung. Sie brachte einen epochemachenden Fortschritt gegenüber dem seitherigen Zustande durch die Verlegung der Zollerhebung an die Grenze und durch die Einheitlichkeit des Tarifes für das ganze Land. Nur das Weggeld für Essitogüter war an den Mautstätten des Binnenlandes zu erlegen. Zur Berechnung der Transitomaut und des Weggeldes diente eine Mautkarte, in welcher die Kommerzialstraßen, Mautstationen und Stationsentfernungen zu ersehen waren. Die zollpflichtigen Waren und die davon zu leistenden Abgaben waren in einem alphabetisch geordneten Register, einem sehr detaillierten Warenlexikon, aufgeführt. Die früheren Zollstätten wurden bedeutend vermindert und 59 Hauptmautämter und 70 Wehrmautstationen festgesetzt, während im Jahre 1764 noch 106 Hauptmautämter, 104 Wegzoll- und 178 Aufschlag-, Neuzoll- und Akzisämter, sowie 304 Wehr- oder Beimauten bestanden[49]). Die Tarifsätze waren bei den meisten Artikeln nach dem Sporkozentner, bei einigen nach dem Wert oder nach der Stückzahl angesetzt; letzteres war auch beim Holz der Fall. Die Abgaben zerfielen in Transito-, Konsumo- und Essito-Mautgebühren und in Konsumo- und Essito-Akzise; die Konsumo-Akzissätze waren abgestuft nach dem Grade der Notwendigkeit, Nützlichkeit, Überflüssigkeit oder Schädlichkeit der Gegenstände für die Landesnahrung und die inländischen Gewerbe, die Essito-Akzise nach Maßgabe der Entbehrlichkeit der Waren für die Lebenshaltung des Volkes oder ihrer Fähigkeit für die Bearbeitung im Lande. Ferner gab es ein Weggeld für die Benützung der erhobenen Chausseen und Straßen, wie es im Prinzipe schon im Weggeld-Regulativ vom 20. Dezember 1753 eingeführt worden war[50]).

Die neue Maut- und Akzisordnung war im Geiste des Merkantilismus aufgebaut. Ihr Ziel war die Erreichung einer günstigen Handelsbilanz zur Mehrung des Nationalreichtums durch Steigerung des Geldeinflusses und Verhinderung des Geldausganges. Die Tarife

[49]) Schmelzle, Staatshaushalt des Herzogt. Bayern im 18. Jahrh., S. 104, 106.

[50]) Mayr, Gen. Sammlg. Bd. I, 1784, S. 550.

begünstigten die Interessen von Gewerbe und Industrie gegenüber der Urproduktion des Bodens in der Absicht, die Erzeugnisse der letzteren durch hohe Ausfuhrabgaben im Lande zurückzuhalten, damit der Bedarf der ersteren in genügender Menge und zu billigem Preise nachhaltig versorgt werden könnte. Dies mußte in einem vorwiegend agrarischen Lande, wie Bayern es war, zum Niedergang der Rohproduktion, welche den Hauptanteil am Aktiv-Außenhandel hatte, führen. Andererseits aber wurden, wenngleich in geringerem Grade, auch Handel und Gewerbe durch Ausfuhrzölle auf ihre Erzeugnisse und durch Polizeiverordnungen in ihrer Bewegungs- und Ausdehnungsfreiheit gehemmt, sodaß es schwer zu verstehen ist, wie man aus einer solchen Knebelung aller einzelnen Erwerbszweige die Wohlfahrt des großen-Ganzen erwarten konnte.

Die Pflege gegenseitiger Beziehungen zu fremden Staaten war der Handels- und Zollpolitik jener Zeit, die von dem Grundsatze ausging, daß ein Volk im Handel nur durch den Schaden des andern gewinnen könne, völlig fremd. So kannte auch die bayerische Zollpolitik keinerlei handelsfreundliche Verhältnisse, weder zu einem Grenznachbarn noch zu entfernteren Staaten. Der Schwabe und selbst der Oberpfälzer galten ihr als Fremde so gut wie jeder Franzose oder Österreicher. Selbst als das Herzogtum Oberpfalz und die Landgrafschaft Leuchtenberg, sowie die Herzogtümer Neuburg und Sulzbach mit Bayern in Verbindung getreten waren, standen sie dem eigentlichen Altbayern, abgesehen von kleinen Vergünstigungen, in Handelssachen als fremde Länder gegenüber; ihre Untertanen waren in Bayern Fremde. Sie erhielten besondere, im Jahre 1774[51]) bezw. 1787[52]) erlassene Maut-Tarife.

Nur mit einigen geistlichen Fürsten, deren Gebiete eigentlich als bayerische Inklaven gelten konnten, wie die Hochstifte Freising, Passau u. a., bestanden Handels- und Zollvereinbarungen[53]).

---

[51]) Mdt. v. 26. I. 1774, Mayr, G.-S. Bd. III, 1788, S. 481.

[52]) Mdt. v. 24. I. 1787 und 12. V. 1787, Mayr, G.-S. Bd. III, 1788, S. 477, 500.

[53]) Rezesse zwischen Bayern und Hochstift Passau v. J. 1608, 1690, Vertrag v. 24. III. 1767. Vertrag zwischen Bayern und Freising für das Hochstift Freising v. 21. V. 1718 und für die Grafschaft Werdenfels v. 27. VIII. 1718. Verträge v. 7. IV. 1759 und vom 18. VIII. 1762. Kgl. b. allg. Reichsarchiv; Hochstift Passau Nr. 583. Stck. 15, 17, 18, 61, 137. — Kommerzialkontrakt zw. Bayern u. Freising v. 10. VII. 1765; Verhandlungen hierüber vom Jahre 1769, 17. I. 1771. (Kündigung und Auflösung der Akziskonvention. Kgl. bayer. allg. Reichsarchiv. Hochstift Freising III, E. I, Nr. 63; III, E. I, Nr. 64.)

Mit Kurpfalz wurde im Jahre 1770[54]) ein Mautvertrag geschlossen, durch welchen die bayerische Mautbehandlung in den nordgauischen Landdistrikten eingeführt und gegenseitige Vergünstigung in einigen Punkten eingeräumt wurde.

Bei der Betrachtung der Holzzölle der Maut- und Akzisordnung vom 29. November 1764 sind, außer den fiskalischen Tendenzen des ganzen Zollsystems, vor allem zwei Punkte zu berücksichtigen, welche die damalige Holzzollgesetzgebung auf eine wesentlich andere Basis stellen als die heutige.

Der eine Punkt betrifft die Transportmittel, welche dem Holzverkehr zu jener Zeit zu Gebote standen. Die damaligen Verkehrsverhältnisse versagten dem Holztransport die Beweglichkeit, welche er in den Wasser- und Schienenwegen von heute findet. Die Holzhandelsrichtung war hauptsächlich von der Laufrichtung der Flüsse vorgeschrieben; die Transportfahrzeuge waren Flöße und schlechte Schiffe, welche zur Fahrt gegen den Strom meist ungeeignet waren. Daß die Landfracht nur in begrenztem Umfange in Frage kam, liegt in der Natur des Gegenstandes. Bei der Gestaltung des bayerischen Flußsystemes war deshalb der Einfuhr von Holz nach Bayern eine sehr beschränkte Rolle eingeräumt; die Ausfuhr stand weitaus im Vordergrund und zog damals in hervorragendem Maße die Aufmerksamkeit des Gesetzgebers auf sich, welcher einerseits die ihr günstigen natürlichen Bedingungen durch hohe Zölle und andere Prohibitivmaßnahmen unwirksam zu machen suchte — denn die Ausfuhr galt als Unglück für ein Land —, andererseits aber auch eine Quelle finanzieller Erträge für die Staatskasse in ihr sah.

Die Ausfuhr bayerischen Holzes ging fast ausschließlich nach Österreich, welches durch die Wasserstraßen der Donau und deren Nebenflüsse die natürlichste Absatzrichtung darbot, also in jenes Land, welches heute unter den veränderten Verkehrsmöglichkeiten auf dem Wasser- und Eisenbahnwege in hervorragendstem Maße an der Holzeinfuhr nach Bayern beteiligt ist.

Der zweite Punkt liegt in den Anschauungen jener Zeit über die Waldwirtschaft und deren Produktion, welche die damalige Holzzollpolitik beeinflußten.

Die Waldwirtschaft jener Wirtschaftsperiode verfolgte wesentlich andere Ziele als die moderne. Letztere arbeitet, soweit spezielle Nebenrücksichten nicht eine Modifikation erfordern, vorzüglich im

---

[54]) Mdt. v. 27. VII. 1770. Mayr, G.-S. Bd. I, 1784, S. 640.

Interesse der Erzielung eines möglichst großen Reinertrages aus der Benutzung des zur Holzzucht dienenden Grund und Bodens. Jener hingegen war als allgemeine Aufgabe die Erzeugung der Holzmasse gestellt, welche zur nachhaltigen und um einen billigen Preis möglichen Befriedigung sämtlicher, nach staatswirtschaftlichen Grundsätzen anerkannter Holzbedürfnisse erforderlich war; die Erwirtschaftung einer Bodenrente lag nicht in ihren Zielen.

Dem Merkantilismus war die Produktion der Forstwirtschaft keine Werterzeugung; als werterzeugend galten ihm allein Handel und Gewerbe, welchen die Urproduktion des Bodens zur Grundlage dienen mußte.

Entsprechend den veränderten Wirtschaftsgrundsätzen kommt auch dem Holzzolle zu verschiedenen Zeiten eine verschiedene Aufgabe zu. Die leitenden Motive der heutigen Holzzoll-Gesetzgebung sind der Schutz der Waldwirtschaft und der Holzindustrie gegenüber der auswärtigen Konkurrenz; von dem merkantilistischen Holzzolle hingegen wurde in erster Linie verlangt, daß er das im Lande produzierte Holz wie auch die Halbfabrikate des Holzes, die im großen und ganzen dem Rohholze gleich behandelt wurden, zugunsten der heimischen holzverbrauchenden und -veredelnden Gewerbe- und Industriezweige und der allgemeinen Konsumtion im Inland zurückhalte. Sein Schwergewicht lag im Ausfuhrzolle.

Der kurpfalz-bayerische Forstinspektor J. G. v. Seutter, ein hervorragender Vertreter des Merkantilismus in der Forstwirtschaft, stellte noch im Jahre 1804 folgende Sätze auf, welche die merkantilistische Auffassung von der Bedeutung des Holzes als eines wirtschaftlichen Gutes wiedergaben: „Holz aller Art wird in dem Maße höheres Bedürfnis eines jeden Staates, in welchem die physische Beschaffenheit seines Bodens weniger Surrogate für dasselbe darbietet, oder die Temperatur seines Klimas, sein Bevölkerungszustand und der Betrieb seiner Gewerbe die Holzkonsumtion vergrößern, es ist in allen diesen Fällen Vehikel der Produktion, ohne daß es selbst Gegenstand derselben wird, und seine Verschaffung in erforderlichem Maße im Lande selbst also auch unerläßliche Notwendigkeit[55])“; „die Waldprodukte eigenen sich niemals zu Gegenständen des inneren Handels“ [56]). Nach ausführlicher Beweisführung hierüber kommt er zu dem „unzubezweifelnden Resultat, daß sowohl zu Erhaltung und

[55]) v. Seutter, Versuch einer Darstellung der allg. Grundsätze der Forstwirtschaft usw., Ulm 1804, S. 44.

[56]) v. Seutter, Versuch usw. S. 78.

Beförderung der Produktion im allgemeinen als auch zum Vorteile der Staatskasse, die Holzbedürfnisse nach bestimmten, mit den respektiven Produktionskräften in Relation stehenden, und nach den Kosten des Transportes sich modifizierenden Preisen befriedigt werden müssen, niemals aber als Gegenstände des inneren Handels betrachtet und subhastationsweise erworben werden können"[57]. Es galt als eine Aufgabe des Staates, dafür Sorge zu tragen, daß kein Mangel an den Hilfsmitteln des möglich größten Gelderwerbs, also auch an Holz, entstehe, damit die allgemeine Produktion nicht beschränkt oder vermindert werde. Deshalb sollte der Staat die Erzeugung dieser Gegenstände unter Ausschließung der Privatproduktion für sich allein in Anspruch nehmen[58]. Da aber die Durchführung dieses Gedankens praktisch nicht möglich schien, so sollte durch Ausfuhrbeschränkungen die Zurückhaltung einheimischer Erzeugnisse im Lande zugunsten der allgemeinen Produktion erreicht werden.

Dies waren ungefähr die staats- und volkswirtschaftlichen Anschauungen, welche bei der Aufstellung des Zolltarifes für die Ein- und Ausfuhr des Holzes im allgemeinen maßgebend waren. Ihnen entsprachen also in erster Linie hohe Ausfuhrzölle, damit das Holz im Lande in genügender Menge und zu billigen Preisen käuflich sei. Eine naheliegende Konsequenz dieses Gedankens wäre die Freilassung der Holzeinfuhr zugunsten der Konsumtion gewesen, zumal zu einer Zeit, wo Klagen über Holzmangel gang und gebe waren. Wenn diese nicht eintrat, so mögen neben dem Bestreben, durch die Einfuhr schädlichen Geldausfluß aus dem Lande hintanzuhalten, Rücksichten auf das finanzielle Erträgnis des Zolles mitbestimmend gewesen sein, deren Einfluß übrigens auch in der Festsetzung der hohen Ausgangsabgaben zu erkennen ist.

Reine Finanzzölle waren die Transito-Mautgebühren für das Holz. Allgemein galt zwar als Grundsatz, „Soviel die Mauttariffa für die durchgehende Güter anbelangt, sich dabey aller Steiger- und Höherung der hergebrachten Gebühr gänzlich zu enthalten; nicht nur weil solches die Reichsgesetze erfordern und man sich sonsten gar leicht viele unangenehme Weiterungen zuziehen würde, sondern auch, und vielmehr, weil man dabey in die größte Gefahr läuft, den Transitum der zuviel beschwerten Waaren zu verlieren"[59].

„Jedoch", sagt der Verfasser des Planes über die Zollreform

---

57) v. Seutter, Versuche usw. S. 80.

58) v. Seutter, Versuche usw. S. 23.

59) System. Plan S. 28, § 56.

weiter[60]), „es leidet hier billig seine Ausnahme; denn in jenem Falle, wenn entweder die Lage der Länder oder die Schwere der Waaren mit sich bringet, daß sie bey uns durchgeführt werden müssen, ohne einen andern Weg nehmen und uns ausweichen zu können: wäre es wohl ein Überfluß, und eine kaum zu verantwortende Vernachlässigung der Vorteile, die uns die Natur geschenkt, wenn wir gleichwohl mit Facilitirung der Durchfuhrmäuten zu Werke gehen wollten. Die Regierung ist es sogar schuldig, dergleichen natürliche Vortheile nicht aus der Hand zu lassen, weil diese mit zu dem Vermögen des Staates gehören, von welchem ihr Pflichten halber obliegt, soviel möglich den besten Gebrauch zu machen".

Unter diese Ausnahmen fiel der Holztransit, denn die an der Holzdurchfuhr durch Bayern interessierten Länder, als Schwaben, Württemberg[61]), Tirol, waren bei ihrem Handel nach Wien lediglich auf die Benützung der bayerischen Wasserstraßen angewiesen, und mußten sich den von Bayern diktierten Bedingungen unterwerfen, wenn sie auf jenen Holzhandel nicht völlig verzichten wollten.

Der Bemessung der Tarifbeträge wurden im allgemeinen Mittelsätze zugrunde gelegt, welche aus Zusammenstellungen der alten Zollrollen erhoben wurden. Fast durchgängig wurde das wertvollere Hartholz und die Schnittwaren aus demselben höher belegt als das Weichholz, mehrfach bis zum doppelten Betrage. Bei der Transitmaut für das Holz kamen die oben besprochenen Gesichtspunkte zum Einfluß. Für die Essitomaut der in der Neuzollinstruktion vom Jahre 1548 benannten Gegenstände, zu welchen auch das Holz gehörte, bildete der duplierte Neuzoll die Grundlage, an welche die Durchschnittssätze der übrigen Ausgangsgebühren angeschlossen wurden.

Bei den Konsumo-Akzisen wurde das Holz unter die erste niederste Klasse, d. i. unter die unentbehrlichen oder sonst notwendigen Produkte mit dem Normalsatze von $^1/_2$—$1^1/_2$ % des Wertes, bei den Essitoakzisen der ersten und höchsten Klasse, nämlich der der Gegenstände, welche das Land zum eigenen Verbrauch bedürfte und deren die Gewerbe unbeschadet ihres Nahrungsstandes nicht wohl entraten könnten, mit einem Belegungssatze von 10 bis 15 bis 20 bis 25 % des Wertes eingereiht.

Die Holzzollsätze der Maut- und Akzisordnung von 1764 werden in der nächststehenden Tabelle, nach rohem und bearbeitetem Nutzholz und nach Brennholz gruppiert, aufgeführt.

---

[60]) System. Plan S. 29, § 57.

[61]) Das Dorf Aitrach im schwäbischen Kreis der Herrschaft Marstetten z. B. unterhielt eine Floßfahrt nach Wien; Stahl, Forstmagazin Bd. II, S. 325.

Ordinari Mauthgebühr	Per Transito				Per Consumo				Per Essito			
	Von jeder Station				Einmal				Einmal			
	zu Wasser		zu Land		zu Wasser		zu Land		zu Wasser		zu Land	
	kr.	pf.	kr.	pf.	kr.	pf.	kr.	pf.	kr.	pf.	kr.	pf.
Rohnutzholz.												
a) Eichen und Hartholz, Bau- und Schneidstämme, vom Stck. .	12	—	12	—	3	—	1	2	58	—	58	—
b) Werkholz, Stämme u. Blöcher (zu Künstler- u. Handwerkerzwecken), vom Stck. . . .	12	—	12	—	6	—	4	—	58	—	58	—
c) Fichten, Föhren, Tannen-Bau- u. Schneidstämme, vom Stck.	4	2	4	2	2	—	1	—	21	—	21	—
d) 1 Floß zu 20 Stämmen, mit wenigstens 40 Ztr. Kaufmannsgut beladen	10	—	—	—	20	—	—	—	10	—	—	—
e) 1 Floß leer oder mit Kaufmannsgut unter 40 Ztr. oder mit Holzladung	16	—	—	—	16	—	—	—	48	—	—	—
f) Stangen (Leiter-, Ruder-, Hopfen-, Fasolenstangen), vom Hundert	3	2	2	2	1	—	—	2	21	—	18	—
g) Reifholz und Reifstangen, v. Pfd. zu 240 Stck.	6	—	6	—	1	2	1	—	21	—	18	—
h) Faschinen (Nutzreißig), lose oder gebunden, vom Fuder .	2	2	2	2	—	2	—	2	18	—	16	—
i) Werkholz (gekloben oder geschnitten), nämlich Zaunspelten, Dielsäulen, Müsselholz zu Schindeln, v. Fuder (zu 4 Pferd.)	4	2	4	2	1	2	1	—	21	—	18	—
k) Kiefholz zu Schiffbau und Krummholz für Wagner, vom Fuder	4	2	4	2	1	2	1	—	21	—	18	—
Nutzholz, bearbeitet.												
a) Geschnittene Ware von hartem Holz, als Bretter, Dielen, Läden, Pfosten, Rähmlinge, vom Hundert	50	—	50	—	12	2	12	2	58	—	58	—
b) Desgl. von Fichten- od. Tannenholz	25	—	25	—	6	1	6	1	37	2	37	2
c) Daufeln von Eichen- od. Hartholz, vom Pfd. zu 240 Stck.	18	—	18	—	9	—	9	—	58	—	58	—

Ordinari Mauthgebühr	Per Transito — Von jeder Station — zu Wasser kr.	pf.	zu Land kr.	pf.	Per Consumo — Einmal — zu Wasser kr.	pf.	zu Land kr.	pf.	Per Essito — Einmal — zu Wasser kr.	pf.	zu Land kr.	pf.
d) Daufeln von Fichten- od. and. Weichholz, v. Pfd. zu 240 Stck.	9	—	9	—	4	2	4	2	36	—	36	—
e) Dachschindeln von Eichen, Föhren, Lärchenholz, vom Tausend	18	—	18	—	2	2	2	2	58	—	58	—
f) Schindeln von Fichten- und Tannenholz, vom Tausend .	9	—	9	—	1	2	1	2	36	—	36	—
g) Bretterwaren, geringere unter 1 Zoll stark, von Fichtenholz sowie Fichten-Schwärtlinge, vom Hundert	12	2	12	2	6	1	6	1	25	—	25	—
h) Latten von hartem Holz, vom Hundert	12	2	12	2	6	1	6	1	21	—	18	—
i) Latten von Fichtenholz, vom Hundert	4	2	4	2	1	2	1	2	21	—	18	—
k) Gebohrte Brunnteichen, v. Stck.	4	2	4	2	1	2	1	—	21	—	18	—
l) Geschnittene Reifen zu Faß- und Kufbinden, vom Pfd. .	6	—	6	—	1	2	1	—	21	—	18	—
m) Reifbänder, Weiden, ganz od. geschnitten, vom Fuder . .	4	2	4	2	1	2	1	—	12	—	10	—
n) Holzwaren, vom Sporkozentner	6	—	3	—	18	—	9	—	18	—	9	—
Brennholz.												
a) Brennholzstämme (Lichtbäume, Kienbäume zum Spänemachen), vom Stck.	5	—	5	—	2	—	1	—	21	—	21	—
b) Brennholz, hartes (Birken, Buchen, Eichen, Erlen, Föhrenholz), von der Klafter (3½-schuhige Scheiterlänge) . .	4	2	3	—	1	2	1	—	21	—	18	—
c) Brennholz, weiches (Aspe, Fichte, Linde, Tanne), v. d. Klaft.	3	2	2	2	1	—	—	2	18	—	15	—
d) Brennholz-Mischling (Ast-, Stock-, Obholz, zerhackt), v. Fuder mit 4 Pferden . . .	3	2	2	2	1	—	—	2	21	—	18	-
e) Kienholz, gekloben zu Spänen oder Scheitern, vom Gefäß .	2	2	2	2	1	2	1	—	12	—	12	—
f) Bauschen, auch Schaiten und Späne, zum Brennen, v. Fuder	2	2	2	2	—	2	—	1	18	—	16	—

Ordinari Mauthgebühr	Per Transito				Per Consumo				Per Essito			
	Von jeder Station				Einmal				Einmal			
	zu Wasser		zu Land		zu Wasser		zu Land		zu Wasser		zu Land	
	kr.	pf.	kr.	pf.	kr.	pf.	kr.	pf.	kr.	pf.	kr.	pf.
Schiffe zahlten unter dem Namen „Bodenrecht“ beim Antritt eines Stromes einmal als Wasserzoll:												
Stromabwärtsfahrend für 1 Klafter der Länge und 1 Schuh der Breite am weitesten Ort . .	—	1	—	—	—	1	—	—	—	1	—	—
Stromaufwärtsfahrend, desgl. . .	—	2	—	—	—	2	—	—	—	2	—	—
und von jedem dabei gehenden Pferde	2	—	—	—	2	—	—	—	2	—	—	—
Lohrinden, zum Lohemachen, und zwar eichene, vom Gefäß	3	—	2	—	1	—	—	2	19	—	16	—
Feichtene, vom Gefäß	3	—	2	—	—	2	—	1	19	—	16	—
Lohe, gemahlen, oder gestoßene Lederlohe, und zwar eichenes, vom Scheffel	3	—	2	—	1	2	1	—	19	—	16	—
Feichtenes, vom Scheffel . . .	3	—	2	—	1	—	—	2	19	—	16	—

Nach der Instruktion für die Mautämter vom 24. September 1765[62]) wurde von den Berchtesgadener und anderen nach dem Gewichte belegten Holzwaren, welche nicht in einer Verpackung, wie Fässern, Säcken usw., sondern offen erschienen, ein Viertel der Transitomaut erhoben, während es bei derlei verpackten Gütern bei der ganzen tarifmäßigen Gebühr verblieb.

[62]) Mayr, G.-S. Bd. III, 1788, S. 400, Ziff. 14.

Die Akzise wurden vom Holze nach folgendem Tarife erhoben:

Allgemeine Accisgebühr			Per Consumo Einmal fl.	kr.	pf.	Per Essito Einmal fl.	kr.	pf.
Rohnutzholz.								
a) Eichen- u. Hartholz, Bau- und Schneidstämme b) Werkholzstämme für Künstler und Handwerker	vom Stück mit Anzeige der Qualität u. des Preises	α) von jed. Schuh der Länge .	—	—	1	—	3	—
		β) von jed. Zoll des Zopfdchm.	—	—	1	—	2	2
c) Fichten-, Föhren-, Tannen-, Bau- und Schneidstämme mit über 8 Zoll Zopfdchm.	wie oben	α) wie oben . .	—	—	1	—	1	—
		β) wie oben . .	—	—	1	—	1	2
desgl. bis 8 Zoll Zopfdurchmesser	wie oben	α) wie oben . .	—	—	1	—	—	2
		β) wie oben . .	—	—	1	—	1	—
d) Flöße zu 20 Stämmen mit über 40 Ztr. Kaufmannsgut e) Desgl. leer oder mit weniger als 40 Ztr. Kaufmannsgut oder mit Holz beladen	mit Anzeige der Bäume, des Floßes u. des Preises	vom ganzen Floß	—	10	—	—	5	—
von Bäumen über 8 Zoll Durchmesser wie oben c								
von Bäumen bis zu 8 Zoll Zopfdurchmesser wie oben c								
f) Stangen (Leiter-, Ruder-, Fasolenstangen) mit Anzeige des Preises vom Stck.			—	—	1	—	1	—
g) Reifholz, Reifstangen mit Anzeige des Preises von jedem Schuh der Länge, vom Pfd. zu 240 Stck. . .			—	—	1	—	12	—
h) Faschinen (Reisig) lose oder gebunden, mit Anzeige des Preises vom Fuder zu 4 Pferden			—	—	1	—	8	—
i) Werkholz (gekloben und geschnitten), nämlich Zaunspelten, Dielsäulen und Müsseln zu Schindeln, von jedem Schuh der Schaltenlänge vom Klafter zu 6 Schuh Höhe und Weite			—	—	1	—	8	—
k) Kiefholz zum Schiffbau und Krummholz für Wagner vom Stck. nach Anzeige des Preises, für jeden Schuh der Länge			—	—	1	—	—	2
Nutzholz, bearbeitet.								
a) Geschnittene Ware v. hartem Holz, Bretter, Dielen, Läden, Pfosten, Rähmlinge	vom Stück mit Anzeige der Qualität u. des Preises	α) vom Schuh der Länge .	—	—	—	—	—	1
		β) vom Zoll der Dicke . . .	—	—	1	—	1	—

Allgemeine Accisgebühr	Per Consumo Einmal fl.	kr.	pf.	Per Essito Einmal fl.	kr.	pf.
Nutzholz, bearbeitet.						
b) Geschnittene Ware v. Fichten u. Tannenholz — vom Stück mit Anzeige des Preises — α) vom Schuh der Länge .	—	—	—	—	—	1
β) vom Zoll der Dicke . . .	—	—	1	—	—	2
c) Daufeln von Eichen und Hartholz, à Pfd. zu 240 Stck., von jedem Schuh der Daufellänge mit Anzeige des Preises	—	1	—	—	24	—
d) Daufeln von Fichten- und anderem Weichholz, à Pfd. zu 240 Stck., von jedem Schuh der Daufellänge mit Anzeige des Preises	—	—	2	—	8	—
e) Dachschindeln von Eichen-, Föhren-, Lärchenholz mit Anzeige des Preises vom Tausend	—	2	2	1	30	—
f) Dachschindeln von Fichten- und Tannenholz mit Anzeige des Preises vom Tausend	—	1	2	—	36	—
g) Bretterware geringere, unter 1 Zoll stark, von Fichtenholz, sowie Fichten-Schwärtlinge, mit Anzeige des Preises von Hundert	—	6	1	—	25	—
h) Latten aus hartem Holz — vom Stück mit Anzeige der Qualität u. des Preises — α) von jed. Schuh der Länge .	—	—	—	—	—	1
β) von jed. Zoll der Dicke .	—	—	1	—	—	2
i) Latten aus Fichtenholz mit Anzeige des Preises vom Hundert	—	2	2	—	25	—
k) Gebohrte Brunnteichen — vom Stück mit Anzeige des Preises — α) von jed. Schuh der Länge .	—	—	1	—	1	2
β) von jed. Zoll des Zopfdchm.	—	—	1	—	1	2
l) Geschnittene Reifen zu Faß- und Kufbinden, à Pfd. zu 240 Stck., nach Anzeige des Preises von jedem Schuh der Länge	—	—	1	—	6	—
m) Reifbänder, Weiden, ganz oder geschnitten, mit Anzeige der Büscheln zu 3 Schuh Umfang, vom Guldenwert .	—	—	2	—	1	—
n) Holzwaren, mit Anzeige der Sachen und der dabei verwendeten mehr oder weniger teueren Holzgattung und Arbeit, vom Guldenwert	—	6	—	—	—	1
Brennholz.						
a) Brennholzstämme (Lichtbäume, Kienbäume zum Spänemachen) vom Stck mit Anzeige des Preises						
α) von jedem Schuh der Länge	—	—	1	—	—	2
β) von jedem Zoll des Zopfdurchmessers	—	—	1	—	—	3

Allgemeine Accisgebühr	Per Consumo Einmal fl.	kr.	pf.	Per Essito Einmal fl.	kr.	pf.
Brennholz.						
b) Brennholz, hartes mit Anzeige des Preises, pro Klafter (3½ schuhige Scheiterlänge)	—	1	2	—	30	—
c) Brennholz, weiches mit Anzeige des Preises, pro Klafter (3½ schuhige Scheiterlänge)	—	1	—	—	15	—
d) Brennholz, Mischling (Ast-, Stock-, Obholz zerhackt) vom Fuder mit 4 Pferden	—	1	1	—	20	—
e) Kienholz, gekloben zu Spänen oder Scheitern mit Anzeige des Preises, vom Gefäß zu 6 Schuh Länge, 4 Schuh Weite, 3 Schuh Tiefe	—	1	2	—	12	—
f) Bauschen, auch Schaiten und Späne zum Brennen, mit Anzeige des Preises vom Fuder mit 4 Pferden	—	1	—	—	8	—
Schiffe. Neue Schiffe (für Kauf oder Verkauf): von jedem Fahrzeuge mit Anzeige des Preises						
α) von jedem Schuh der Länge	—	1	—	—	—	2
β) von jedem Schuh der Breite am weitesten Ort	—	6	—	—	3	—
Alte Schiffe: in gleicher Weise						
α) von jedem Schuh der Länge	—	—	2	—	—	1
β) von jedem Schuh der Breite am weitesten Ort	—	3	—	—	1	2
Lohrinden, zum Lohe machen, und zwar						
Eichene mit Anzeige des Preises vom Gefäß	—	1	—	—	30	—
Fichtene mit Anzeige des Preises vom Gefäß	—	—	2	—	20	—
Lohe, gemahlen oder gestoßenes, Lederlohe, und zwar						
Eichenes mit Anzeige des Preises vom Scheffel	—	1	2	—	36	—
Fichtenes mit Anzeige des Preises vom Scheffel	—	1	—	—	24	—

Die Anzeige der Qualität und des Preises der Holzsortimente bei der Verakzisierung hatte für die Zollabfertigung selbst keinen Belang; sie sollte lediglich die Grundlage für die Berechnung des Aktiv- und Passivstandes der Handelsbilanz, des merkantilistischen Dogmas für die Beurteilung der Wohlfahrt eines Landes, geben.

Daß die Schiffsfahrzeuge, die ja auch von der freien Ausfuhr ausgeschlossen waren, maut- und akzispflichtig waren, hängt damit zusammen, daß sie, wie oben (Seite 69) geschildert, nicht ein bleibendes Betriebsinstrument der Schiffahrt waren, sondern nach der Talfahrt als Brennholz verkauft wurden. Die auf die Schiffe gelegten Abgaben sind daher ihrer praktischen Wirkung halber eigentlich als Holzzölle und -Akzise anzusehen.

Für den Holztransport auf dem Lande kam auch das Weggeld in Betracht. Der Satz für die beladenen Güterfuhrwerke wurde im 1764[63]) gegenüber dem Weggeldregulativ vom 20. Dezember 1753[64]) von 2 kr. pro Pferd und Meile erhobenen Weges auf 2 Pfg. pro Mähnstück und Stunde ermäßigt. Dieses Weggeld verschwand jedoch schon bald mit der Surrogierung desselben durch die am 25. Oktober 1765 eingeführte sog. Menatanlage[65]).

An dem vorstehenden Tarife fällt vor allem die weitgehende Detaillierung auf; alle im Handel damals üblichen und gangbaren Sortimente werden vorgeführt. Diese Gliederung des Tarifes nach den Sortimenten verleiht wohl der Zollbehandlung ein wünschenswertes Maß der Einheitlichkeit und Sicherheit, die besonders nach den unsteten alten Zollregistern angenehm empfunden worden sein mag. Bei den Akzisen jedoch verliert sich die Gebührenberechnung in einem Grade ins kleinliche, daß die praktische Durchführung in zolltechnischer Hinsicht sehr schwierig und umständlich wurde. War z. B. eine ins Ausland gehende Ladung Eichenstammholz, die nicht schon nach Stammklassen sortiert war, zu verzollen, so mußte der Zollbeamte, wenn er gewissenhaft war, Länge und Zopfdurchmesser jedes einzelnen Stammes erheben, um die Unterlagen für die Akzisgebührberechnung zu erhalten. Waren etwa die Dimensionen eines Stammes mit 30 Schuh Länge und 15 Zoll Zopfdurchmesser ermittelt, so berechnete sich die Ausfuhrabgabe für diesen Stamm:

a. aus der Akzisgebühr:	30 × 3 kr.	=	1 fl. 30 kr.
	15 × 2 „ 2 Pfg.	=	40 „
b. aus der Mautgebühr:			58 „
also im ganzen auf:			3 „ 8 „

Geschah der Transport dieser Eichen auf einem Floße, so war auch von den Floßbäumen Länge und Zopfstärke zu messen, um die Akzisgebühr danach bestimmen zu können. Die Zollbehandlung eines derartigen Holztransportes war also eine sehr komplizierte und schwerfällige und stellte sehr hohe Anforderungen an den Pflichteifer und die Verlässigkeit der Beamten. Ähnlich war es bei Latten und Bretterwaren und anderen bearbeiteten Nutzholzgegenständen.

Vom theoretischen Standpunkte aus kann dieser Akzisberechnungsmethode allerdings zugestanden werden, daß ihr in den Längen-

[63]) Mayr, G.-S. Bd. I, 1784, S. 588.
[64]) Mayr, G.-S. Bd. I, 1784, S. 550.
[65]) Kreittmayr, G.-S. Bd. 1771, S. 198.

und Zopfmaßen die besten Faktoren der Qualitätsbemessung der Stammhölzer zugrunde lagen (vergl. die Heilbronner Sortierung der Nadelhölzer).

Der Holz-Maut- und Akzistarif vom Jahre 1764 wurde mit Mandat vom 9. Oktober 1769[66]) auch für das Herzogtum Oberpfalz und die Landgrafschaft Leuchtenburg eingeführt. Unter den Modifikationen, welche der Tarif für diese Gebiete erfuhr, ist zu erwähnen, daß für unverpackt transportierte Holzwaren die Konsumomautgebühr zu Wasser und zu Lande und die Transitomautgebühr zu Wasser auf den Viertelbetrag ermäßigt wurde[67]). Im übrigen mußte im Handel aus der Oberpfalz nach Kurbayern die Essitomaut, dann die Konsumomaut und -Akzise entrichtet werden, ferner für den Transitverkehr aus der Oberpfalz durch Bayern in der Oberpfalz die Essito- und in Bayern die Transitogebühr. Letztere Maßregel rief Klagen über die Verteuerung des Holzverkehrs aus der Oberpfalz nach Regensburg hervor[68]).

Der am 26. Jänner 1774[69]) für die Oberpfalz und Leuchtenberg mit Geltung ab 1. März 1774 erlassene und durch Mandat vom 24. Jänner 1787[70]) auch auf Neuburg[71]) und Sulzbach erstreckte Provisional-Mauttarif, wie auch der nur in einzelnen Positionen

[66]) (Kreittmayr), G.-S. 1771, S. 377.

[67]) Supplement v. J. 1769 zur bayer. Maut- u. Akzisordnung v. 1764; Mayr, G.-S. Bd. III, 1788, S. 411.

[68]) Rechtmäßigkeit usw. Chur- und Reichsfürsten-Rathsprotokolla und Conclusa, S. 55, 56.

[69]) Mayr, G.-S. Bd. III, 1788, S. 481.

[70]) Mayr, G.-S. Bd. III, 1788, S. 477.

[71]) Über die Zolltarife des Herzogtums Neuburg wurde im Jahre 1779 auf Grund alter Akten eine sehr eingehende Denkschrift ausgearbeitet: „Conspect Herzogtum Neuburgischer alter und neuer Zolltariffa: Welcher gestalten nemlich vermög des von Sr. Durchlaucht Ludwigen Pfalzgrafen bey Rhein, des hl. römischen Reiches Erztruchsessen und Churfürsten, Herzogen in Bayern etc. unterm 6. July anno 1577 zu Jedermanns Nachricht in Druck gelegten Verzeichnisses, von allen Gütern, Feilschaften und Pfennwerten die hergebrachte vorige alte nicht erhöhte Neuburgische Zölle zu Wasser und Lande zu erheben wären und wie solche nach Maaß der Instruktionen von diesem Jahrhundert eingehoben werden." Dieser Konspekt enthält die Tarifsätze der 19 neuburgischen Hauptzollämter für die alphabetisch aufgezählten Waren und die darnach berechneten Durchschnittsbeträge aus den Tarifen aller Stationen. Die Durchschnittssätze, auf gleiche Währung reduziert, seien nachstehend angeführt:

Bezeichnung der Holzsortimente	Altherkömmlicher Zollbezug (1577)			Zollbezug nach den Instruktionen aus dem 18. Jahrhdt.		
	fl.	kr.	pf.	fl.	kr.	pf.
1. Holz, als Bauholz und zwar harte u. weiche Baustämme und Blöcke und Schneidbäume, dann verschiedenes Werkholz in ganzen Stämmen oder Blöcken für die Bildhauer, Drechsler, Sattler, Tischler, Wagner, so andere Holzarbeiter, dann Brennholz in ganzen Lichtbäumen oder Kienstämmen, wie auch in gebohrten und ungebohrten Brunnteichen per Transito et Consumo, ab 1 Stck. oder Wagenladung à 2 Pferde	—	24	$2\frac{65}{100}$	—	13	$2\frac{76}{100}$
per Essito incl. 30 kr. Concessionsgeld	—	24	$2\frac{65}{100}$	—	43	$2\frac{76}{100}$
2. Holz, als ahornene, eichene, buchene, so andere harte und gute, auch feichtene oder thänene Schneidwaare, als Haubt- und Falzbretter, Dielen und Läden, auch Rähmlinge und Pfosten, Latten, so ander geringe gemeine Anschlagbretter und Schwärtlinge						
per Transito et Consumo vom Hundert . .	1	25	$3\frac{36}{100}$	—	45	$1\frac{21}{100}$
per Essito incl. 1 fl. 40 kr. Concessionsgeld . . .	1	25	$3\frac{36}{100}$	2	21	$2\frac{47}{100}$
3. Holz, alles eichene, förchene, lerchene auch feichtene oder thänene Schindeln						
per Transito et Consumo vom Tausend	—	49	$1\frac{31}{100}$	—	26	$2\frac{89}{100}$
per Essito incl. 1 fl. Concessionsgeld	—	49	$1\frac{31}{100}$	1	23	$2\frac{5}{100}$
4. Holz, Kuf-Taufelholz, hartes und weiches						
per Transito et Consumo von 1 Wagenladung zu 2 Pferden oder ½ Pfund (1 Pfund à 240 Stck.) .	—	24	$2\frac{65}{100}$	—	13	$2\frac{5}{100}$
per Essito incl. 30 kr. Concessionsgeld	—	24	$2\frac{65}{100}$	—	43	$2\frac{5}{100}$
5. Holz, Brennholz in Scheitern, hartes und weiches, wie auch Mischlingholz						
per Transito et Consumo von der Klafter . . .	—	24	$3\frac{16}{100}$	—	13	$1\frac{21}{100}$
per Essito inkl. 30 kr. Concessionsgeld	—	24	$3\frac{16}{100}$	—	43	$1\frac{21}{100}$
6. Holz in Bauschen oder Porzen, wie auch gekloben Holz zu Scheiter, Zaunspelten oder Dielsäulen etc. ferner Fasollen- und Hopfenstangen, Leiterbäumlein, Ruderstangen, Weinrebenstecken, dann Reifholz ganz oder geschnittenes auch Reifbänder						
per Transito et Consumo vom Fahrtl à 2 Pferde .	—	24	$3\frac{16}{100}$	—	13	$1\frac{21}{100}$
per Essito incl. 30 kr. Concessionsgeld	—	24	$3\frac{16}{100}$	—	43	$1\frac{21}{100}$

abweichende Tarif vom 12. Mai 1787 [72]), welcher am 1. August 1787 in Kraft trat, behielten die Transitogebühren, dann die Weggelder, Brückengelder u. dgl. nach der bayerischen Maut- und Akzisordnung bei. Die Zollsätze waren im allgemeinen milder und die

Bezeichnung der Holzsortimente	Altherkömmlicher Zollbezug (1577)			Zollbezug nach den Instruktionen aus dem 18. Jahrhdt.		
	fl.	kr.	pf.	fl.	kr.	pf.
7. Holzwaaren, allerlei von Tischlern, Küfern, Wagnern, so anderen dergleichen Holzarbeitern verfertigten Sachen, item Gabel, Rechen- und Löffelmacherarbeiten, wie auch Besenbinder-Feilschaften vom Centner	—	5	$2\frac{4}{100}$	—	5	$2\frac{99}{100}$
desgleichen vom Tragl	—	—	—	—	2	—

Bei den Sätzen nach Wagenladungen waren 2 Pferdezollgelder mit berechnet, die bei den einzelnen Stationen im Jahre 1577 zwischen 3—10 Pf., später zwischen $2\frac{1}{2}$ – 17 kr. schwankten. Unter den „Feilschaften" wurde auch „Eubenbogenholz" nach dem altherkömmlichen Zoll mit 5 kr. $\frac{85}{100}$ pf. durchschnittlich pro Ctr., nach den Instruktionen aus dem 18. Jhrhundert mit 4 kr. $\frac{81}{100}$ pf. durchschnittl. verzollt. Die höchsten Sätze mit $8\frac{1}{2}$ kr. wurden für das nach Regensburg gelieferte Eibenholz, das von da wohl nach Holland geführt wurde, in Hemau, Laber, Regenstauf und Schwandorf erhoben. Nach den Durchschnittsberechnungen aus den Zollrechnungen stimmten die bezahlten Zollbeträge nicht mit den Instruktionssätzen: „die Schulde hieran wird der bey dem Zollwesen so höchst nötigen bisher aber gemangelten Controllerie und Gleichförmigkeit beilegen zu därfen geglaubt." Nach den Mittelanschlägen aus den Zollrechnungen wurden erhoben in Transito et Consumo von

1 Stück Bau- oder Werkholz		6 kr.	1 pf.
von 100 Stück Läden oder Brettern		25 „	1 „
Von 1 Klafter oder Wagenladung à 2 Pfd. Brenn- und gekloben Holz oder Stangen		6 „	1 „
von 1 Wagen Kohlen		5 „	2 „
der Essitozollbezug ergab incl. Concessionsgeld von 1 Stück hartem od. weich. Bau- od. Werkholz		35 „	3 „
von 100 Stück Schneidwaare	2 fl.	18 „	2 „
von 1 Klafter oder Wagenladung hartes oder weiches Brenn- und gekloben Holz oder Stangen		35 „	3 „
von 1 Wagen Kohlen		35 „	2 „

Ein Vergleich des Neuburger Tarifes mit dem bayerischen vom Jahre 1787 läßt ersehen, daß mit letzterem die Konsumogebühren durchgängig niedriger wurden, ebenso die Transitabgaben (mit Ausnahme für harte Schneideware und hartes Taufelholz), während die Essitomaut, ausschließlich der Konzessionsgebühr, bis auf die Sätze für weiche Schneidware und Bauschen erhöht wurden (Kr.-Arch. Landshut, R. VII, V. 2, F. 46, Nr. 79).

[72]) Mayr, G.-S. Bd. III, 1788, S. 500.

Akzisegebühren weggelassen. Die Konsumo- und Essitomaut für das Holz waren nach folgendem Tarife geregelt:

Mautgebühr	Tarif vom Jahre 1774						Tarif vom Jahre 1787					
	Zu Wasser und Land einmal						Zu Wasser und Land einmal					
	Per Consumo			Per Essito			Per Consumo			Per Essito		
	fl.	kr.	pf.	fl.	kr.	pf.	fl.	kr.	pf.	fl.	kr.	pf.
Rohnutzholz.												
a) Eichen-Hartholz-Bau- u. Schneidstämme pro Stck. . .	—	3	—	—	24	—	—	3	—	—	24	—
b) Werkholz-Stämme u. Blöcher (zu Künstl. Zwecken) pro Stck.	—	3	—	—	24	—	—	3	—	—	24	—
c) Fichten-, Föhren-, Tannen-, Bau- u. Schneidstämme p. Stck.	–	2	—	—	12	—	—	2	—	—	12	—
d) Ein Floß zu 20 Stämmen, vom leeren Floß	—	16	–	—	48	—	—	16	—	—	48	—
e) Stangen (Ruder-, Leiter-, Hopf.-, Fasolenstangen) vom Hundert	—	1	—	—	25	—	—	1	—	—	25	—
f) Reifholz, Reifstangen vom Pfund zu 240 Stück . . .	—	1	2	—	32	—	—	1	2	—	32	—
g) Faschinen (Nutzreißig) v. Fuder	—	—	—	—	—	—	—	—	—	—	—	—
h) Werkholz zu Schalten, Scheitern gekloben od. geschnitten, wozu sie gehören, als Zaunspelten, Dielsäulen, Museln etc., v. Fuder	—	1	2	—	24	—	—	1	2	—	24	—
i) Kipfholz z. Schiffbau, Krummholz für Wagner vom Fuder	—	1	2	—	50	—	—	1	2	—	50	—
Nutzholz, verarbeitet oder vorgearbeitet.												
a) Geschnittene Ware v. hartem Holz (Bretter, Dielen, Pfosten etc.) vom Hundert	—	12	2	—	50	—	—	12	2	—	50	—
b) Geschnittene Ware v. Fichten- u. Tannenholz (Bretter, Dielen, Pfosten etc.) vom Hundert .	—	6	1	—	37	2	—	6	1	—	37	2
c) Daufeln von Eichen- u. Hartholz vom Pfund zu 240 Stück	—	9	—	—	48	—	—	9	—	—	48	—
d) Daufeln von Fichten- und anderem Weichholz v. Pfund zu 240 Stück	—	4	2	—	32	—	—	4	2	—	32	—
e) Dachschindeln v. Eichen, Föhren, Lärchenholz v. Tausend	—	5	—	—	50	—	—	5	—	—	50	—
f) Dachschindeln von Fichten- und Tannenholz vom Tausend	—	2	2	—	40	—	—	2	2	—	40	—

Mautgebühr	Tarif vom Jahre 1774 Zu Wasser und Land einmal						Tarif vom Jahre 1787 Zu Wasser und Land einmal					
	Per Consumo			Per Essito			Per Consumo			Per Essito		
	fl.	kr.	pf.	fl.	kr.	pf.	fl.	kr.	pf.	fl.	kr.	pf.
g) Bretterware, geringere, unter 1 Zoll stark von Fichtenholz, sowie Fichten-Schwärtlinge vom Hundert	—	6	1	—	25	—	—	6	1	—	25	—
h) Latten v. hart. Holz v. Hundert	—	6	1	—	37	2	—	6	1	—	37	2
i) Latten von Fichtenholz vom Hundert	—	6	1	—	25	—	—	6	1	—	25	—
k) Gebohrte Brunnteichen v. Stck.	—	1	—	—	12	—	—	1	—	—	12	—
l) Geschnittene Reife zum Faß- und Kufbinden vom Pfund .	—	1	2	—	16	—	—	1	2	—	16	—
m) Reifbänder, Weiden vom Fuder ganz oder geschnitten	—	1	2	—	12	—	—	1	2	—	12	—
n) Holzwaren vom Guldenwerth	—	2	1	—	—	1	—	1	—	—	1	—
Brennholz.												
a) Brennholz-Stämme (Lichtbäume, Kienbäume zum Spähne machen) vom Stück	—	2	—	—	12	—	—	2	—	—	12	—
b) Brennholz, hartes v. d. Klafter	—	1	2	—	24	—	—	1	2	—	36	—
c) Brennholz, weiches v. d. Klaft.	—	1	—	—	18	—	—	1	—	—	30	—
d) Brennholz, Mischling (Ast-, Stock-, Obholz) vom Fuder	—	1	—	—	18	—	—	—	—	—	30	—
e) Kienholz, gekloben zu Spähnen oder Scheitern vom Gefäß .	—	1	2	—	12	—	—	1	2	—	12	—
f) Bauschen, oder Borzen, auch Schaiten und Spähne zum Brennen vom Fuder . . .	—	—	2	—	12	—	—	—	2	—	12	—
Lohe u. Lohrinden, eichene u. fichtene in Rinden oder gemahlen, Lohe (ohne Paß auszuführen verboten) v. Schäffel	—	1	2	—	12	—	—	1	2	—	12	—
Das Weggeld betrug, soweit der Holztransport in Frage kommt, von jedem Mähnstück am beladenen Wagen (ohne Unterschied d. Länge d. Frachtwegs)	—	1	2	—	1	—	—	—	—	—	—	—
An einem mit Holz beladenen Wagen												
vom Pferde (auch im Transit)	—	—	—	—	—	—	—	1	—	—	1	—
vom Ochsen (auch im Transit)	—	—	—	—	—	—	—	—	2	—	—	2

Die Konsumo-Abgabesätze sind in diesen Tarifen durchgängig niedriger als jene der bayerischen Maut- und Akzisordnung. Auch die Essitobelastung war milder, besonders bei den Bau-, Schneid- und Werkholzstämmen, deren Ausfuhrabgaben auf ungefähr $^1/_7$ der bayerischen Maut- und Akzisgebühr reduziert wurden.

Ein Vorzug dieser Tarife gegenüber dem bayerischen war die Festlegung einer gleichen Gebühr für den Wasser- und Landtransport. Eine erhebliche Vereinfachung der Zollbehandlung brachte auch die Vermeidung der Doppelteilung der Abgaben in Maut- und Akzise, womit die sehr umständliche Berechnungsmethode der Akzise beim Stammholz wegfiel.

Für Schiffe enthielten diese Tarife keine Mautabgaben (vergl. den bayerischen Tarif von 1764).

Was die wirtschaftlichen Wirkungen der besprochenen Holzzölle anlangt, so wird hinsichtlich der Ausfuhrtarife die Frage, ob sie ihrer direkten Aufgabe, der Niederhaltung des Ausfuhrhandels, gerecht zu werden vermochten, bejaht werden können. Durch solch drückende Exportabgaben, unterstützt durch die Ausfuhrverbote, ist jeder freie Außenhandel unterbunden. Ob sie aber ihren mittelbaren Zweck, die Hebung der holzverbrauchenden Gewerbe, erfüllten, ist eine andere Frage, die sich nicht in Ansehung der Holzzölle allein beantworten läßt. Der in dem ganzen System der Wirtschaftspolitik begründete Rückgang der Gewerbe und Industrien konnte durch die in dem Holzzolltarife getroffenen Maßnahmen nicht aufgehalten werden.

Der Holztransit mußte ebenso wie die Ausfuhr niedergehen. Der Import war von zu geringer Bedeutung, als daß er wirtschaftlich hätte bemerkbar werden können.

Die neue Ordnung des Maut- und Akziswesens in Bayern rief besonders bei der Stadt Regensburg heftigen Widerspruch hervor, der sich unter anderem auch gegen die Holztarifeinrichtung wendete[73]), weil durch sie alte Verträge verletzt seien, welche den Regensburger Bürgern den aufschlagfreien Bezug ihres Holzbedarfes aus Bayern gewährleisteten und sie nur zur Leistung der Hälfte des Neuzolles von 1548 verpflichteten. Diese Beschwerden waren nicht unberechtigt. War doch in dem „systematischen Plan“[74]) unverhohlen ausgesprochen, daß der Neuzoll, der eigentlich ein Aufschlag oder eine Akzisabgabe

---

[73]) Rechtmäßigkeit usw.

[74]) S. 139, § 184.

war, nicht den Essitoakzisen, zu welchen er seinem Ursprunge nach gehörte, beizuschlagen, sondern in den Essitomauttarif einzubeziehen sei, „weil sonst die von Regensburg sich die gänzliche Befreyung von dieser wie von der Essito-Accis-Gebühr zueignen, sohin das Aerarium um die Hälfte dieser Neuzoll-Schuldigkeit, zu deren Bezahlung doch erwiesenermaßen diese Stadt receßmäßig verbunden ist, unter der Hand verkürzt werden dürfte".

Die neue bayerische Maut- und Akzisordnung veranlaßte einen am 24. März 1767[75]) abgeschlossenen Handels- und Zollvertrag mit dem Hochstift Passau, mit welchem Bayern durch Vertrag vom Jahre 1690 im Verhältnis gegenseitiger Mautfreiheit stand; durch diesen neuen Vertrag wurde das bayerische Holz, wenn es nach Passau ging, vom Fürstbischof für mautfrei erklärt; auch war es bei Vorbei- und Durchfahrt zu Wasser und zu Lande der passauischen städtischen Abstoß- und Niederlaggelder frei. Dagegen war Holz, das unter Nachweis des Selbstverbrauches aus Bayern nach Passau ging, nur zu einem Viertel der bayerischen Essitomaut verpflichtet, während die bisherige Neuzollfreiheit der passauischen Bürger, Handelsleute und Armenhäuser durch die Erlassung der Essitoakzise für alle Inwohner der Stadt und sämtliche Insassen und Untertanen des ganzen Hochstifts ersetzt bezw. erweitert wurde. Die Transitogebühren wurden nach beiderseitigen Tarifen erhoben. Über die Ausfuhrsperren wurden besondere Vereinbarungen getroffen.

In Kürze mag auch erwähnt sein, daß der Kurfürst von Bayern im Jahre 1769 einen Holzzoll anordnete, um der Durchführung einer politischen Streitsache mit dem Hochstift Freising Nachdruck zu verleihen. Als dieses sich dem kurfürstlichen Plane, die Landeshoheit über die Freisingische Grafschaft Werdenfels zu beanspruchen, widersetzte, wurde verfügt, daß von jedem auf der Isar aus der Grafschaft Werdenfels nach Bayern eingeführten 50 Schuh langen Floßbaum 15 kr. ohne Einrechnung der Maut und Akzise eingefordert würden. Dieser Zoll bestand jedoch nur kurze Zeit[76]).

Von hoher Wichtigkeit für den Handel im allgemeinen und auch für den Holzverkehr im besonderen auf Donau, Inn und Salzach und speziell auf den Teilstrecken dieser Flüsse, welche die Grenze zwischen Bayern und dem an Österreich gefallenen Innviertel bildeten, sowie

[75]) Kgl. bayer. allg. Reichsarchiv; Hochstift Passau Nr. 583.

[76]) Kgl. bayer. allg. Reichsarchiv, Hochstift Freising III, E. I, Nr. 64: Schreiben von Freising an das kurf. Commerzien-Collegium v. 10. Febr. 1769 (S. 314); Bericht des letzteren an den Kurfürsten v. 18. April 1769 (S. 344).

auf der Innstrecke zwischen Schärding und Neuburg war die Bestimmung des Art. 5 des Teschener Friedens vom 13. Mai 1779[77]) bezw. Art. 4 des Grenzvertrages mit Österreich zum Vollzuge des Teschener Friedens vom 31. August 1784[78]), welche den Untertanen des einen Staates freie Schiffahrt und Passage seitens des anderen Staates auf diesen Grenzflußstrecken garantierte.

Diese Stipulationen des Teschener Friedens wurden in dem Staatsvertrage zwischen Bayern und Österreich vom 14. April 1816 (Art. 9)[79]) auch auf die Strecken der Salzach und Saalach erstreckt, soweit diese nach dem Pariser Frieden und der durch denselben eingetretenen Gebietsveränderungen in der Südost-Ecke Bayerns die Grenze bildeten.

2. 1799 bis 1819.

Maximilian Josef IV. fand bei seinem Regierungsantritt im Februar des Jahres 1799 Handel und Industrie auf einen besorgniserregenden Tiefstand gesunken und sah in einer Reform des Maut- und Akziswesens eine der ersten Aufgaben der neuen Regierung. Schon am 24. Mai 1799[80]) gab er in einem Erlasse an die General-

---

[77]) Art. 5 des Teschener Friedens: Les rivières mentionnées dans l'article précédent (le Danube, l'Inn et la Salza) seront communes à la maison d'Autriche et à l'Electeur Palatin, en tant, qu'elles touchent les pays cédés; aucune des deux parties contractantes ne pourra y altérer le cours naturel des rivières ni empêcher la libre navigation et le libre passage des sujets, des marchandises, denrées et effets de l'autre, et il ne sera permis à aucune d'Elles, d'y établir de nouveaux péages et aucun autre droit, quel nom qu'il puisse avoir; les stipulations ci-dessus auront également lieu pour la partie de l'Inn, qui coule entre le baillage de Scharding et le comté de Neubourg relevant de la Maison d'Autriche. — Döllinger, Samml. usw. Bd. I, S. 112.

[78]) Art. 4 des Grenzvertrages: Soll nach dem 5. Art. der Teschener Konvention keiner von beiden höchsten Teilen jemals befugt sein, die Schiffahrt und Passage der Unterthanen, Waaren, Lebensmittel und andere Sachen auf den erwähnten Grenzströmen, insofern hierunter die freie Anlandung und Aussetzung der Waaren zum Consumo auf den beiderseitigen Ufern nicht mitbegriffen ist, und solche zu Ein- und Ausschwärzung verbotener Waaren nicht mißbraucht wird, zu hindern und zu hemmen. — Döllinger, Samml. Bd. I, S. 114.

[79]) Bayer. Reg.-Blatt 1816, S. 450.

[80]) Mayr, G.-S. Bd. 1800, S. 173; dieser Erlaß hat folgenden Wortlaut:

„Wir schließen Unserer General-Landes-Direktion die von dem hiesigen Handelsstande um Verminderung der Accis überreichte Vorstellung, und zugleich einen über die Verbesserung des Mauthwesens schon vor einiger Zeit zu Unserm geheimen Ministerial-Finanz-Departement überreichten Plan mit dem gnädigsten Auftrag zu, solchen bedächtlich zu prüfen, und Uns entweder mit Benutzung

Landes-Direktion die Leitsätze bekannt, welche der Reform des Mautwesens zur Richtung dienen sollten und vor allem die Her-

---

dieses Entwurfes, oder mit dem nöthigen Theilwissen, oder völligen Abänderungen einen wohl überlegten Plan zu einem bessern Mauthsystem vorzuschlagen. Damit aber Unsere General-Landes-Direktion von Unserer höchsten Absicht, und von den Grundsätzen, von welchen ausgegangen werden soll, bestimmt unterrichtet werde, so erklären Wir,

I. Daß weit entfernt von der längst und allgemein verworfenen und allzeit schädlichen Maxim, den Handel der Industrie, und den Geld-Einfluß mit Zwang, Monopolien, und Imposten zu leiten, dem Handel und der Betriebsamkeit nur die Fesseln abgenommen, die Hinternissen gehoben, und weggeräumt, und die Freyheit des Handels hergestellt werden solle.

II. Daß alle Kommerzscheidewände, und Maut-Stationen zwischen Unseren heroberen Staaten, nämlich in Baiern, in der obern Pfalz, Neuburg und Sulzbach unter sich ganz aufhören sollen.

III. Daß die Maut und Accis ohne Unterschied dieser verschiedenen Provinzen durchaus gleich seyn soll.

IV. Daß die Maut und Accis so gering regulirt werden soll, daß eine Kontrebande, Unterschleif, oder Bestechung nicht wohl mehr statt haben kann.

V. Daß alle Nachlässe, Begünstigungen, Ausnahmen, und Rückzölle-Vergütungen ganz aufhören sollen.

VI. Daß der innländische Kommissions- und Speditionshandel wieder hergestellt, und befördert, und zu dem Ende die Consumo-Gebühr mit der Transito-Gebühr, welch letztere ungeachtet des geringeren Betrages wegen den Reichsverhältnissen nicht wohl erhöhet werden kann, so viel möglich in ein Ebenmaß gebracht, und

VII. Eher das im Vergleich mit andern Staaten noch immer zu geringe Weggeld erhöhet, und die Consumo-Gebühr ungefähr um eben so viel gemindert werden soll.

VIII. Daß der gehörige Rückblick auf die kostbare Unterhaltung der Wassergebäude, der Wasserbetten, und überhaupt der Wasserfahrten genommen, und eine Art von Entschädigung bey Wasser-Frachten der Consumo-Transito- oder Essito-Gebühr beygeschlagen werden soll.

IX. Daß die unbeträchtlichen den Unterschleifen ausgesetzten Bruckzölle gänzlich aufgehoben werden sollen.

X. Daß die Tarif so viel möglich simplifiziert, und nur auf einige umfassende Rubriken beschränkt, alle Plackereyen abgeschnitten, und die Mautgäste wahrhaft in Stand gesetzt werden sollen, die Mautverordnungen zu kennen, und zu befolgen.

XI. Daß der Regel nach nur in ganz außerordentlichen Fällen Sperren, und dann nur temporär statt haben sollen.

XII. Daß die Essito-Gebühr so gering als möglich angelegt werden solle.

XIII. Daß in den Manualien für die Artikeln, welche die vorzügliche Aufmerksamkeit der Staatsverwaltung erheischen, abgesonderte Rubriken gehalten werden sollen, um die individuele Importation derselben beständig zu übersehen.

stellung völliger Handelsfreiheit innerhalb der Grenzen von Bayern, der oberen Pfalz, Neuburg und Sulzbach, die Festsetzung der Maut- und Akzistarife nach einfachen, geringen und für das ganze Land einheitlichen Sätzen und möglichste Bedachtnahme auf die Belebung des inländischen Kommissions- und Speditionshandels zum Ziele hatten.

XIV. Daß die Gebühren niemals nach dem ohnehin bisher willkührlich angegebenen Werth, sondern allzeit nach dem Gewicht, oder dem Maaß festgesetzt werden sollen, damit der Importationswerth und Exportationswerth desto sicherer, und genauer angegeben werde, wovon jedoch diejenigen Artikeln ausgenommen werden, die durchaus nicht unter diesen Maaßstab gebracht werden können.

XV. Daß alle Mittel-Stationen mit Ausnahme der Hauptstädte aufhören sollen.

XVI. Daß die Gränz-Stationen desto besser bestellt, und besorgt werden sollen.

XVII. Daß auf die inkolatfähige Orte der geeignete Bedacht genommen, und der große Unterschleif bei denselben abgeschnitten werden solle, und

XVIII. Daß die kostbaren und gleichwohl sehr unnützen Konfinwachten überflüssig gemacht werden sollen. Auf die Art glauben Wir, werde der innländische Handel wieder aufblühen, die Kontrebande in der Wurzel abgeschnitten, das Verderben vieler Familien vermieden, die Last des innländischen Publikums, welche alle Unterschleife, Schwärzereyen, Nachlässe, und Begünstigungen bezahlen mußte, ohne daß die Staatskassa die mindesten Vortheile hatte, gar sehr gemindert, ein wohlfeilerer Waarenpreiß herbeygeführt, und an Ertrag des Maut-Gefälls gleichwohl wenig oder gar nichts verlohren. Wir sehen zwar zu gleicher Zeit ein, daß durch diese Vereinfachung ein großer Theil des Personals überflüssig werde, da aber dieses auch ohne dieser Veränderung hätte unterhalten werden müssen, so werden Wir nach den schon auswärtig gegebenen landesvätterlichen Beweisen es mit demselben an dem fernern Unterhalt, so weit es nicht neuerlich angestellt werden kann, nicht gebrechen lassen. Indem Wir nun Unsere höchste Willensmeynung auf das Bestimmte geäußert haben, so versehen Wir Uns gnädigst, daß Unsere General-Landes-Direktion zur Erreichung Unserer wohlthätigen Absicht aus allen Kräften, und mit thätigem Eifer mitwirken, sofort sich bestreben werde, Unsere höchste Willensmeynung in der möglichst geschwindesten Zeitfrist in Erfüllung zu bringen. Dem zu Folge erwarten Wir von Unserer General-Landes-Direktion demnächst einen vollständig- und mit aller Umsicht bearbeiteten Entwurf einer dieser Absicht entsprechenden General-Verordnung, der damit verbundenen Tarif, und einer mit den künftigen Maut-Stationen bezeichneten Karte, um sobald als möglich das bisher drückende Mautsystem ganz erlassen zu können. München den 24ten May 1799."

Diesem Erlasse folgte bald der berühmte Aufruf vom 25. Juli 1799[81]), in welchem die Schäden des seitherigen Zustandes aufs

[81]) Mayr, G.-S. Bd. 1800, S. 175. Nachstehend der Wortlaut des Aufrufes: „Jedermann, welcher die dermalige Maut- und Accisordnung in Baiern, Neuburg, Sulzbach und der obern Pfalz kennt, findet sie drückend für das Publikum, für den Ackerbau sowohl, als für die städtische Industrie, selbst der Kaufmann ist dabey in seinen Speculationen gehindert, wenn diese anderst nicht von Monopoliengeist geleitet sind. —

Was war Baiern? Was die Stadt München? vor zwey Jahrhunderten, als man von einer Accisordnung noch nichts wußte, als man nur eine geringe Maut an wenigen Orten erhob, und dieses nicht in der Absicht, damit das Kommerz, und die Industrie in Baiern zu leiten, sondern nur um eine kleine Gabe für die fürstliche Kassa zu erhalten? — welcher Reichtum im Verhältniß der damaligen Bevölkerung, war nicht zu selbiger Zeit in Baiern? — Wie blüheten nicht alle Gewerbe? Kaum unternahm es die Regierung, durch strenge Maut- nnd Accisordnungen das Kommerz, und die Industrie leiten zu wollen, so wachte allenthalben der Monopoliengeist in seiner ganzen Stärke auf; — einige wenige bereicherten sich, — der fleißige — einsichtsvolle Bürger konnte sich nicht mehr emporschwingen, weil er durch die Maut- und Accisordnung gedruckt, und durch ausschließende Privilegien muthlos gemacht, bald seine Einsicht und Kräfte nicht anwenden konnte, bald sie auch nicht mehr anwenden wollte; der Privilegirte, und der Monopolist selbst hatte nicht Ursach sich anzustrengen, er wurde reich, ohne sich große Mühe zu geben, denn das Publikum mußte von ihm kaufen, es mochte gute — oder schlechte — theure — oder wohlfeile Waare haben. — Auf diese Weise sank Baierns National-Reichthum — Baierns Industrien, und Kommerz so tief herab, — so verschwanden nach und nach die ehemals so berühmten und blühenden Gewerbe aus Baiern — es entstanden über Privilegien und Vorrechte Zwiste unter den Bürgern, Niemand gönnte dem andern seine Arbeit mehr — der Bauer fühlte gleichfalls den Druck, der auf der städtischen Industrie lag: Denn so wie in den Städten weniger Kunstfleiß war, fand er auch für seine Wolle, für sein Getreid, für sein Vieh weniger Käufer, — er betrieb also seinen Ackerbau gleichfalls mit minderer Anstrengung, besonders da man, um die privilegierten Bürger in den Städten mehr zu begünstigen, nebenbey auch Getreid- und andere Sperren erdachte; — diesen Verfügungen allein hat man es zuzuschreiben, daß Baiern noch immer eine arme, — wenig bevölkerte, ohnmächtige Nation ist; auch der Staat gewann bey dieser Einrichtung nicht viel, für die Staatskasse; denn er mußte das ganze Land mit einer beynahe unzähligen Menge von Mautnern, Waarenbeschauern, Mautdienern, Konfinwächtern etc. umgeben, welche immer 60 bis 70 pro Cento von der ganzen Mauth- und Accisertrögniß aufzehrten, — wie sehr litt nebenbey durch Bestechungen, und immerwährende Konfiskations-Prozesse nicht auch die Moralität der Menschen?

Je mehr Wir als Landesherr, dem es obliegt den National-Reichthum zu vermehren, und zu diesem Ende dem Ackerbau alle Hindernisse wegzuräumen, die städtische Industrie zu befördern, das Kommerz zu beleben, darüber nachsinnen, desto mehrere Bedenklichkeiten finden Wir in jeder Mauth, und Accis-einrichtung — Wir kommen immer auf Grundsätze zurück, welche Uns aufmuntern, ganz und gar keine Mauten und Accise in Baiern, Neuburg, Sulzbach, bitterste verurteilt, die Aufhebung aller Mäute und Akzise und der Ersatz ihrer Einkünfte durch eine „Fensteranlage“ diskutiert wurde.

---

und der obern Pfalz mehr erheben zu lassen. Wir finden es immerhin schwer, ein so offenes Land, wie diese Provinzen sind, mit Mautnern, Waarenbeschauern und Konfinwächtern einpallisadiren zu müssen, doch wollen Wir in dieser wichtigen Angelegenheit dermalen noch keinen Schluß fassen, Wir wollen an einer neuen Mauteinrichtung durch Unsere General-Landes-Direktion wirklich fortarbeiten lassen; indessen wünschen Wir aber in dieser, die städtische Industrie, und das städtische Publikum so sehr interessierende Sache Unsere Städte und Märkte in Baiern, Neuburg, Sulzbach und in der obern Pfalz über nachfolgende zwey Fragen zu vernehmen.

1 mo. Wie kann bey einer allgemeinen Aufhebung aller Mauten und Accisen der berechtigte Bürger in den Städten und Märkten gegen fremde Gewerbsbeeinträchtigungen geschützt werden?

2 do. Wie bekömmt die Staatskasse sowohl für sich, als für das bereits angestellte Personal ein hinlängliches Surrogat?

Ad 1 mum. Wäre es den Bürgern in Unseren Städten und Märkten nicht erwünscht, wenn Wir allgemein verordneten dasjenige Gewerb, welches ein Bürger besitzt, nicht allein vom Vater, sondern auch von dessen Kindern, ohne Ausnahme, in allen Städten, und Märkten Baierns getrieben werden könnte? Ein Auswärtiger, der nicht der Sohn eines Bürgers, oder der Mann einer Bürgerstochter wäre, dürfte aber alsdann in einer Stadt, oder einem Markte kein Zunftgewerbe treiben, wenn er ein solches von einem berechtigten Gewerbsmann nicht gekauft zu haben, darthun könnte; — bey einer solchen Verfügung würde das Publikum und der fleißige, aufmerksame Bürgersmann gewinnen. Würden aber andere Vorschläge, welche der National-Industrie nicht hinderlich sind, in Vorschlag gebracht werden, so werden Wir selbe in reife Ueberlegung nehmen.

Ad 2 dum. Müßte bey Abstellung der Mauthen, und Accisen auf ein hinlängliches Surrogat für die Staats-Kassa sowohl, als für das dermal bereits angestellte Mauth-Personale bis zu dessen allmähligen Absterben gedacht werden. Dazu dürfte wohl jeder Einwohner, welcher Consument ist, nicht aber blos die Haus-Eigenthümer in Städten, und Märkten, und zwar nach einem Maaßstabe beytragen, welcher für keinen drückend, und dessen Aufwande angemessen wäre. Der Reichere, und Wohlhabendere, welcher viel consumirt, bewohnt gewöhnlich ein größeres Haus mit mehreren Fenstern, als der Aermere, welcher weniger consumirt; könnte das Mauth- und Accis-Surrogat nicht nach der Anzahl von Fenstern in Städten und Märkten, welche jeder bewohnt, entrichtet werden?

Eine solche kleine jährliche Gabe könnte der Staats-Kassa ein Surrogat für die der Industrie, und dem Kommerz nachtheiligen Mauthen, und Accisen verschaffen, durch deren Aufhebung alsdann gewiß alle Artikeln der Consumtion verhältnißmäßig wohlfeiler werden würden; hierüber gedenken Wir alle Gründe pro et contra von Unsern Bürgern Unserer Städte und Märkte zu vernehmen. — Der Magistrat Unserer Haupt- und Residenzstadt München hat demnach diese Unsere landesherrlichen Gesinnungen der Stadtgemeinde zu übergeben, und ihre Erklärung längstens in 4 Wochen unmittelbar an Unser geheimes Finanz-Departement einzusenden. München den 25 ten July 1799.“

Dieser Gedanke fand zwar lebhaften Anklang; wurde aber bald mit Rücksicht auf die geplante allgemeine Steuerreform wieder aufgegeben. Auch fand man es schließlich bedenklich, bei den damaligen widrigen politischen Zuständen eine so tiefgreifende Operation vorzunehmen und das Gewerbe des Landes plötzlich der freien Konkurrenz zu übergeben. Man entschied sich für Beibehaltung der Maut und Regelung derselben nach einem einheitlichen bestimmten Satze[82]).

Am 7. Dezember 1799 erschien eine Provisional-Zoll- und Mautordnung[83]), welche mit folgenden Worten eingeleitet wurde:

„Ohne Kommerzfreyheit läßt sich in keinem Staate ein hoher Grad von Landeskultur, und von wohlhabender Bevölkerung erwarten. —

Es ist ein Volk-drückendes, alle Industrie zerstörendes Unternehmen, durch Gesetze und Auflagen das Kommerz leiten zu wollen. — Von diesen Wahrheiten ganz durchdrungen halten Wir es für Unsere Regentenpflicht, einsweilen die wesentlichsten Beschwerden wider das bisherige Maut- und Accis-System in unseren herobern Staaten abzustellen. Wir würden diesen Provinzen, an deren Wohlstand Uns alles gelegen ist, vollkommene Handelsfreyheit jetzt schon gegeben haben, wenn man Uns wegen dem Entgange der bisherigen Maut- und Accis-Gefälle in einer andern, leichter einzuhebenden öffentlichen Abgabe einen hinlänglichen Ersatz für die Staatskasse hätte auszeigen können. Nachdem aber ein solcher Ersatz erst bey einer allgemeinen Steuerrektifikation gefunden werden kann: so sind Wir, um den gerechten Erwartungen der arbeitenden Menschenklasse in Unsern herobern Staaten doch einigermaßen zu entsprechen, veranlaßt, einsweilen in Unseren Provinzen, Baiern, Neuburg, obern Pfalz, Sulzbach und Leuchtenberg eine provisorische Zoll- und Mautordnung (als Surrogat der bisherigen Mauten und Accise) vom 1. Jänner künftigen Jahres 1800 anfangend in Vollzug bringen zu lassen“.

Nach dieser Zoll- und Mautordnung waren die von der einheimischen Industrie verarbeiteten Rohprodukte sowie viele Gegenstände des täglichen Lebensbedarfes beim Eingange frei; für eine Reihe von Artikeln betrug die Konsumogebühr 50 kr., für andere wieder 2 fl. 30 kr. per Sporkozentner. Die Essitogebühr war, „weil die Hemmung der Ausfuhr inländischer Produkte der National-Industrie

---

[82]) Frohn, Altes und neues Handelssystem.

[83]) Mayr, G.-S. Bd. 1800, S. 201. — Münchener Intelligenzblatt 1799, Stück 51.

in mancherlei Hinsicht nachteilig ist," erlassen mit Ausnahme von Holz, Vieh, Getreide, Butter und Schmalz. Mit diesen Ausnahmen war jedoch die Ausfuhrfreiheit den Hauptprodukten Bayerns entzogen und traf nur Artikel von geringem Belang, war somit praktisch illusorisch gemacht. Die Transitabgaben waren im allgemeinen den seitherigen gleich. Ein Weggeld wurde bei Überschreitung der Grenze auf Chausseen erhoben, die Wasserstraßen und der Inlandverkehr waren weggeldfrei.

Dieses Zollsystem, das wie das frühere das fiskalische Moment zu stark hervortreten ließ, zeigte bald, daß es die wirtschaftlichen Schäden nicht beheben könne. Mit ihm begann eine Periode eines in seinen wirtschaftlichen Zielen unklaren Experimentierens im Zollwesen. Einerseits lag der Zusammenbruch der bisherigen Zollpolitik deutlich zutage, anderseits war man sich nicht klar darüber, wo und wie die Remedur einzusetzen habe. Nicht ohne Wirkung auf die Tarifierung blieb der Einfluß der Physiokraten, welcher in der gänzlichen Freigabe der Einfuhr von Lebensbedürfnissen zum Zwecke der Verbilligung der Lebenshaltung der Bevölkerung, besonders des flachen Landes, zu erkennen ist, der aber wiederum nicht stark genug war, um gegenüber den anderen Strömungen den Rohprodukten des Landes, wie dem Getreide, die Handelsfreiheit ins Ausland zu verschaffen. Übrigens mögen die bewegten Zeiten der Wende des 18. und 19. Jahrhunderts und die Wichtigkeit der damals an die Regierung herangetretenen politischen Aufgaben dieser zur Entschuldigung dienen, wenn sie eine eingehende Behandlung der Zollfragen nicht in Angriff nahm.

Die Ideen, mit welchen die bayerische Regierung an die Neuregelung der Holzzölle im Jahre 1799 herantrat, lassen sich aus einer von der kurpfalzbayerischen Forstkammer an die Hofkammer in München ergangenen „Übersicht des Holzhandels, so anderen, zwischen Tyrol und Bayern", d. d. 31. Jenner 1799[84]) erkennen: „Bayern schlägt sich durch das eigene Mauthsystem eine tiefe Wunde; denn eben weil an der Isar bei Tölz nämlich eine Consumo-Mauth genommen wird, ist seither dieser Holzhandel von der Freisingischen Herrschaft Ferthenfels gelähmt, ehehin kamen von daher die beträchtlichsten Ladungen auf der Isar, die aber durch diese Neckereien zurückgehalten und um derlei beträchtliche Holzquanten auf der Achse bis am Inn und zur Saline nach Hall gebracht werden. — Die

[84]) Hazzi, Stat.-Aufschlüsse, Bd. II, Abt. II, S. 20.

Mauthverhältnisse haben hier nicht nur keine neue Einkünfte verschaft, sondern vielmehr wie gewöhnlich, in mehreren Commercialtheilen Nachtheile verursacht, indem es doch allezeit für ein Land nüzlich ist, eine große Holzeinfuhr zu haben, da Holz mit Ausnahme von Schneidewaren unter die rohen Produkte gehört"[85]).

Der Holzzolltarif der Provisional-Zoll- und Mautordnung von 1799 war folgendermaßen festgesetzt:

Einfuhr des Holzes: abgabenfrei.

Essitogebühr: Holz zum Brennen, Bauen und für Handwerker, dann geschnittenes Holz, Holzkohlen, auch im Lande gearbeitete Schiffe: 6 kr. von Guldenwert, so wie dieser in der der Austrittsstation nächstgelegenen Stadt im Mittelpreise stand;
für beladene und unbeladene Flöße und Schiffe: 5 fl. von 100 fl. Wert.

Transitogebühr: gleich dem Tarife vom Jahr 1764.

Das Weggeld bestand bei Überschreitung der Grenze auf Chausseen in bisheriger Höhe fort. Auf Wasserstraßen und im Inlandverkehr wurde, wie erwähnt, kein Weggeld erhoben.

Bezüglich der Grafschaft Werdenfels wurde bestimmt, daß aus derselben jährlich 60 Flöße per Transito durch Bayern ins Ausland passieren durften.

---

[85]) Ein weiterer Abschnitt dieser „Übersicht" handelt von dem Holzverkehre mit Tyrol, mit welchem Bayern einen 1610 geschlossenen, dann mehrere Male und zuletzt 1775 erneuerten Vertrag, den sogenannten Wechsel-Waldkontrakt hatte, demzufolge Bayern die Tyroler Gebirgswaldungen an der Riß und Durach zur Isartrift (nach München) benützen konnte, während Österreich die Waldungen des Klosters Tegernsee an der Valepp nach Übereinkommen mit dem Kloster benützte. Forstverwaltung Bayerns 1861, S. 277: „Nur Tyrol macht einen vortheilhaften Einfuhrshandel von Holz aus Baiern, hingegen bringt Bayern dazu die größten Opfer. Es läßt nicht nur alle Essito-Mauthen zurück, die umsomehr einen wichtigen Artikel darstellen würden, als einleuchtend Tyrol das bayerische Holz haben muß und selbes um jeden Preiß an sich bringen würde . . . Als Resultat möchte sich ganz unwidersprechend an den Tag legen, daß man jede Holzausfuhr nach Tyrol soviel als möglich erschwehren, das ist mit dem beträchtlichsten Essito-Mauthe belegen soll, hingegen hätte jede Consumo-Mauth von selbst aufzuhören, und bei den künftigen Einleitungen von Tyrolischer Seits nachsuchenden Wechsel-Contracten wird man von selbst auf die bemerkten Umstände und Grundsätze volle Rücksicht nehmen. So daß also immerhin zum Gesichtspunkt gehalten werden kann, daß Bayern von Tyrol zwar kein Holz eben braucht, auch dermal in keinem Verhältniß bezieht, hingegen Tyrol das bayerische Holz zum Hauptbedürfnisse hat, wodurch von selbst sich all weiteres beurtheilen läßt."

Beim Holz-Ein- und Ausfuhrtarif fand der Widerstreit der alten und neuen Richtung einen Ruhepunkt; beide wünschten einen billigen Holzpreis im Lande; die einen im Interesse der Industrie, die anderen aus Fürsorge für den Landmann. Hoher Geldertrag der Waldungen galt, insofern er von hohen Holzpreisen herrührte, als unerfreuliches Symptom der Staatswirtschaft.

Die ungehinderte Holzeinfuhr sollte dazu beitragen, daß Holz aus dem Auslande eingebracht und der heimische Preis dadurch gedrückt werde. Sie entsprach deshalb den Wünschen der Vertreter beider Wirtschaftssysteme, aber auch die Kameralisten traten ihr nicht entgegen, da die an sich nicht nennenswerte Holzeinfuhr nach Bayern bei den seither ohnedies niedrigen Abgaben keine unentbehrliche Zolleinnahmequelle war.

Hinsichtlich der Ausfuhr fiel das Holz unter die wenigen, von der Essitofreiheit ausgenommenen Artikel und wurde mit 10% des Wertes belegt. Man hatte also bei den Ausfuhrzöllen den spezifischen Zoll durch die Wertsbelegung ersetzt; dadurch nahm das Holz eine Sonderstellung im Tarife ein; dieser Wechsel in der Verzollungsart erscheint um so auffallender, als er gerade bei diesem Gegenstande erfolgte, während eine Reihe anderer Artikel mit bisheriger Wertsverzollung nun mit spezifischer Belegung behandelt wurde. Jedenfalls brachte die Neuerung keine Vereinfachung in der Zollbehandlung; die Erforschung der Mittelpreise durch die Zollbeamten, die rasche Veraltung der konstatierten Zollhauspreise, die Schwankungen in der Höhe der Zollbeträge gaben der Verzollung eine sehr unsichere Grundlage.

Von seinen Freunden wurde dem Wertzolle bei der Holzausfuhr ein dreifacher Vorteil beigemessen: „Konservation des Holzes, sichere Revenuen für die Staatskasse, Anziehung fremder Barschaft im Interesse der Staatswirtschaft“ [86]).

Er war in seiner praktischen Wirkung geeignet, sich die Sympathie jener zu erwerben, welche die Holzausfuhr gerne beschränkt sahen[87]); denn er stieg, wenn bei gesteigerter Nachfrage nach Holz der Preis an der Ausgangsstation in die Höhe ging, mit demselben und trug zur Verteuerung des Exportholzes selbst bei. Eine Klafter Holz von 5 fl. Wert hatte 30 kr. zu entrichten. Erhöhte sich der Preis an der Grenzstation auf 10 fl., so verteuerte die Essitogebühr

---

86) Frohn, Altes und neues Handelssystem, S. 91.

87) Siehe Frohn, ebenda.

die Klafter um 1 fl., wodurch dem Holzhandel ins Ausland ein sehr empfindliches Hemmnis entgegen gestellt war. Dagegen würde die Ausgangsabgabe nach dem Tarife vom Jahre 1764, bestehend aus 15 kr. Maut und 15 kr. Akzis, zusammen 30 kr., einen mit steigendem Holzpreise stetig abnehmenden Prozentanteil absorbiert und bei 10 fl. nur mehr 5% in Anspruch genommen haben.

Auch die Kameralisten standen dem Wertzolle freundlich gegenüber, indem sie kalkulierten, daß auch bei vermindertem Export aus einem höheren Preise des Verzollungsobjektes sich ein gleich hohes Zollerträgnis wie bei größerer Ausfuhr bei niedrigerem Preise ergeben werde[88]).

Zur Begünstigung des Wochenfloßverkehrs wurde im Jahre 1800 auf erhobene Bitte der bürgerlichen Floßmeister zu München hin die beim Mautamt Vilshofen zu entrichtende Maut der vier Münchener Ordinär-Wochenflöße, die bisher für das Floß 1 fl., zusammen also 4 fl. betrug, auf 3 fl. im ganzen ermäßigt (Mandat vom 5. Februar 1800)[89]).

Schon im Jahre 1802 wurde, veranlaßt durch die Gebietsveränderungen nach dem Lüneviller Frieden im Jahre 1801 (Abtretung der Rheinpfalz) die Zollordnung von 1799 einer Revision unterzogen und im Jahre 1804 durch eine vom 1. Januar 1805[90]) an wirksame neue Zoll- und Mautordnung für die Provinzen Bayern, Neuburg und die Oberpfalz ersetzt. Die neu erworbenen Gebiete in Franken und Schwaben aber wurden unter Fortbestand des Reskriptes vom 9. Januar 1803[91]) auch fernerhin in Zollsachen als ausländisch behandelt. Dieselben kamen, wie auch die übrigen Erwerbungen des Jahres 1802, erst durch die Zollordnung von 1807 mit dem Jahre 1808 in den bayerischen Kommerzial-, Zoll- und Mautverband. Nur das Fürstentum Passau wurde schon mit Verordnung vom 27. April 1806[92]) aufgenommen, das Fürstentum Bamberg dagegen erst 1811. Die neue Zollordnung sollte zur Erhöhung der Zolleinkünfte beitragen und vermehrte zu diesem Zwecke die Konsumo- und Essitoabgaben; die Transitomaut wurde nach dem Tarife von 1764 weiter erhoben.

Sie begegnete vor allem der Kritik, daß in einem Agrikulturstaate wie Bayern die Ausfuhr der Naturprodukte durch hohe Zölle beschränkt werde und der Gewerbetreibende und Industrielle auf

---

[88]) Frohn, altes und neues Handelssystem S. 91.

[89]) Mayr, G.-S. Bd. 1802, S. 137.

[90]) Intelligenzbl. 1805, S. 5, 79, 110.

[91]) Bayer. Reg.-Bl. 1803, S. 41.

[92]) Bayer. Reg.-Bl. 1806, S. 159.

Kosten des Landmannes für die Nachteile, welche niedrige Eingangszölle auf Manufakte ihm brächten, schadlos gehalten werden sollte.

Die Sätze des neuen Essito- und Konsumotarifes gingen im allgemeinen über die bisherigen hinaus.

Eine neue rein fiskalische Abgabe war das Stempelgeld, welches von je 5 fl. Zollbetrag bei Transito 1 kr., bei Konsumo und Essito 4 kr. betrug; in den beiden letzteren Fällen war es bei Einsendung der Mautscheine rückvergütbar.

Die wirtschaftspolitischen Regeln, welche den bisherigen Holzzöllen zugrunde lagen, waren auch für den neuen Holzzolltarif maßgebend. Es wäre zu erwarten gewesen, daß in der Holzzollgesetzgebung dieser Zeit die tief einschneidenden Wandlungen in den Anschauungen über die Waldwirtschaft infolge der Adam Smithschen Schule zum Ausdruck gekommen wären, welche gegenüber der merkantilistischen Forderung, daß der Staat allein zur Ausübung der Waldwirtschaft berechtigt sei, die Erziehung des Holzes zur Steigerung und Verbesserung der Produktion lediglich der freien Betriebsamkeit überlassen wissen wollte und wie in vielen Staaten, so in den ersten Jahren des 19. Jahrhunderts auch in Bayern den Anstoß oder den theoretischen Hintergrund zur Auslieferung von Staatswäldern in die Hände des Privatbesitzes bildete.

Mit der Anerkennung der Privatwaldwirtschaft als eines berechtigten selbständigen Produktionszweiges durch den Staat und der von ihm betriebenen Ausdehnung derselben übernahm der Staat die Aufgabe, die Produktion dieses Waldbesitzes zu heben, sie von den weitgehenden Beengungen der Verwertung ihrer Erzeugnisse durch die Ausfuhrzölle zu entfesseln und sie vor der Konkurrenz des Auslandes zu schützen. Die damalige Zeit stellte jedoch der Erfüllung dieser Aufgabe in Bayern Hindernisse entgegen.

Die Theorie der alleinigen Berechtigung der Privatwaldwirtschaft schuf in Bayern wohl eine starke, auf die Veräußerung des Staatswaldes an den Privatbesitz gerichtete Bewegung, welche, begünstigt von den Zuständen finanzieller Not und politischer Bedrängnis des bayerischen Staates, durch die Verwendung der Erlöse aus den Domänenverkäufen zur Tilgung der unerträglichen Staatsschulden reichen Anklang fand. Diese Bewegung kam jedoch bald zum Stillstand. Einerseits hatte der Verkauf säkularisierter Güter zugunsten der Staatskasse der Finanznot ein Ende gemacht, anderseits fand die in Extreme sich verlierende Richtung der Domänenveräußerungspolitik, die mit dem Namen des bayerischen General-Landesdirektionsrates

Hazzi eng verknüpft ist, den lebhaftesten Widerspruch und hatte einen Rückfall in die alte Richtung zur Folge, mit dessen Überwindung mehr als ein Vierteljahrhundert verstrich, und welcher auch die gesunden Fortschritte in dieser Sache wieder erstickte, bevor man der Frage der Beziehungen zwischen einer frei sich überlassenen Waldwirtschaft und der Holzzollpolitik näher getreten war.

Ein weiterer Punkt, welcher einer Änderung der Exportverzollung entgegenwirkte, war die gerade in den letzten Jahren des 18. und den ersten Jahren des 19. Jahrhunderts allenthalben stark diskutierte Holzmangelfrage[93]).

Auch ein fiskalischer Grund mag wohl mitgesprochen haben, wenn die Holzzölle sich in dem alten Geleise weiterbewegten. Man wollte zu jenen Zeiten finanzieller und politischer Krisis keine Experimente mit einer Sache machen, welche eine Finanzquelle mit einem erfahrungsgemäß sicheren Erträgnisse war, um dagegen eine Einrichtung einzutauschen, deren Erfolge in finanzieller Hinsicht nicht überblickt werden konnten.

Der Wertzoll blieb auch in der Zoll- und Mautordnung vom 7. Dezember 1804[94]) für die Holzausfuhrbelegung bestehen. Die Sätze derselben blieben unverändert, ebenso trat in der Transitomaut für Holz keine Änderung ein.

Im Eingange blieb das Holz wie bisher frei mit der einen Ausnahme, daß „gemeine Holzwaren“ mit 20 kr. Konsumomaut für den Sporkozentner belegt wurden.

Das Weggeld wurde für den Holztransport zu Lande bei Überschreitung der Grenzen, auf Chausseen mit 2 kr. für die Stunde und ein Mähnstück am Lastfuhrwerk erhoben, entsprechend der Verordnung vom 1. August 1804[95]).

---

[93]) Die Besorgnis um die nachhaltige Versorgung Münchens mit Holz veranlaßte die Neuanlage des Holzhofes im Jahre 1798. — Im Jahre 1799 (Befehl der General-Landesdirektion betr. die Versorgung Münchens mit Brennmaterialien für den Winter 1799/1800 vom 11. Okt. 1779; Mayr, G.-S. Bd. 1800, S. 236) wurden die Reviere Forstenried, Grünwald, Hechenkirchen, Anzing besonders zur Holzlieferung nach München angewiesen, für die ärmere Bevölkerung sollten 10—20 000 Zentner Steinkohlen beigeschafft werden, von denen acht Zentner einem Klafter Buchenholz an Brennkraft gleich kämen und bei einem Preise von 24 kr. pro Zentner billiger als Holz seien. Auch die Torfbeifuhr sollte gesteigert werden. Siehe ferner versch. diesbez. Abhandlungen in kurpf.-bayer. Intelligenzblatt von 1799, Stck. 31; 1805, Stck. 35.

[94]) Kurpf.-bayer. Intelligenzbl. 1805, S. 5, 79, 110.

[95]) Bayer. Reg.-Bl. 1804, S. 728, 729.

Als regelmäßige Gebühr ist ferner noch das erwähnte Stempelgeld in Ansatz zu bringen.

Schon nach drei Jahren erfuhr das Zollwesen eine wiederholte Änderung, veranlaßt durch die politische Umgestaltung, welche Bayern nach dem Preßburger Frieden mit der Erwerbung von Tirol, Vorarlberg, der Reichsstädte Augsburg und Lindau sowie der Markgrafschaften Ansbach und Burgau mit einer Reihe wichtiger Handels- und Industriestädte erfahren hatte.

Eingeleitet wurde diese Neuordnung durch eine Aktion von hoher wirtschaftlicher Bedeutung, durch die Aufhebung der Zollrechte und Privilegien des Adels[96]).

Die neue Zoll- und Mautordnung für die Gesamtstaaten des Königreiches (das Fürstentum Bamberg war, seiner getrennten Lage wegen, ausgenommen und hatte ein gesondertes Zollverfahren) wurde am 1. Dezember 1807[97]) erlassen und trat am 1. Januar 1808 in Kraft. Sie enthielt verschiedene Tarifänderungen.

Der Transitozoll war für den Zentner und die Stundenlänge in der Regel 1 kr., ausnahmsweise $^1/_2$ oder $^1/_4$ kr.; die nicht nach dem Gewichte zu bestimmenden landwirtschaftlichen Gegenstände und das Holz waren eigens belegt und zwar nach Abstufungen von 1—4 Pf. für die Stunde und den Zentner bei Feldfrüchten und vom Guldenwert beim Holze.

Die Konsumo- und Essitomaut wurde für eine Reihe von Waren erhöht. Feldfrüchte, Holz, Vieh und mehrere landwirtschaftliche Artikel wurden in der Ausfuhr mit Wertzöllen belegt, welche nach örtlich und zeitlich variablen Sätzen berechnet wurden; so betrug z. B. der Essitosatz für Feldfrüchte 3—15 fl. von 100 fl. Wert nach einer eigenen Skala, die mit den Bewegungen der Preise stieg oder sank.

Eine von den Interessenten sehr heftig bekämpfte Neuerung war die Einführung einer sogenannten Zollpatenttaxe, welche eine Entschädigung dafür geben sollte, daß keine höheren Konsumo-Mautbeträge erhoben wurden. Ihr waren die Verkäufer ausländischer Waren und Gewerbetreibende, welche Fabrikate des Auslandes für weitere Verarbeitung in ihrem Gewerbe bezogen, unterworfen; fremde Handelsleute jedoch, die mit ausländischen Waren die bayerischen

[96]) Königl. Verordnung vom 31. Dez. 1806, betr. die der kgl. Souveränität unterworfene Ritterschaft und ihre Hintersassen (Reg.-Bl. 1807, S. 194); Verordnung vom 26. Okt. 1807, betr. die Aufhebung des Holzzolles der Freiherrn v. Stingelheim zu Schönberg (Reg.-Bl. 1807, S. 1702).

[97]) Bayer. Reg.-Bl. 1808, S. 5—112.

Märkte bezogen, waren von ihr befreit. Die Patentpreise waren 200 fl., 150 fl., 100 fl., 75 fl., 50 fl., 25 fl., 12 fl., 6 fl.; in Hauptstädten betrug das Minimum 50 fl., in anderen Städten 25 fl., in Märkten und Pfarrdörfern 12 fl., in sonstigen Dörfern 6 fl.

Von allen verpackt eingehenden Gütern mußte ein sogenannter Hauptzoll zu 3 fl. pro Sporkozentner erlegt werden. An der Station des Verbrauches im Inlande (bei Konsumo) oder des Wiederaustrittes aus dem Lande (bei Transito) wurde dann die eigentliche Zollberechnung aufgestellt und der zuviel erlegte Hauptzollbetrag rückvergütet.

In der Weggeldberechnung trat eine Neuerung insofern ein, als außer der Zahl der Wegstunden auch das Gewicht der Ladung als Berechnungsfaktor erschien. Für Konsumo- und Essitogüter betrug es 2 kr., für Transitogüter 1 kr. von einer Fracht von 10 Ztr. auf die Stunde. Nur für Reisegefährte, Ökonomie- und Holzwagen galt die frühere Bemessungsart.

Auch für den Wasserverkehr war wieder ein Weggeld zu entrichten, aber in der Art, daß die oben erwähnte Gebühr von 2 und 1 kr. von je 15 Ztr. Ladung erhoben wurde.

Als Ersatz für die Weggeldfreiheit des inneren Verkehrs wurde ein Weggeldsurrogat, ähnlich der früheren Menatanlage, eingeführt.

Das Stempelgeld erfuhr eine Erhöhung, indem es auf 1 kr. vom Gulden der Zoll- und Weggeldschuldigkeit festgesetzt wurde.

Der Tarif für das Holz war in dieser Maut- und Zollordnung folgenderweise bestimmt:

1. Ein Transitozoll für alle Holzgattungen ohne Ausnahme, auch Besen, gemeine von Holzreisern, leere Fässer, Holzkohlen, Torf, vom Guldenwerte und von jeder Stunde:

4 Pfennig bis 10 Stunden Weg der Verführung im Lande (zu Wasser und zu Lande)
3 „ von 10—30 Stunden Weg der Verführung „ „ „ „
2 „ „ 30—60 „ „ „ „ „ „ „ „
1 „ „ über 60 „ „ „ „ „ „ „ „

2. Die Einfuhr des Holzes war frei; nur Holzwaren waren mit 5 kr. vom Sporkozentner belegt.

3. Die Essitogebühr betrug:

a) für alles Bau-, Brenn- und Werkholz für Handwerker von 100 fl. Wert 5—12 fl.

Dieser Essitosatz war zeitlich und örtlich veränderlich, je nach dem Erfordernis der lokalen Verhältnisse in dem einen oder anderen

Grenzbezirke. Die Sätze waren an jedem Mautamte anzuschlagen, Änderungen sollten im Regierungsblatte veröffentlicht werden.

b) Holz zu Schindeln, Dauben, Weinpfählen verarbeitet: von 100 fl. 4 fl.

c) Holzwaren: vom Sporkozentner 5 kr.

d) Schiffe und Flöße, beladen oder unbeladen, neue oder alte: von 100 fl. 4 fl.

Die Sätze unter b, c und d waren unveränderlich.

Das Weggeld betrug für Inländer im Grenzverkehr auf dem Landwege von der Stunde und von jedem Mähnstück an einem mit Holz beladenen Wagen 2 kr., wenn der Aufladungsort nachgewiesen wurde; außerdem 48 kr. von jedem Mähnstück. Für den Wassertransport wurde es bei Talfahrt nach dem Satze von 2 kr. für je 15 Ztr., beim Zuge stromaufwärts nach der Zahl der angespannten Pferde bemessen.

Außer diesen Gebühren gelangte noch das Stempelgeld als regelmäßige Abgabe vom Holzverkehre zur Einhebung.

Der Hauptzoll kam nur bei den unverpackt importierten Holzwaren in Betracht.

Die eben besprochene Zollordnung wurde, besonders wegen des Hauptzolles, sofort sehr bekämpft und zwar mit dem Erfolge, daß schon am 8. März 1808[98]) eine umgearbeitete Auflage derselben mit Wirksamkeit vom 1. April 1808 an erschien. Dieselbe enthielt zwar noch den Hauptzoll, jedoch mit einer Reduzierung auf zwei Drittel des früheren Betrages. Auch die Tarife erfuhren wieder verschiedene Änderungen durch die Einreihung der Waren in andere, meist höhere Belegungsklassen. Der Transitozoll wurde für Feldfrüchte und Holz nicht mehr nach vier Abstufungen von 1—4 Pf., sondern nach dem festen Satze von 2 Pf. berechnet; für Kaufmannsgüter blieb er unverändert.

Das Weggeld wurde ebenfalls geändert: leere Wagen und solche mit Ladung unter 24 Ztr. hatten 1 kr. für ein Pferd und die Stunde zu entrichten; für schwerere Ladungen betrug es bei Konsumo- und Essitogütern 2 Pf., bei Transitogütern 1 Pf. für den Ztr. und die Stunde.

Mit Verordnung vom 20. Juli 1808[99]) wurde jedoch die Weggelderhebung neu reguliert, der Binnenverkehr mit Landesprodukten

---

[98]) Bayer. Reg.-Bl. 1808, S. 607—670.

[99]) Bayer. Reg.-Bl. 1808, S. 1554.

zu Wasser und zu Lande weggeldfrei und nur bei Überschreitung der Mautlinie ein Weggeld erhoben.

Das Stempelgeld wurde auf 3 kr. vom Gulden der ganzen Zollschuldigkeit gesteigert, konnte aber unter gewissen Voraussetzungen rückvergütet werden.

Die Zollpatenttaxe blieb mit der Modifikation bestehen, daß ihr nur die Verkäufer ausländischer Ware unterworfen wurden und für die Klassifizierung die Ausdehnung des Geschäftsbetriebes des Taxpflichtigen maßgebend war. Die inländischen Fabrikanten und Gewerbsleute dagegen hatten ohne Ausnahme ein Gewerbszollpatent zu lösen, das auf 5 Jahre ausgestellt wurde und jährlich 1 fl. 30 kr. kostete. Handelsleute aus dem Auslande, welche bayerische Märkte besuchten, waren frei.

Der Holzzolltarif der Maut- und Zollordnung vom 8. März 1808 war folgendermaßen gestaltet:

Die Transitomaut wurde auf 2 Pf. vom Guldenwert pro Stunde festgesetzt:

Die Einfuhr von Holz war frei, mit Ausnahme von feinem Dreher- und Tischlerholz, das mit 2 fl., und von gemeinen Holzwaren, die mit 20 kr. vom Sporkozentner belegt waren.

Die Essitomaut für Bau-, Brenn- und Werkholz ging mit dem veränderlichen Satze zu 5—12 fl. von 100 fl. des Wertes in die neue Auflage über; für Holz, verarbeitet zu Schindeln, Dauben und Weinpfählen wurde sie von 4 fl. auf 5 fl. von 100 fl. Wert erhöht, für Schiffe und Flöße dagegen von 4 fl. auf 2 fl. von 100 fl. Wert ermäßigt.

Das Weggeld betrug nach der Verordnung vom 20. Juli 1808 [100]) beim Überschreiten der Mautlinie mit Holz für den Landtransport 2 kr. von einem Spanntier und der Stunde, für den Wassertransport des zur Ausfuhr bestimmten Holzes wurden von der Ladung und dem Schiff oder Floß zusammen 2 Pf., von einem unbeladenen Schiff oder Floß 1 Pf. pro Stunde erhoben. Der Inlandverkehr war für Fuhrwerke, Schiffe und Flöße mit Holz weggeldfrei.

Als weitere ständige Abgabe ist auch das oben erwähnte Stempelgeld zu nennen.

Für den Holzhändler kam auch die Zollpatenttaxe als Handelsabgabe in Betracht. Derselbe hatte außerdem noch ein Gewerbezollpatent zu erwerben, welches zwar keine erhebliche Steuer war, immerhin aber den einheimischen Holzhändler mit inländischem

---

100) Bayer. Reg.-Bl. 1808, S. 1553—1557

Holze gegenüber einem Ausländer, der sein fremdes Holz auf einem Holzmarkte zum Verkaufe brachte und von der Lösung eines Zollpatentes der Ausnahmebestimmung zufolge befreit war, benachteiligte.

In der Maut- und Zollordnung vom Jahre 1807 bezw. 1808 beherrschte der Wertzoll den ganzen Holzzolltarif. War schon mit der Einführung des Wertzolles in den Holztarif vom Jahre 1799 kein glücklicher Griff getan, so muß der Tarif von 1807 bezw. 1808 durch die in demselben zur Anwendung gebrachte Variation des Wertzollsatzes als ganz verfehlt angesehen werden.

In dem Holz-Essitotarif von 1799 und 1804 war der Tarifsatz selbst stabil und nur ein Berechnungsfaktor, der Holzpreis, veränderlich. Nach dem neuen Tarif aber wurde der ehedem fixierte Wertprozentsatz zu einer örtlich und zeitlich beweglichen Größe, sodaß die Zollberechnung nun auf zwei instabilen Faktoren, dem Holzpreis einerseits und dem verschiebbaren Tarifsatze anderseits, schwankte, wodurch alle, dem Wertzolle von Natur aus anhaftenden Schattenseiten zu erhöhter Wirkung kamen.

Der Schwierigkeit der Mittelpreis-Erhebung durch den Zollbeamten war zwar dadurch vorgebeugt, daß Preisänderungen von der Regierung festgesetzt wurden. Dieses Verfahren hatte jedoch den anderen Nachteil, daß die Preise, bis sie von der Regierung normiert und an die Zollstätten hinaus gegeben waren, veralteten, sodaß der Zoll doch nicht nach dem wirklichen Werte bemessen wurde. Die Gefahr, daß der Preis als Grundlage der Wertverzollung zu rasch veraltet, haftet dem Wertzolle von Natur aus an und beraubt ihn seiner, von der Theorie besonders gepriesenen Eigenschaft der Anpassungsfähigkeit an das Vermögen des Zollträgers und der größeren Verhältnismäßigkeit der Abgabe zu demselben. Diese Schattenseite tritt aber in der Praxis um so merklicher dann hervor, wenn der Wertzoll sich nicht, den natürlichen Schwankungen der Werte folgend, selbst regulieren kann, sondern wenn, wie dies bei dem vorliegenden Holzausfuhrzolle der Fall war, die Veränderungen seiner Basis künstlich beeinflußt und bureaukratisch dekretiert werden. Der Wertzoll wurde tatsächlich zu einem spezifischen Zolle, ohne daß er jedoch die Vorteile der Stabilität eines durch den Zolltarif für längere Zeit fixierten Maßzolles besessen hätte.

Dadurch, daß die Regierung den Essitotarifsatz innerhalb der sehr weiten Grenzen von $8\frac{1}{3}$ bis 20% des Wertes je nach ihrer Beurteilung des örtlichen und zeitlichen Standes des Holzmarktes und Geschäftsganges des Holzexportes verschieben konnte, war der

Holzausfuhrzoll für die Kalkulation eines Geschäftes, welches auch nur mit Umsatzzeiträumen von Wochen oder wenigen Monaten rechnete, zu einer im voraus nicht bestimmbaren schwankenden Größe geworden. Der Zollpreis konnte ja aus irgend welchen Anlässen von der Regierung innerhalb eines so weiten Spielraumes ganz erheblich in die Höhe gesetzt sein.

Die logische Folge einer solchen Zollpolitik war, daß der Holzausfuhrhandel aus Gegenden, in welchen der Essitozoll wegen starker Nachfrage nach Holz und wegen guter Preise hoch war, abgelenkt und auf jene Grenzlandstriche verwiesen wurde, wo bei geringem Geschäftsgange niedere Preise und diesen entsprechend auch niedere Zollabgaben bestanden. Stieg an diesen Orten der Ausfuhrhandel, so schob unversehens die Regierung durch Erhöhung des Zollsatzes einen Riegel vor und die Unternehmer standen vor der Frage, ob sie den erhöhten Zoll tragen oder ihre Ausfuhr wieder nach einem anderen Grenzpunkte mit niedrigerem Ausfuhrzoll verlegen sollten.

Nicht zum wenigsten hatte unter solchen unsicheren Handelsverhältnissen der Holzproduzent zu leiden. Denn der Holzhändler, der sich selbstverständlich möglichst schadlos zu halten suchte und bei seinen Einkäufen mit einem Zollsatze kalkulierte, mit welchen er in allen eintretenden Fällen noch bestehen konnte, wälzte die nachteiligen Wirkungen der Ausfuhrabgaben nach Möglichkeit auf den Holzproduzenten ab, indem er seine Preisangebote entsprechend niedrig stellte.

Die Transitomaut von 1808, welche eine Kombination von Wert- und Wegzoll darstellt, brachte eine erhebliche Verteuerung der Holzdurchfuhr gegenüber dem früheren Stationszolle.

Es hatte z. B. nach dem Tarife und der Mautkarte vom Jahre 1764, welche bis 1807 maßgebend waren, eine Floßladung mit fünf Klaftern weichem Brennholz, die Bayern von der Tiroler bis zur österreichischen Grenze bei Passau auf dem Inn durchpassierte, an jeder der fünf Wasserzollstationen $3^1/_2$ kr. für die Klafter, im ganzen also 1 fl. $27^1/_2$ kr. Transitomaut zu tragen. Nach dem neuen Tarif dagegen betrug dieselbe bei Annahme eines Wertes von 5 fl. für die Klafter weiches Brennholz pro Klafter und Stunde $2^1/_2$ kr., für 5 Klafter $12^1/_2$ kr. Es erwuchs also schon bei einem Wasserwege von nur 7 Stunden ein Transitomautbetrag, um welchen vorher der ganze bayerische Innlauf passiert werden konnte, wobei das Wasserweggeld noch gar nicht in Anschlag erscheint.

Auch in zolltechnischer Hinsicht lag in der Neuerung keine

Verbesserung. Nach dem alten Tarife war die Mauterhebung höchst einfach, nunmehr aber an eine nach der Art der passierenden Ladung für jeden Fall aufzustellende Berechnung gebunden. Übrigens war der Transitomaut-Tarif vom 8. März 1808 mit dem einheitlichen Satze immer noch besser als jener der ersten Auflage des Zollgesetzes mit einer Abstufung des Wertprozentes nach Maßgabe der Länge des zurückgelegten Weges.

Der eben besprochene Holzzolltarif von 1807 bezw. 1808 kann als der schlechteste gelten, der in Bayern je bestand. Abgesehen von den erwähnten Mängeln seines inneren Aufbaues waren die Abgaben für den Transit und die Ausfuhr zu hoch, als daß sich ein Handelsverkehr hätte erhalten oder entwickeln können. Zudem waren die wirtschaftlichen Grundlagen des Tarifes unzeitgemäß; er stand, gleich seinen Vorgängern, noch auf dem Boden der merkantilistischen Schule, welcher die entgegengesetzte Auffassung von den Aufgaben der Waldwirtschaft hatte, als die Wirtschaftslehre jener Zeit, wie bei der Besprechung des Tarifes vom Jahre 1804 bereits angedeutet wurde.

Nachdem im Jahre 1810 gegen Abtretung von Tirol an Italien die Fürstentümer Regensburg, Bayreuth, Salzburg mit dem Inn- und Hausruckviertel an Bayern gekommen waren und auch das Fürstentum Bamberg in den bayerischen Zollverband einverleibt war, wurde das bayerische Zollwesen, welches inzwischen einige Modifikationen durch die Einführung eines eigenen Kolonialwarenimportes für die Ein-[101]) und Durchfuhr[102]) erfahren hatte, aus Anlaß der Errichtung der Staatsschuldentilgungskasse und zum Zwecke der Dotation derselben revidiert. Die daraufhin erlassene Zoll- und Mautordnung erschien unterm 23. September 1811[103]).

Ein Vorzug der neuen Tarife war die Unterscheidung des Wertes der Fabrikate in der höheren oder mäßigeren Belegung.

Die Transitomaut wurde für viele Gegenstände und besonders auch für die Beförderung auf Donau und Inn ermäßigt, doch war die Durchfuhr immerhin noch sehr hoch belastet, zumal in Verbindung mit dem Weggeld.

Die Einfuhrfreiheit wurde beseitigt; die bisher freien Gegenstände wurden meist in die niederste Belegungsklasse eingereiht. Im

---

[101]) Kaiserl. französ. Dekret von Trianon, d. d. 5. Aug. 1810.

[102]) Verordnung vom 28. Okt. 1810, bayer. Reg.-Bl. 1810, S. 1115.

[103]) Bayer. Reg.-Bl. 1811, S. 1345.

übrigen waren die Sätze der Konsumomaut wenig geändert. Für eine Reihe von Gebrauchsgütern wurde ein Konsumaufschlag angesetzt. Zu fiskalischen Zwecken diente ein ziemlich hoher Konsumoaufschlag für eine Reihe von Artikeln des täglichen Gebrauches.

Die Essitomaut war ziemlich hoch, insbesondere waren die Bodenerzeugnisse sehr beschwert.

Das Weggeld wurde zu Wasser und zu Lande, mit und ohne Überschreitung der Grenze nach Stunden und Mähnstücken erhoben, bei Güterfuhrwerken unter Berücksichtigung des Gewichts der Ladung, und zwar bis 108 Ztr. 3 kr., darüber 4 kr. pro Stunde und Mähnat; bei landwirtschaftlichen Gegenständen betrug der Satz 2 kr. zu Lande pro Stunde und Mähnat, ebensoviel zu Wasser pro Stunde und Fahrzeug; verschiedene speziell benannte, besonders landwirtschaftliche Gegenstände waren im Inlandverkehr weggeldfrei.

Trotzdem auch im Binnenverkehr, abgesehen von diesen Ausnahmen, Weggeld erhoben wurde, bestand überdies ein Weggeldsurrogat in Gestalt einer jährlichen Abgabe von 34 kr. von jedem Pferde und 24 kr. von jedem Zugochsen im Lande; die Pferde der Berufsfuhrleute waren frei. Diese Mähnatanlage wurde erst durch Landtags-Abschied vom 1. Juni 1822 wieder aufgehoben[104]).

Das Stempelgeld betrug 1 kr. vom Gulden des Maut- und Weggeldbetrages; behielt der Zollpflichtige die Pollete in Händen, so mußte er 3 kr. zahlen, erhielt aber $^2/_3$ des Betrages zurück, wenn er die Pollete binnen sechs Monaten einer Zollinspektion zur Kontrolle vorlegte. Diese Einrichtung, welche zur Ermöglichung der Kontrolle im Interesse der Zollverwaltung eine Vorschußzahlung des Zollpflichtigen forderte, die dieser erst im Supplikationswege wieder zurück erhielt, verursachte viele berechtigte Klagen.

Die Zollpatenttaxe blieb in der bisherigen Art und Höhe weiterbestehen.

Die Zollpatentsteuer dagegen wurde in das neue Mautgesetz nicht mehr aufgenommen und mit Verordnung vom 22. November 1811 endgültig aufgehoben[105]).

Der Holzzolltarif dieser Zollordnung:

Die Transitomaut blieb in dem Satze des vorigen Tarifes mit 2 pf. pro Stunde und Guldenwert bestehen.

---

104) Bayer. Ges.-Bl. 1822, S. 14.
105) Bayer. Reg.-Bl. 1811, S. 1749.

Die Sätze der Konsumomaut waren folgende:

Bau-, Brenn- und Werkholz	$^1/_4$ kr. von 1 fl. Wert
Verarbeitetes Holz und gemeine Holzwaren für den Ökonomiebetrieb	1—3 kr. von 1 fl. Wert
Nußbaumholz	$^1/_2$ kr. von 1 fl. Wert
Feineres ausländ. Holz für Drechsler- und Tischlerarbeiten	2 fl. vom Sporko-Ztr.
Zedern- und Buchsbaumholz	30 kr. „ „
Feinere Holzwaren, nicht zum landwirtsch. Gebrauche, Bildhauer-, Bildschnitzer-, Schachtelmacherarbeiten, Kinderspielzeuge	2 fl. vom Sporko-Ztr.
Schiffe und Flöße mit Holzladung oder unbeladen	1 kr. von 1 fl. Wert.

Der Konsumoaufschlag betraf nur die feineren Holzwaren im Betrage von 3 kr. vom Guldenwert; von den sonstigen Holzwaren und dem Holze im allgemeinen wurde derselbe nicht erhoben.

Die Essitoverzollung geschah nach dem Systeme des Tarifes von 1807 bezw. 1808. Die Essitomaut betrug:

Für Bau-, Brenn- und Werkholz	5—15 fl. von 100 fl. Wert
Für verarbeitetes Holz (Dauben, Felgen, Schindeln u. dergl.), dann für gemeine Holzwaren zum Ökonomiebetriebe	$^1/_2$ kr. von 1 fl. Wert
Für Nußbaumholz	1—9 kr. von 1 fl. Wert
Für feinere Holzwaren, nicht zum landwirtsch. Gebrauche, Bildhauer-, Bildschnitzer-, Schachtelmacherarbeiten, Kinderspielzeuge	$^1/_4$ kr. von 1 fl. Wert
Für Zedern-, Buchsbaumholz, dann ausländisches Holz als Mahagoni, Ebenholz usw. für Tischler und Drechsler	15 kr. vom Sporko-Ztr.
Für Schiffe und Flöße mit Holzladung oder unbeladen	1—9 kr. von 1 fl. Wert.

Die örtlich und zeitlich veränderlichen Belegungen wurden bei den einzelnen Mautpostierungen affichiert.

Zum Vorteile des Grenzverkehres wurde die Begünstigung bewilligt, daß u. a. auch bei Waldprodukten, welche sich in rohem Zustande befanden und geradewegs von den Gründen hinweg ein- oder ausgeführt wurden, die Ein- und Ausfuhrauflagen auf 1 pf. vom Guldenwert ermäßigt wurden.

Das Weggeld war für das Holz, das unter die erwähnten diesbezüglichen Ausnahmen fiel, im Inlandverkehr erlassen. Für den Verkehr über die Grenze betrug es bei dem Landtransport auf dem Fuhrwerke von der Stunde und dem Mähnstück 2 kr. wie seither; das Wasserweggeld aber war bedeutend, von 2 pf. auf 2 kr. von der Stunde und einem mit Holz beladenen Schiffe oder Floße erhöht.

Außerdem war auch das Stempelgeld als Abgabe zu berücksichtigen.

Eine weitere Abgabe des Holzhändlers war die noch bestehende Zollpatenttaxe. Über die Einschätzung der Holzhändler in die einzelnen Taxklassen gibt eine Verordnung für die Rheinprovinzen vom 8. Juli 1815 [106]) Aufschluß. Nach derselben war jeder, der in einem oder mehreren Schlägen für 500 fl. Holz erkaufte, dem Patent I. Klasse unterworfen. Jedenfalls fand diese Bestimmung im übrigen Bayern analoge Anwendung.

Die bemerkenswerteste Neuerung dieses Holzzolltarifes gegenüber dem vorigen war die völlige Wiedereinführung des Holzeinfuhrzolles. Als Beweggrund hierzu ist die erwähnte fiskalische Aufgabe des Zollgesetzes anzusehen. Daß keine wirtschaftspolitischen Erwägungen mitsprachen, geht aus dem ganzen sonstigen Charakter des Tarifes hervor. Doch gibt dieser Einfuhrzoll dem neuen Tarife in wirtschaftlicher Hinsicht einen von seinem Autor unbewußt erzielten Vorzug und erhebt ihn, wenn auch in Anbetracht der geringen Höhe des Einfuhrzollbetrages im Vergleiche zu den Ausfuhrzöllen allerdings nur wenig, immerhin doch um etwas über den Tarif vom Jahre 1808.

Das Holz war, wie auch andere bisher einfuhrfreie Gegenstände, dem niedersten Satze zugeteilt. Im Ausfuhrtarif war die Belegung des Rohholzes nicht nur im Prinzipe beibehalten, sondern sogar im Maximalsatze erhöht — eine weitere Verschlechterung der ohnehin unglücklich gewählten Verzollungsart. Eine dem einheimischen Holzhandel und der Industrie ungünstige Steigerung der Abgabe erfuhr die Ausfuhr von Schiffen und Flößen; auch der Holzwaren-Export, welcher im vorigen Tarife zollfrei war, wurde wieder belastet.

Erfreulich dagegen war die Ermäßigung der Essitomaut für verarbeitetes Holz von 5 fl. von 100 fl. in dem Tarife von 1808 auf $^1/_2$ kr. von 1 fl. oder 50 kr. von 100 fl.

---

106) Döllinger, Repertorium der Staatsverwaltung Bd. XVII 2, S. 248.

Über die Mängel des Systemes der verschiebbaren Wertzollsätze wurde bereits gesprochen. Wenn dasselbe sich auch einige Freunde zu erwerben vermochte[107]) — die schlechteste Sache findet oft einen Freund, der ihr eine gute Seite abgewinnen zu können glaubt —, so mußte doch der Regierungskommissar Ministerialrat Panzer bei der Beratung eines neuen Zollgesetzes in der Sitzung der Kammer der Abgeordneten vom 19. Juli 1819[108]) die damit gemachten Erfahrungen in das Urteil zusammenzufassen, daß die wandelbaren Belegungen sich nicht bewährt hätten. In den Jahren 1811—1817 habe sich gezeigt, führte er aus, daß durch die veränderlichen Zollsätze, welche durch die Kreisregierungen bestimmt würden, die größten Ungleichheiten entstünden; würden aber die Abänderungen von allerhöchster Stelle abhängig gemacht, so könnten sich bis zum Eintreffen der Entscheidung an den betreffenden Orten die Verhältnisse wieder verändert haben. Die Regierung habe deshalb auf das Recht, die Zollsätze nach vorübergehenden Umständen zu erhöhen oder zu mindern, verzichtet, wie überhaupt alle Regierungen, die ihr Zollwesen zu vereinfachen bestrebt seien, von der Wertverzollung abgekommen seien und sich wieder der Verzollung nach Bruttogewicht, Maß, Zahl oder Stück zuwendeten.

Wichtig für die Anwendung des bayerischen Holzzolltarifes in der Praxis war die Einbeziehung des Fürstentums Bamberg in das bayerische Zollgebiet und die Erstreckung des bayerischen Zollgesetzes auf dasselbe, wodurch dem bisher nur an ein verhältnismäßig kleines Holzhandelsgebiet mit altbekannten Verhältnissen angepaßten Tarife die Einwirkung auf einen Handelszweig von Weltbedeutung, wie der Holländerholzhandel aus dem Bamberger Lande und der Handel mit Bretterwaren an den Rhein es waren, erwuchs.

Die gegen Abtretung des deutschen Tirol, Vorarlberg und des Innviertels an Österreich erfolgte Vereinigung des Großherzogtums Würzburg und des Fürstentums Aschaffenburg mit Bayern veranlaßte die Regelung des Verkehres zwischen Altbayern und den neuen Landesteilen, da dieselben in den bayerischen Mautverband nicht aufgenommen wurden. Diese Regelung kam in dem Zollprovisorium vom 24. Oktober 1814[109]) zustande. Die hauptsächlichsten Bestimmungen desselben betrafen die Ermäßigung

[107]) Rede des Abgeordneten Aberdantz in der K. d. Abg. Landtagsverh. 1819, Bd. XIII, S. 520.

[108]) Landtagsverh. 1819, Bd. XIII, S. 586f.

[109]) Bayer. Reg-Blatt 1814, S. 1617ff.

der Gebühr für die durch Altbayern in das würzburgische Gebiet oder umgekehrt transitierenden und am Main umzuladenden Güter um ein Drittel, und die Minderung der Konsumo- und Essitogebühr für die Fabrikate der drei Ländergebiete. Für den gegenseitigen Verkehr zwischen Altbayern, Würzburg und Aschaffenburg mit Landesprodukten wurde ein spezieller Tarif angeordnet.

Nach diesem war die Einfuhr von hartem und weichem Bau-, Werk- und Brennholz, von Weinpfählen und Faßdauben frei.

Die Ausgangsgebühr betrug $^1/_2$ kr. vom Gulden-Wert.

Schiffe und Flöße, beladen und unbeladen, waren bei Ein- und Ausfuhr frei.

Für den Verkehr der neu akquierierten Länder mit dem Auslande blieben die gerade gültigen und den speziellen Handelsbeziehungen entsprechenden Tarife in Kraft. Besonders auch war der bayerische Holzzolltarif durch seine Wertzölle nicht geeignet, sich ohne eingehendere Vorbereitungen in völlig fremde und andersgeartete Verhältnisse einzupassen und die auf besondere, von den altbayerischen ganz verschiedene Zustände zugeschnittenen Holzzolltarife jener Länder mit spezifischer Belegung zu ersetzen. Auch mochten wohl fiskalische Erwägungen zum Weiterbestand der schon vorhandenen höheren Zölle in der Erwartung ihrer finanziellen Erträgnisse hingeneigt und die Frage der Beschleunigung des Einschlusses der beiden Länder in den bayerischen Mautverband, welche aus wirtschaftlichen Gründen sehr erwünscht gewesen wäre, verzögernd beeinflußt haben. Vielleicht auch mag, gleichwie von früheren ähnlichen Fällen anzunehmen ist, das Gefühl der Unsicherheit des Besitzes gegen eine eilige Erledigung dieser organisatorischen Fragen gewirkt haben.

Es ist nicht uninteressant, den Holztarif der würzburgischen Zollordnung vom 3. Februar 1812[110]) zur Vergleichung mit dem bayerischen kennen zu lernen, zumal er noch bis zum Jahre 1818 unter bayerischer Landeshoheit in Geltung war.

Vom Durchgangszoll waren alle Floßholzwaren und Holländerholz (neben den rohen Produkten der Landwirtschaft und des Weinbaues) namentlich ausgenommen.

Der Ein- und Ausgangszoll ist aus folgender Tabelle zu ersehen[111]).

---

110) Großh. Würzb. Reg-Bl. 1812, S. 47 d. allg. Zollordnung.
111) Großh. Würzb. Reg-Bl. 1812, S. 45 d. allg. Zollordnung.

Benennung der Holzsortimente	Eingangszoll		Ausgangszoll	
	fl.	kr.	fl.	kr.
Holz, Brennholz, hartes, weiches, per Klafter	frey		—	16
Wellen, per Hundert	„		—	16
Holländerholz:				
Ganze Eichbäume zu 30 Fuß, per Stamm	„		2	30
Halbe und Drittels geben einen halben, einen drittels, und ebenso werden 8 Wagenschuß, 16 Pfeifer, 28 Knapper und 48 Ranzen für einen Stamm gerechnet [112]).				
Floßholzstämme: 1 Reis von 60 Fuß und darüber	„		8	20
Boden, nämlich:				
3 ter, per Boden	„		8	20
4 „ „ „	„		8	20
5 „ „ „	„		5	—
6 „ „ „	„		2	30
7 „ „ „	„		2	30
8 „ „ „ } 9 „ u. 10 ter, per Boden }	„		1	40
Bauholz in Stämmen:				
Eichenstämme von 1—1½ Fuß im Dchm., per Stamm	„		—	50
„ 1½—2 „ „ „ „ „	„		1	40
„ 2—3 „ „ „ „ „	„		2	30
Kiefernstämme und Lärchen:				
zu 1 Fuß im Dchm., per Stamm	„		—	50
„ 2 „ „ „ „ „	„		1	40
Fichten- und Weißtannenstämme:				
von 9—12 Zoll im Dchm., per Stamm	„		—	6
„ 12—18 „ „ „ „ „	„		—	50
„ 18—24 „ „ „ „ „	„		1	40
Werk- und Nutzhölzer für Schreiner, Dreher, Wagner	„		—	25
Stangen für Wagner, per Stück	„		—	3
Baum- und Reifstangen, per Schock	„		—	12
Hopfenstangen, per Schock	„		—	25

[112]) Über die Klassifizierung des Holländerholzes siehe Daniel Ernst Müller, „Des Spessarts Holzhandel", Frankfurt a. M. 1837, S. 59:

1 Wagenschuß . . . =	14 " lang,	14 " hoch,	24 " breit;
1 Pfeifholz . . . . =	10 " „	13 " „	23 " „
1 Knappholz . . . . =	8 " „	12 " „	20 " „
1 Ranzen . . . . . =	6 " „	12 " „	20 " „

Dies waren die üblichsten Sorten des Stückholzes, Stammstücke in Form halber Zylinder. Der Wagenschuß repräsentierte bei den gespaltenen Sortimenten die Einheit; man rechnete 1 Wagenschuß = 2 Pfeifhölzern = 3 Knapphölzern = 6 Ranzen.

Benennung der Holzsortimente	Eingangs-zoll		Ausgangs-zoll	
	fl.	kr.	fl.	kr.
Stangen zu Peitschenstöcken, Siebmacherarbeit	frey		—	50
Bandweiden für Büttner, per Schock	"		—	3
Kleine Weiden zum Heften, per 4 Schock	"		—	1
Zugerichtetes Holz:				
Eichene Bretter zu 14 Fuß, per Schock	—	16	2	30
" " " 18—20 Fuß, per Schock	—	25	5	—
" Stollen, per Schock	—	6	—	50
" Pfähle, per Tausend	—	6	—	50
" Bohlen, per Stück	—	1	—	6
Fichten- und Kiefernbretter:				
Mainbretter, ordinäre, zu 12 Fuß, per Schock . . .	—	6	—	50
" " " 14 " " " . . .	—	6	2	30
" " " 20 " " " . . .	—	6	2	30
Doppelte Bretter oder Bohlen entrichten die zweyfache Gebühr.				
Latten, kurze, per Schock	—	6	—	16
" lange, " "	—	6	—	50
Schindel, per Tausend.	—	2	—	6
Fackelpfähle, per Hundert	—	4	—	12
Stohlen, per Schock	—	6	—	25
Kieferne und ordinäre Pfähle, per Tausend	—	6	—	50
Faßdauben:				
von Eichenholz zu 3½ Fuß, per Mähn.	frey		8	20
" " " 4—6 " " "	"		18	20
" " " 7—10 Fuß, per Hundert	"		8	20
" weichem Holz, per Schlag	"		—	25
Siebläufer, per Schock	—	16	1	40
Mühlsärge, per Stück	—	3	—	6
Buchbinderdegenspäne, per 10 Schock	—	10	—	5
Zuber- u. dergl. Küfnerwaaren, per Roßlast	3	12	—	25
Peitschenstiele, per Roßlast.	3	12	—	25
Faßreife von 1—24 Eymer, per Hundert	—	3	—	6
" " 2—8 Fuder, " "	—	6	—	16
Ausländische Holzarten als Buchs-, Eben-, Cedern-, Mahagony-, Cypressen-, Rosenholz u. dergl., per Ctr. . .	2	30	—	12
Holzwaaren, gemeine zum landw. u. häusl. Gebrauche, als Rechen, Schaufeln, Hähne, Löffel, Büttner- u. Küfnerarbeiten, per Roßlast	3	12	—	12
Mit Verordnung vom 12. Juni 1812[118]) wurde eine Modifikation bezügl. der Holzwaaren getroffen:				
Holzwaaren ohne Unterschied, per Roßlast . . .	—	48	—	12

[118]) Großh. Würzb. Reg.-Bl. 1812, S. 81.

Bezüglich der Wegegelder, Niederlagen-, Krahnen- usw. Gebühren blieb es bei den bestehenden Verhältnissen.

So bestanden im Großherzogtum Würzburg folgende Wegegelder für Holz nach der Zollordnung vom 3. Febr. 1812[114]).

A. Wegegebühren zu Lande, an jeder Station zu erlegen, bei Ein-, Aus- und Durchfuhr: Von einem Stamm Holz (Baum) für jedes Zugtier

a) auf der Chaussee . . . . 5 kr.
b) auf offener Zollstr. . . . 3 „

Von Lastfuhrwerken für ein Pferd oder Maultier a) 3 kr., b) 2 kr.
für einen Ochsen, Stier, Kuh, Esel a) 2 „ b) $1^1/_2$ „

B. Wegegebühr zu Wasser oder Wasserzoll; auf jeder Wasserzollstation (am Main: Eltmann, Haßfurt, Obertheres, Mainberg, Schweinfurt, Volkach, Kitzingen, Marksteft, Marktbreit, Ochsenfurt, Würzburg, Karlstadt, Karleburg, Zwing, Gemünden, Lengfurt; auch an Saale und Sinn bestanden Stationen).

Holz: a) hartes Holz:

1 Eichbaum	. . . .	40 kr.
8 Wagenschuß	. . . .	40 „
16 Pfeifer	. . . .	40 „
28 Knapper	. . . .	40 „
48 Stangen	. . . .	40 „
Bretter: zu 14 Fuß vom Geschock	.	12 „
18—20 Fuß „ „	.	48 „
Stollen „ „	.	36 „
Wagner-, Büttner-, Glaser-, Dreherholz ohne Unterschied von 10 Centner	.	5 „
Pfähle von 1000 Stück	. . . . .	4 „

b) weiches Holz.

1 Stück	von	60	Fuß	und darüber			. . . .	40 kr.
1 Dritter	„	60	„	vom	Boden	leer	. .	30 „
1 Vierter	„	60	„	„	„	„	. .	20 „
1 Fünfter	„	60	„	„	„	„	. .	15 „
1 Sechster	„	60	„	„	„	„	. .	10 „
1 Siebenter	„	60	„	„	„	„	. .	9 „
1 Achter	„	60	„	„	„	„	. .	6 „
1 Neunter	„	60	„	„	„	„	. .	4 „
1 Zehnter	„	60	„	„	„	„	. .	4 „

[114]) Großh. Würzb. Reg-Bl. 1842, S. 1, 8 d. allg. Zollordnung.

Bretter ordinaire vom Geschock	4	kr.
zu 14 Fuß „ „	12	„
zu 20 Fuß „ „	15	„
Doppelte Bretter geben durchaus zweyfache Gebühr.		
Latten lange vom Geschock	6	„
„ ordinaire von 4 Geschock	4	„
Schindeln von 1000 Stück	5	„
Fackelpfähle, Daubenholz, Stangen, Siebläufer, Mühlsärge, Buchbinderholz, Degenspäne von 10 Ctr.	4	„
Leiter vom Stück	1/2	„
Stollen vom Geschock	8	„
Kiefernpfähle 1000 Stck.	4	„
Ordinäre Pfähle 1000 Stck.	4	„
1 Boden-Zuber	45	„

c) Brennholz.

Buchen- und Eichenholz von der Klafter . .	1 1/2	kr.
Alles andere Scheitholz „ „ „ . .	1	„
Wellen große von 100 Stck.	1	„
„ kleine „ „ „	1/2	„

d) Faßreife.

von 1—2 Eymer von 100 Stück . . .	1 1/2	kr.
„ 2—8 Fuder „ „ „ . . .	3	„

Der Wasserzoll wurde mit Verordnung vom 24. Juni 1812[115]) für einige Sortimente ermäßigt und zwar für: hartes Holz, 1 Eichbaum, 8 Wagenschuß, 16 Pfeifer, 48 Ranzen auf 12 1/2 kr., für 1 Stamm Weichholz von 60 Fuß und darüber ebenfalls auf 12 1/2 kr.; das Weggeld wurde gleichzeitig für unchaussierte Straßen aufgehoben, für Chausseen auf den Tarif von 1769 zurückgesetzt[116]).

Zur Erleichterung des Holzhandels aus der Obermaingegend nach dem Rhein und nach Holland trug die Bestimmung bei, daß die durch das Großherzogtum Würzburg ziehende Strecke des Maines, welche seither zu 45 Stunden angenommen wurde, wegen der vielen Flußkrümmungen und zur Ausgleichung des dadurch gegebenen Mißverhältnisses zwischen der Land- und Wasserroute, nur mehr mit 30 Stunden berechnet und hiernach die Entfernungen der Mautstationen

---

[115]) Großh. Würzb. Reg-Bl. 1812, S. 84.

[116]) Großh. Würzb. Reg-Bl. 1812, S. 83.

abgeleitet wurden. Es bedeutete dies eine Ermäßigung der würzburgischen Mainzölle um ein Drittel.

Das Zollprovisorium wurde vom 1. Mai 1818[117]) an „wegen der Nachteile, welche durch die Verschiedenheit der im Mainkreise bestehenden Zollverfassungen, der Menge der Zollstationen und aus der Absonderung dieser Provinzen in commercieller Hinsicht von den älteren Staaten für die Unterthanen und das Aerar entstehen", aufgehoben, das bayerisehe Mautsystem des Jahres 1811 auf sämtliche Landesteile des damaligen Untermainkreises zur Anwendung gebracht und die Zollgrenze, welche bisher zwischen den alten und neuen Gebieten noch durch Zoll- und Weggeldpostierungen unterhalten wurde, an die Reichsgrenze gerückt.

Die bisherige Begünstigung des Transitverkehres zwischen Altbayern und dem würzburgischen und aschaffenburger Gebiete nach dem Main wurde wieder aufgehoben und der Durchgangszoll zu Land und zu Wasser durchaus mit 2 pf. pro Ztr. und Wegstunde gefordert.

Auch wurde die Aufhebung des Marktrechtes zu Aschaffenburg und Miltenberg, des Überschlagsrechtes zu Miltenberg, sowie die Ablösung der vom Fürsten zu Löwenstein und Grafen Ingelheim seither erhobenen Land- und Wasserzölle von diesem Termine an verfügt und durchgeführt.

Eine wichtige Bestimmung enthielt der Art. 14 der Verordnung vom 13. März 1818: „Die Schiffahrt auf dem Maine soweit Wir über denselben zu gebieten haben, ist vom Tage an, wo gegenwärtige Verordnung in Kraft kommt, gegen Beobachtung der Zoll- und Polizeigesetze für jeden qualifizierten Schiffer frei und offen, und alle besonderen Gebühren und Beschränkungen, welche bisher bestanden haben mögen und mit dieser Freiheit unvereinbar sind, werden hiemit nicht nur für Unsere eigenen Unterthanen, sondern auch für die Schiffer jener Staaten, welche auf ihren schiffbaren Flüssen ein ein Gleiches beobachten lassen, aufgehoben".

Aus dieser Bestimmung wurde die Beseitigung aller Zunftbeschränkungen[118]), Rangschiffahrtsordnungen[119]) und Mainabgaben

---

[117]) Verordng. v. 13. März 1818; bayer. Gesetzbl. 1818, S. 28.

[118]) Bezüglich der zünftischen Organisation der Schiffahrt auf dem Maine siehe Schanz, die Mainschiffahrt im 19. Jahrh., S. 21 ff. Holzschiffer, die zugleich den Holzhandel betrieben, waren wohnhaft zu Winterhausen, Gräfendorf und Wolfsmünster an der Saale, Gemünden, Langenprozelten, Lohr, Neustadt, Zimmern, Hafenlohr, Heidenfeld, Faulenbach, Stadtprozelten, Fechenbach, Dorfprozelten, Reistenhausen, Miltenberg, Trennfurt, Klingenberg, Wörth, Obernburg,

im Jahre 1818 abgeleitet. Nicht nur in der Literatur, sondern auch in der bayerischen Kammer[120]) wurde im Jahre 1856 diese Anschauung vertreten. Doch war dieselbe irrig, wie auch Schanz in seinen Studien über die bayerischen Wasserstraßen nachweist[121]). Es wurden nicht nur die Krahnen-, Übersatz-, Winterhalts und Kanalöffnungsgebühren nach der Würzburgischen Zollordnung von 1812 beibehalten (Art. 8), sondern auch, zum Ersatze des früheren Wasserzolles, das bayerische Weggeld für den Main eingeführt, allerdings unter Minderung desselben auf die Hälfte des Tarifbetrages für die Mainstrecke von Bamberg bezw. Hallstadt bis Kahl (Art. 7); ferner wurde auf dieser Strecke der Transitozoll in der Hälfte des für den Untermainkreis festgestellten Betrages erhoben.

Dagegen wurden andere Abgaben, die den Charakter von Rekognitionsgebühren hatten, abgeschafft und sonstige Erleichterungen — Berechnung der Nebengebühren an Weg-, Krahnen- und Niederlagsgeldern nach bayerischem Gewicht, Verminderung der Zollstationen von 24 auf 10, Erhebung der Gebühren für alle Stationen an nur einer Station — eingeführt.

Die Pfalz am linken Rheinufer trat, nachdem sie durch den Pariser Frieden im Jahre 1814 an Bayern gekommen war, in Zollsachen in keine näheren Beziehungen zu den älteren Kreisen.

In der linksrheinischen Pfalz bestand seit der Abschaffung der ehemaligen drückenden Mautgesetze durch das Gesetz vom 2. März 1791[122]) Handelsfreiheit. Im Jahre 1814 wurde durch eine Verordnung der k. k. österreichischen und k. bayerischen Landesadministrations-Kommission (vom 10. September 1814)[123]) das Prinzip der Handelsfreiheit durch Errichtung eines Salzaufschlages, welcher für eingeführtes Salz an Salzaufschlagseinnehmer, die an den Grenz-

---

Kleinwallstadt, Obernau, Aschaffenburg. Sie brachten Scheitholz nach Hanau, Offenbach, Frankfurt und Mainz; Faßholz und Weinbergspfähle in die Pfalz, insbesondere nach dem Rheingau. Die Ortschaften Gemünden, Gräfendorf, Wolfsmünster versorgten Würzburg mit Brennholz.

[119]) Über Rangschiffahrt s. ebenda S. 23 ff.

[120]) Ldtgsverh. 1837, Prot. Bd. XI, S. 524, Rede d. Abg. Kadern, ferner Ldtgsverh. 1855/56, Beilage Bd. II, S. 34, Stenogr. Bericht I, S. 341, Reden des Ref. Neuffer u. des Abg. Kirchgeßner.

[121]) Die Mainschiffahrt im 19. Jahrh. S. 15. Über die Mainzölle siehe dort S. 12 ff.

[122]) Siehe Amtsbl. f. d. kgl. bayer. Gebiet auf d. link. Rheinufer 1816, S. 65.

[123]) Amtsblatt der k. k. österr. u. kgl. bayer. gemeinschaftl. Landesadministr.-Kommission zu Kreuznach 1814, Nr. 14, S. 89.

orten stationiert waren, und späterhin als Grenzzolleinnehmer im allgemeinen funktionierten, zu entrichten war, durchbrochen. In den folgenden Jahren wurden noch einige andere Zollabgaben eingeführt, so ein Einfuhr- und Durchfuhrzoll für weißes Glas und Steinkohlen am 17. November 1814[124]); die Einfuhr der Steinkohlen wurde jedoch schon am 25. Juni 1816[125]) wieder freigegeben. Die Ein- und Durchfuhr ausländischen Glases wurde verboten (17. November 1814).

Im Jahre 1816 wurde ein wechselseitiger freier Ausfuhrverkehr eigentümlicher Grunderzeugnisse der bayerischen, französischen und anderen Grenzbewohner im Bezirke von 1 Stunde Entfernung von der Grenze hergestellt (Verordnung vom 19. November 1816[126]) und Vorschriften über Ein- und Ausfuhr und Durchfuhr von Getreide und Mehl erlassen. (Verordnung vom 5. Juli 1816[127]), vom 7. Oktober 1816[128]), vom 24. Dezember 1816[129])) und andere mehr).

Einen eigentlichen Zolltarif gab es nicht; die Regierung nahm systemlos einzelne Fälle oder Handelskonjunkturen zum Anlaß, um die Ein-, Aus- oder Durchfuhr einer Ware mit einem Zolle zu belegen.

Dieser Zustand dauerte bis zum Jahre 1829 (siehe Seite 168). Das Holz war nie Gegenstand solcher Zollverfügungen während dieser Zeit.

Im Jahre 1818 erfuhr der bayerische Handel und Verkehr einen hochwichtigen Fortschritt in der Befreiung von den nichtstaatlichen Zöllen und Abgaben durch die Aufhebung der gutsherrlichen Zölle, Weg- und Brückengelder mit dem Edikt über die gutsherrlichen Rechte und die gutsherrliche Gerichtsbarkeit vom 26. Mai 1818[130]).

3. 1819 bis 1827.

Im Jahre 1819 legte die Regierung dem zum ersten Male versammelten Landtage den Entwurf eines neuen Zollgesetzes vor, welches die über die bestehenden Zustände laut gewordenen Beschwerden und Mißstände beseitigen und unter angemessener Wahrung des finanziellen Zweckes dem staatswirtschaftlichen Interesse möglichste Sorgfalt widmen sollte.

[124]) Amtsblatt der k. k. österr. u. kgl. bayer. gemeinschaftl. Landesadministr.-Kommission zu Kreuznach 1814, Nr. 23, S. 137.

[125]) Amtsbl. f. d. kgl. bayer. Gebiet a. d. l. Rheinufer 1816, S. 92.

[126]) Ebenda, S. 457.

[127]) Ebenda, S. 50.

[128]) Ebenda, S. 346.

[129]) Ebenda, S. 485.

[130]) Bayer. Ges.-Blatt 1818, S. 266, § 116.

Der Entwurf wurde eingehend beraten, mit einigen Modifikationen unterm 22. Juli 1819[131]) zum Gesetze für das Königreich Bayern (mit Ausschluß des Rheinkreises) erhoben und trat am 1. Oktober 1819 in Kraft.

Der Durchgangszoll war dem Tarif von 1811 gegenüber etwas höher und betrug vom Zentner und der Stunde 2 pf., konnte aber auf leicht umfahrbaren Straßen auf 1 pf. gemäßigt werden[132]). Landwirtschaftliche Gegenstände wurden nach Maß oder Stückzahl, Holz nach dem Werte belegt.

Der Einfuhrzoll war nach Klassen von 20 fl., 10 fl., 5 fl., 3 fl. 20 kr., 1 fl. 40 kr., 50 kr., 25 kr., 12 $^1/_2$ kr. für den Sporkozentner eingeteilt, für unwägbare Gegenstände bestanden Stück- und Wertzollsätze. Mehrere minderwertige Artikel blieben frei; verboten war, gleichwie in allen früheren Zollordnungen, die Salzeinfuhr.

Die Ausgangszollsätze waren: 5 fl., 3 fl. 20 kr., 1 fl. 40 kr., 50 kr., 25 kr., 12 $^1/_2$ kr., 6 $^1/_4$ kr. pro Sporkozentner; Holz wurde nach Stücken und Raummaßen, landwirtschaftliche Produkte nach dem Werte belegt (Getreide 1—15 $^0/_0$ nach besonderer Skala).

Das Landweggeld wurde dadurch sehr verschärft, daß es nicht mehr nach der Zahl der Stunden und Gespanntiere, sondern genau nach der Stunden- und Zentnerzahl ausgeschlagen wurde. Es betrug in Ein-, Aus- und Durchfuhr 2 pf. vom Zentner und der Stunde, im innern Verkehr die Hälfte. Das Fuhrwerk mit landwirtschaftlichen Gegenständen war innerhalb des Landes frei; bei Ein-, Aus- und Durchfuhr war ein Weggeld nach Stundenlänge und Anzahl der Gespanntiere, vom Pferde 2 kr., vom Ochsen 1 kr., zu erlegen.

Durch die erhebliche Steigerung des Landweggeldes wurde der Transithandel durch Bayern sehr verteuert, der Durchgangs- und Speditionsverkehr auf den großen bayerischen Transitstraßen durch Bayern in die Nachbarstaaten abgelenkt[133]).

Das Wasserweggeld war nicht verteuert worden; es betrug wie bisher vom beladenen Fahrzeuge und der Stunde 2 kr.; bei leerem Fahrzeuge war es sogar auf die Hälfte ermäßigt.

---

[131]) Bayer. Ges.-Blatt 1819, S. 99—226.

[132]) Diese Ermäßigungsbefugnis scheint nach einem Bericht des Ober-Zollinspektors Rumpler zufolge der Verordng. v. 27. Sept. 1819 bezgl. des Maines zur Ausübung gekommen zu sein. Schanz, d. Mainschiffahrt im 19. Jahrh. Note 26, S. 368.

[133]) Schanz, Die Mainschiffahrt im 19. Jahrhdt., Bamberg 1894, S. 17.

Die Zollstempelgebühr betrug bis zu 1 Gulden Zoll- und Weggeldschuld 1 kr., darüber 2 kr. vom Gulden.

Im Untermainkreise blieben die hergebrachten kommunalen und privaten Kanal- und Wehrlochöffnungs-, dann die Winterhaltgebühren fortbestehen.

Das Zollgesetz enthielt folgende Tarife für das Holz.

Durchgangszolltarif.

Holz, alles Bau-, Brenn- und Werkholz, auch Bretter, Dauben, Felgen, Reife, Schindeln, Weinpfähle, Stangen, Lichtspäne, Holzkohlen und Lohrinden von jedem Guldenwert überhaupt	1 kr.	
Schiffe und dergl. große Wasserfahrzeuge pro Stück und Stunde	3 „	
Schiffe dergl. kleinere, auch Flöße, einfache pro Stück und Stunde	1 „	
Die nach dem Gewicht zu verzollenden Artikel, hierunter Holzwaren, pro Zentner und Stunde		2 pf.

Tarif der Ein- und Ausgangszölle:

Ziffer des Tarifes	Holz-Sortimente	von jedem	Zollbetrag im Eingang fl.	im Eingang kr.	im Ausgang fl.	im Ausgang kr.
	Holz, gemeines.					
	a) Bauholz.					
397	in Stämmen, hartes; 1—1½ Fuß im Dchm.	Stamm	—	4	—	40
398	„ „ „ 1½—2 „ „ „	„	—	4	1	—
399	„ „ „ 2—3 „ „ „	„	—	4	1	30
400	„ „ weiches; 1—1½ „ „ „	„	—	2	—	30
401	„ „ „ 1½—2 „ „ „	„	—	2	—	45
402	„ „ Rafen unter 1 F. i. Dchm. harte	Stück	—	1	—	10
403	„ „ „ „ 1 „ „ „ weiche	„	—	½	—	6
	b) Brennholz.					
404	in Scheitern, hartes	Klafter	—	3	—	15
405	„ „ weiches	„	—	1	—	10
406	„ „ Mischling	„	—	2	—	12
407	Abfall- u. Giebelholz in Aesten, Bauschen, Borzen, auch Sturzbürden und Holzscheiten, hart und weich	1 fl. Wert	—	½	—	3
408	Brennh.: Lichtbäume, Kienstämme, weiche	Stück	—	2	—	15

Ziffer des Tarifes	Holz-Sortimente	von jedem	Zollbetrag im Eingang fl.	Zollbetrag im Eingang kr.	Zollbetrag im Ausgang fl.	Zollbetrag im Ausgang kr.
409	Brennholz: Lichtspäne, d. i. geschlitzt, durch den Hobel gezogenes Holz, auch Kien	1 fl. Wert	—	½	—	2
410	Brennholz-Kohlen	1 Fuhre 1 spännig	—	2	—	12
	„ „	1 Fuhre 2 spännig	—	4	—	24
	c) Floßholz.					
411	gemeines	Stamm	—	1	1	30
412	anderes, gleich Bau-, Schiffbau- oder Werkholz, nach Beschaffenheit der Floßbäume	„	—	—	vom Floß —	—
	d) Schiffbauholz.					
	α) auf der Donau u. dem Inn.					
413	Stämme von 10—15 Klafter Länge . . .	„	—	2	2	—
414	„ „ 16—20 „ „ . . .	„	—	2	3	30
415	Rafen „ 10—13 „ „ . . .	„	—	½	1	24
416	„ „ 14—16 „ „ . . .	„	—	½	2	—
417	Krummholz oder Kipfe, brusthöhig . . .	Stück	—	½	—	4
418	„ „ „ kleinere	„	—	½	—	2
	β) auf dem Mayn.					
419	Holländer Holz, d. s. ganze Eichstämme zu 30 Fuß lang	„	—	4	1	30
420	Holländer Holz, halbe und drittels . . .	„	—	2	—	45
421	Uebriges, wie Bau- oder Werkolz: nach Beschaffenheit der Stämme	„	—	—	—	—
	e) Werkholz.					
	Schneidbäume und Sägblöcke,					
422	harte, 1—1½ Fuß im Dchm.	„	—	3	—	18
423	„ 1½—2 „ „ „	„	—	3	—	24
424	„ 2—3 „ „ „	„	—	3	—	30
425	weiche, 1—1½ „ „ „	„	—	1½	—	12
426	„ 1½—2 „ „ „	„	—	1½	—	15
427	Rafen, unter 1 Schuh Dchm., harte . .	„	—	1	—	10
428	„ „ 1 „ „ weiche . .	„	—	½	—	6
429	Stangen, bis zu ½ Fuß Dchm., harte . .	„	—	¼	—	1
430	„ „ „ ½ „ „ weiche .	„	—	⅛	—	½
431	Hopfenstangen	100 Stck.	—	3	—	⅛
432	Rebenstecken, Weinpfähle	1 Fuhre 1 spännig	—	1	—	6 pro 100 Stück
	„ „	1 Fuhre 2 spännig	—	2		
433	Reifholz und Weiden	1 Fuhre 1 spännig	—	1	—	6
	„ „ „	1 Fuhre 2 spännig	—	2	—	12

Ziffer des Tarifes	Holz-Sortimente	von jedem	Zollbetrag im Eingang fl.	kr.	im Ausgang fl.	kr.
	Geschnittenes, gearbeitetes Werkholz.					
434	hartes, in Läden oder Bohlen . . .	Stück	—	1/2	—	3
435	„ „ Falzbrettern	„	—	1/4	—	3
436	„ „ gemeinen Brettern	„	—	1/4	—	1
437	„ „ Schwärtlingen	100 Stck.	—	4	—	1/4 pro Stück
438	„ „ Pfosten, Rähmlingen, Stollen	Stück	—	1/4	—	1 1/2
439	„ „ Dauben für Faßbinder . .	1 fl. Wert	—	1	—	12 pro 100 Stück
440	„ „ Felgen für Wagner . . .	„	—	1	—	8 pro 100 Stück
441	weiches, in Läden, Bohlen	Stück	—	1/4	—	1 1/2
442	„ „ Falzbrettern	„	—	1/8	—	1
443	„ „ gemeinen Brettern . . .	„	—	1/8	—	1/2
444	„ „ Schwärtlingen	100 Stck.	—	3	—	1/8 pro Stück
445	„ „ Latten	„	—	2	—	12
446	„ „ Pfosten und Rähmlingen .	Stück	—	1/8	—	1
447	„ „ Dauben für Faßbinder . .	1 fl. Wert	—	1	—	8 pro 100 Stück
448	„ „ Brunnteichen, gebohrten .	„	—	1	—	3 pro Stück
451	Holz, feines, für Tischler, Drechsler (Buxbaum etc.)	Sporko-Ctr.	1	40	—	12 1/2
452	Cedernholz	„	—	25	—	12 1/2
453	Nuß- und Kirschbaumholz	„	—	12 1/2	—	50
454	Resonanzböden und Geigenholz .	„	—	12 1/2	—	25
455	Abfälle und Sägspäne	„	frei		—	12 1/2
456	Holzwaaren, gemeine (Reife, Geiselstecken, Siebläufer, Schaufeln, Drischeln)	1 fl. Wert	—	1	—	1/2
457	Holzwaaren, feine (Bildschnitzer, Schachtelmacherarbeiten, Kinderspielzeug, unlackiert, unbemahlen)	Sporko-Ctr.	1	40	—	6 1/4
458	Holzwaaren, lackiert, bemahlen	„	5	—	—	6 1/4
530	Lohrinden, birkene, eichene, feichtene, ungestampfte	1 Fuhre 1 spännig	frei		—	12
	„	1 Fuhre 2 spännig	„		—	24
	„	1 Fuhre mehrspänn.	„		—	36
531	Lohrinden, gestampfte	Sporko-Ctr.	„		—	50
838	Schiffe, große, Gemsen, Schelche etc. .	Stück	3	—	—	3 von 1 fl. Wert
839	„ kleine, Himpeln, Züllen	„	1	—	—	3 von 1 fl. Wert

Die aufgeführten Tarifsätze des Gesetzes entsprachen den Vorschlägen des Regierungsentwurfes. Die Zulässigkeit einer örtlichen Erhöhung der Holzausgangszölle bildete die einzige Modifikation, welche auf Veranlassung der Ständekammer dem Gesetze hinzugefügt wurde. Den Anstoß hierzu gab ein Antrag des Abg. Loewel[134]), welcher mit Rücksicht auf die Deckung des Holzbedarfes in den Eisenfabriken des Landgerichts Naila die Erhöhung der Ausgangssätze für Brennholz auf den dreifachen Betrag wünschte. Aus diesem Antrage schöpfte die zur Prüfung des Entwurfes gewählte Kommission die Veranlassung zu dem Vorschlage, daß, wenn auch der neue Tarif die Regel bilden solle, die Regierung doch ermächtigt werde, dort, wo örtliche Verhältnisse es angezeigt erscheinen ließen, den Zoll des Holzes nach 1 bis 20 Prozent des Wertes zu bestimmen und den Betrag nach Stücken, Fuhren usw. erheben zu lassen, um die Ausfuhr in dem einen Teil des Königreiches begünstigen, in dem andern erschweren zu können[135]).

Der Kommissionsvorschlag fand im Prinzipe Billigung, wurde aber bei den weiteren Verhandlungen dahin modifiziert, daß der tarifmäßige Satz als Minimum statuiert würde, während es bei Festsetzung des Zolles nach Prozenten des Wertes ohne diese Einschränkung möglich gewesen wäre, unter den Tarifvertrag herunterzugehen.

Der Kommissionsvorschlag ging alsdann in der Form in das Gesetz über, daß „nach Umständen und örtlichen Verhältnissen der Holzausgangszoll bis zu 20 Prozent erhöht werden könne, jedoch so, daß der Satz nach Klaftern, Stücken, Fuhren usw. ausgeworfen werde".

Das Weggeld für den Holztransport wurde nach den oben erwähnten Sätzen für landwirtschaftliche Gegenstände, zu welchen das Holz in allen seinen Gattungen nach dem Entwurf gezählt wurde[136]), berechnet; da das Holz meist auf dem Wasser verfrachtet wurde, so war der Holzhandel von dem hohen und verkehrsstörenden Land-Weggeld nur in geringem Maße betroffen.

Ebenso wurde das Stempelgeld für die Holzverzollung nach dem oben genannten Betrage erhoben.

Die in § 4 des Zollgesetzes der Regierung eingeräumte Befugnis, die Beschränkungen, welche dem Verkehre der Untertanen des

---

[134]) Ldtgsverh. 1819, Bd. VI, S. 370; siehe auch Rede des Abg. Bestelmeyer v. 3. Juni 1819, Bd. X, S. 142.

[135]) Bericht des Ref. Abg. Bestelmeyer über die Modifikation zum Zolltarif. Ldtgsverh. Bd. XIII, S. 513; Rede desselben Abg. v. 19. Juli 1819, Bd. XIII.

[136]) Ldtgsverh. 1819, Bd. II, S. 126.

Staates in anderen Ländern entgegengestellt würden, nach Umständen lediglich durch Erhöhung der Eingangszölle oder durch Einfuhrverbote zu erwidern, kam bezüglich des Holzes nicht zur praktischen Anwendung.

Vom Standpunkte der Zolltechnik aus betrachtet, liegt in der Spezifizierung der Zölle eine wesentliche Verbesserung des Holz-Ein- und Ausgangszolltarifes gegenüber jenen von 1811. Die Schwierigkeiten der Wertbelegung waren vermieden, allein man war in der Ausscheidung von Einzelsortimenten, besonders des Lang- und Werkholzes, in ein schädliches Extrem verfallen[137]). Die Aufnahme der Durchmesser oder Längenmaße für die Ausfuhrhölzer erforderte Mühe und Zeit und vor allem auch eine große Gewissenhaftigkeit der Zollbeamten, da die Zollbeträge der Sortimente einer Gattung ganz erhebliche Abstufungen zeigten, wie z. B. bei den harten Bauholzstämmen und dem Schiffbauholz auf Donau und Inn.

Die Durchgangsverzollung hätte sich wohl am besten dem Schema für den Ein- und Ausgangszoll anschließen können. Die Wertbelegung störte den einheitlichen Charakter des ganzen Holzzolltarifes.

---

[137]) Ein für damals vorzügliches Muster eines Holzzolltarifes hätte das preußische Zollgesetz vom 26. Mai 1818 in dem Tarife für Westfalen, Cleve, Jülich, Berg und Niederrhein gegeben (Gesetz-Sammlung für die kgl. preuß. Staaten, 1818, S. 65ff.). In diesem Tarife wird das Holz, dem modernen heutigen Systeme gleich, mit Ausnahme des Brennholzes, nach dem Gewichte verzollt:

Nutz- und Bauholz in Blöcken oder geschnitten als Bretter, Faßholz, Dauben, Bandstücke, Faschinen etc.

beim Wassertransport (Landtransport war frei) die Last zu 4000 Pfd.:

im Eingang 8 Gr.

„ Ausgang 12 „

Anm. Bei den Flößen in Blöcken werden 80 Kubikfuß = 1 Last gerechnet; 4000 Pfd. prß. Gewichtes sind gleich 1870 kg; ferner 80 Kubikfuß = 2,47 fm; 1 fm wurde also zu rd. 740 kg gerechnet.

Diese Verzollung fand nach dem preuß. Tarife für die Provinzen Preußen, Westpreußen, Brandenburg, Pommern, Schlesien, Posen und Sachsen, auch bei den kleineren Nutzholzgattungen, als Latten, Splittholz, Schindeln und dergl. statt, die übrigen Holzgattungen aber verzollte letzterer Tarif ebenfalls nach Stückzahl und Raummaß (Brennholz), jedoch in nur wenigen (sechs) Gruppen, innerhalb welcher jede Maßeinheit denselben Zoll trug. In den zuletzt genannten Provinzen war das Holz ausgangszollfrei, nur die Einfuhr war belegt. — Diese Tarife hatten den Vorzug großer Bequemlichkeit für alle Beteiligten. Besondere Vorteile hat die Gewichtsverzollung; das Wiegen der Gegenstände an dem Zollplatze vor der Einladung in das Fahrzeug ist nicht nur zolltechnisch weitaus einfacher und sicherer als das Abzählen, besonders kleiner Gattungen, sondern berücksichtigt auch die Unterschiede der Dimensionen der Gegenstände (große, kleine Latten, Dauben usw.) und die Gewichts- und Wertverhältnisse der Holzarten.

Immerhin liegt in dem Durchgangszoll von 1819 ein Fortschritt gegenüber jenem von 1811; er brachte entschieden eine Vereinfachung und Erleichterung der Erhebung insofern, als die Durchfuhrgebühr nicht mehr nach der Wegstundenzahl und dem Werte, sondern lediglich nach dem Werte des Frachtgegenstandes bemessen wurde. Außerdem enthielt er auch eine Minderung der Abgaben.

Der Einfuhrzoll war für rohes, unbearbeitetes Nutzholz und für das Brennholz bedeutend erhöht, während er für das bearbeitete Material ermäßigt erscheint. Der Ausfuhrzoll hatte sowohl bei rohem als bearbeitetem Holze eine Steigerung erfahren.

Die nachstehende Übersicht veranschaulicht den Vergleich der beiden Tarife von 1811 und 1819 und gibt zugleich das prozentuale Verhältnis der Zollbeträge — ausschließlich der sonstigen Abgaben an Weggeld, Zollstempelgebühr, Kommunalgefällen — zum Werte einzelner Hauptsortimente. (Die eingesetzten Preise sind der Beilage zum Vortrage des zweiten Ausschusses über den Entwurf einer Verordnung über das Zollwesen vom Abg. Schneider unter Zugrundelegung des Importes der Jahre 1820/21 entnommen.)[138]

Der Sortimente			1811				1890			
Bezeichnung	Einheitspreis		Einfuhr		Ausfuhr		Einfuhr		Ausfuhr	
	fl.	kr.	Zollbetrag kr.	% d. Wertes	Zollbetrag kr.	% d. Wertes	Zollbetrag kr.	% d. Wertes	Zollbetrag kr.	% d. Wertes
1 Baustamm (Hartholz)	4	–	1	0,41	12—36	5—15	4 durchschn.	1,7	60—72	25—30
Dto. (Weichholz) .	3	–	3/4	0,41	9—27	5—15	2	1,1	30—36	16,7—20
1 Schneidstamm (Hartholz) . . .	4	–	1	0,41	12—36	5—15	3	1,25	24—29 durchschn.	10—12,1
Dto. (Weichholz) .	2	–	1/2	0,41	6—10	5—15	1 1/2	1,25	12—14 1/2 durchschn.	10—12,1
1 Klafter Brennholz (Hartholz) . . .	3	–	3/4	0,41	9—27	5—15	3	1,7	15—18	8,3—10
Dto. (Weichholz) .	1	–	1/4	0,41	3—9	5—15	1	1,7	10—12	16,7—20
1 Falzbrett (Harth.)	1	30	1 1/2—4 1/2	1,7—5,0	3/4	0,8	1/4	0,27	3	3,3
Dto. (Weichholz) .	–	45	3/4—2 1/4	1,7—5,0	3/8	0,8	1/8	0,27	1	2,2
1 gemeines Brett (Hartholz) . . .	–	20	1/3—1	1,7—5,0	1/6	0,8	1/4	1,25	1	5,0
Dto. (Weichholz) .	–	10	1/6—1/2	1,7—5,0	1/12	0,8	1/8	1,25	1/2	5,0
1 Pfosten Rähmling (Hartholz) . . .	–	30	1/2—1 1/2	1,7—5,0	1/4	0,8	1/4	0,8	1 1/2	5,0
Dto. (Weichholz) .	–	15	1/4—3/4	1,7—5,0	1/8	0,8	1/8	0,8	1	6,67

[138]) Landtgsverh. 1825, Beil. Bd. VII, S. 190.

Besonders auffallend hebt sich die Höhe der Ausfuhrzölle für das Rohnutzholz hervor, welche bald lebhaften Widerspruch aus holzexportierenden Gegenden wachriefen.

Bei der Tagung der Landstände im Jahre 1825 wurden aus dem Unterdonaukreise Klagen darüber erhoben, daß die hohen Ausgangszölle auf das Holz, und vorzüglich auf das Stammholz, den früher bedeutenden Aktivhandel der dortigen Gegend völlig zerstört hätten[139]). Sicher aber hatte auch der sehr hohe österreichische Eingangszoll für bayerisches Brenn- und Bauholz einen großen Anteil an diesem Rückgang.

Im Oberdonaukreise forderte man freie Holzausfuhr nach der Schweiz, da der Ausfuhrzoll die Konkurrenz des bayerischen Holzes mit dem vorarlberger und württembergischen Holze auf dem schweizerischen Markte schwer schädigte, woraufhin die Regierung in Würdigung dieser Verhältnisse vom Winter 1824 an dem Lindauer Holzmarkte verschiedene Erleichterungen gewährte[140]).

Holzproduzent und holzkonsumierende Industrie stehen sich ja jederzeit mit divergierenden Interessen gegenüber, und so wurde auch, während die Forderungen der das rohe Material ausführenden Gegenden nach Freigabe der Ausfuhr vollberechtigt anerkannt wurden, aus holzverarbeitenden Kreisen gegenteilige Wünsche laut. So verlangten die Schiffbauhandwerker im Unterdonaukreise für sich eine Ausnahmebestimmung, welche die Ausfuhr der großen Schiffbaustämme für die Donaugegend von der Grenze an bis über Straubing aufwärts entweder sehr hoch mit Zoll belegen oder ganz verbieten sollte, um zu verhindern, daß die Holzhändler das rohe Holz den benachbarten österreichischen Schiffbaumeistern zuführten und damit den inländischen den Verdienst entzögen[141]).

Im Nordosten Bayerns hatte die Zollverordnung von 1819 eine kleine Zollfehde mit Meiningen entfacht, bei welcher die Sägemüller des Obermainkreises die Hauptkosten zu tragen hatten. Die Regierung von Meiningen hatte die Erhöhung der bayerischen Eingangszölle für geschmiedetes Eisen und feine Holzwaren, deren Fabrikation im meininger Oberlande in Blüte stand, mit Untersagung jeder Ausfuhr von Blochholz nach Bayern und mit der Belegung des Exportbauholzes mit 30 % des Wertes beantwortet; auch erteilte sie eine

---

[139]) Abg. Graf Armannsperg, Landtgsverh. 1825, Bd. X, S. 178.

[140]) Landtgsverh. 1825, Beil. Bd. VII, S. 255 (Antrag d. Abg. Mätzler).

[141]) Landtgsverh. 1825, Bd. X, Rede des Abg. Wienninger-Vilshofen vom 8. Aug. 1825.

Menge von Konzessionen zu Schneidemühlen und überließ denselben das Rohmaterial zu sehr billigen Preisen, wodurch die bayerischen Schneidemüller und Holzhändler schwer geschädigt wurden. Hierzu kam noch, daß der bayerische Ein- und Durchgangszoll für fremde Bretter sehr niedrig und der Ausgangszoll sehr hoch war; es betrug z. B. für ein Falzbrett aus weichem Holz zu 20 kr. Wert der Eingangszoll $^1/_8$ kr., der Durchgangszoll $^1/_3$ kr., aber der Ausgangszoll für ein im Inlande hergestelltes Brett 1 kr. Durch solche Verhältnisse war die Sägeindustrie eines großen Teiles des Obermainkreises sehr in Nachteil gesetzt; mit den Schneidemühlen in Meiningen konnte sie der hohen Preise wegen nicht mehr konkurrieren, andere, auf dem Wasserwege erreichbare Absatzgebiete aber, wie die Rheingegend, lagen sehr entfernt und das Hauptziel des nordbayerischen Holzexportes, Holland, blieb ihr, abgesehen von der Entfernung, auch durch dessen Eingangszoll auf geschnittene Bretterwaren zu 20 % des Wertes verschlossen. Die Vertreter des Obermainkreises in der Ständekammer stellten bei der Tagung im Jahre 1825 als vordringlichstes Mittel zur Sanierung der ungünstigen Lage der dortigen Industrie die Forderung der möglichsten Erleichterung der Einfuhr fremder und der Erschwerung der Ausfuhr inländisch erzeugter Rohstoffe und verlangten diese Maßnahmen insbesondere für das Rohholzmaterial bezüglich des Obermainkreises[142]).

Berechtigte Klagen über den Zolltarif erhoben die Lohmüller und Lohehändler; das Mißverhältnis der Abgaben für die Ausfuhr ungemahlener Rinde zu jenem für gemahlene Lohe war so groß, daß eine Schiffsladung Lohrinde zu 400 Ztr. an Zoll, Weggeld und Stempelgebühr 2 fl. 33 kr., die gleiche Ladung Lohmehl aber 402 fl. 35 kr., das verarbeitete Produkt also 400 fl. mehr als das rohe zu tragen hatte[143]).

Klagen über den Ausfuhrzoll für Rebstecken erreichten, daß derselbe durch Min.-Entschl. vom 20. März 1822 von 6 kr. auf 3 kr. für das Hundert herabgesetzt wurde[144]).

Die Beratungen über den Darmstädter Handelsverein in der

---

[142]) Landtgsverh. 1825, Bd. X, Rede des Abg. Silbermann v. 8. Aug. 1825, S. 449ff.; auch des Abg. Hagn, S. 466.

[143]) Siehe Rede des Abg. Jacobi v. 8. Aug. 1825, Landtgsverh. 1825, Bd. X, S. 480, ferner Petition der Lohmüller im Landgericht Lohr, Landtgsverh. 1822, Beil. Bd. II, S. 335.

[144]) Landtgsverh. 1828, Beil. Bd. XII, Vortrag des Abg. Märkel; Beil. 75, S. 1.

bayerischen Ständekammer im Jahre 1822 zeigten ein erfreuliches Moment in dem Auftreten neuer Ideen, welche auf das bayerische Zollwesen reformierend einwirken sollten. Es traten Redner auf, welche, das Unvermögen der bisherigen Zollgesetzgebung zur Erfüllung der wirtschaftlichen Aufgaben der Zeit erkennend, ein auf ganz neuem Fundamente aufgebautes Zollsystem wünschten: Freie Ausfuhr, freie Durchfuhr, dagegen Einfuhrbelegung in der Höhe von 20 Prozent des Wertes mit Ausnahme der einer inländischen Veredelung fähigen Rohstoffe[145]). Auch bei den Verhandlungen über den im Jahre 1825 den Ständen vorgelegten Zollgesetzentwurf fanden die modernen Ideen in der Abgeordnetenkammer warme Verfechter[146]), wobei es jedoch ebenso an der Vertretung des alten Standpunktes nicht fehlte[147]). Letztere setzte bei der Beratung sowohl in der Abgeordneten- wie in der Reichsratskammer sehr stark ein und vermochte die Annahme eines reinen Prohibitivsystems hintanzuhalten, begünstigt hierbei von dem Umstande, daß der Tarif von 1819 den seit 1821 gepflogenen Verhandlungen über einen Zollverband zwischen Bayern, Württemberg, Baden und Hessen-Darmstadt zugrunde gelegt war und eine so fundamentale Änderung des Zollsystemes auf diese Verhandlungen rückgewirkt hätte.

Das am 11. September 1825 erlassene Zollgesetz[148]) sollte vor allem den Fehler des Zollgesetzes von 1819, welcher zur Zerstörung des Durchfuhrhandels auf dem Landwege führte, wieder gut machen.

Der Durchgangszoll wurde deshalb nur auf $^1/_4$ kr. vom Sporko-Zentner und der Stundenlänge festgesetzt und die Regierung zur Vornahme allenfalls erforderlich erscheinender weiterer Ermäßigungen auf die Hälfte oder zu dessen Umwandlung in einen Aversalbetrag ermächtigt.

Die Ausfuhrzölle wurden für eine Reihe von Artikeln herabgesetzt.

Die Eingangszölle sollten nach dem Tarife von 1819 und nach

---

[145]) Landtgsverh. 1822, Beil. Bd. VIII, Vortrag des Abg. v. Utzschneider namens des II. Ausschusses S. 189 ff.; ferner Beil. Bd. III, S. 349, 350, Vorschläge des II. Auschusses zu einem neuen Zollgesetze.

[146]) Landtagsverh. 1825, Beil. Bd. II, Antrag des Abg. v. Utzschneider zur Begründung und Erhaltung des Wohlstandes der bayer. Güterbesitzer usw. v. 5. März 1825, S. 299, 300, 330 u. a. a. O.; ähnlich Abg. Hacker, Vortrag des Abg. Schneider, Beil. Bd. VII, S. 164 ff., Rede des Grafen Armannsperg v. 6. Aug. 1828, Bd. X, S. 165 ff. u. a. m.

[147]) Korreferent Heinzelmann, Beil. Bd. VII, S. 199.

[148]) Bayer. Reg.-Blatt 1825, S. 159—174.

den, sich an diesen anschließenden provisorischen Verordnungen erhoben werden; jedoch blieb es der Regierung anheimgestellt, vorbehaltlich der Zustimmung der nächstfolgenden Ständeversammlung diejenigen Erhöhungen und Ermäßigungen der Eingangs- und Ausgangszölle, welche sie dem Bedürfnisse der Landwirtschaft, der Industrie nnd des Handels angemessen fände, provisorisch anzuordnen.

Das Weggeld wurde für die Durchfuhr aus den für den Durchfuhrzoll geltenden Erwägungen auf $^1/_4$ k., für den inneren Verkehr und bei der Ein- und Ausfuhr auf $^1/_2$ kr. vom Zentner und der Stunde festgesetzt. Für schwergewichtige, aber geringwertige Güter sollten bedeutende Erleichterungen im inneren Verkehr eintreten können, während bei der Durchfuhr das Weggeld auf 1 Heller für den Zentner und die Stunde oder auf angemessene Aversalbeträge herabgesetzt werden konnte. Im übrigen blieb es bei den Bestimmungen für das Weggeld von 1819.

Aus den bereits besprochenen und anderen Klagen, welche in der Abgeordnetenkammer über die in einzelnen Gegenden durch das Zollgesetz von 1819 geschaffene und mißlich empfundene Lage geäußert wurden, entstand bei der Beratung des Zollgesetz-Entwurfes von 1825 und speziell des Holztarifes desselben eine Reihe von fast einstimmig gefaßten Anträgen zu dem Tarife[149]), unter diesen die Anträge auf Erhöhung des Einfuhrzolles von Brettern zur Retorsion gegen die sächsischen Lande, Herabsetzung des Ausfuhrzolles auf Bau-, Werk-, Stamm- und geschnittenes Holz an den östlichen Grenzen des Königreiches, insbesondere auf der Donau auf $^1/_4$ oder $^1/_5$ der bisherigen Belegung, Erniedrigung des Ausgangszolles für Tischlerholz, für Schiffe im Untermainkreise, Erschwerung der Ausfuhr des Schiffbauholzes auf der Donau nach Österreich u. a.

Die Anträge auf lokale Berücksichtigungen fanden in der Erteilung der Befugnis an die Regierung zur Anpassung der Zölle an örtliche und zeitliche Verhältnisse ihre Erledigung.

Die Holzzölle erlitten durch das Gesetz vom 11. September 1825 keine Änderung mit Ausnahme der als Zentnergüter behandelten Holzwaren, für welche der Durchgangszoll durch die allgemeine Minderung desselben auf die Hälfte sank und unter Umständen noch weiter auf den Satz von $^1/_2$ Pf. gemäßigt oder als Aversalbetrag erhoben werden konnte. Das Weggeld für das Holz richtete sich nach den oben erwähnten allgemeinen Bestimmungen.

---

[149]) Landtgsverh. v. 1825, Bd. XI, S. 4–17, 506, 520, Beil. Bd. XII. Beschl. der K. d. Abg. v. 16. Aug. 1825.

Von hoher Wichtigkeit für den Verkehr war die von Finanzminister Graf Lerchenfeld in Aussicht gestellte und durch § 5 des Gesetzes vom 11. September 1825 „Das Zollwesen betr.“, sanktionierte Anbahnung der Aufhebung der kommunalen Pflaster- und Brückengelder, welche auf manchen Straßenzügen durch Menge und Größe auf die Durchfuhr und den inneren Verkehr schwerer drückten als Durchgangszoll und Weggeld [150]).

Von der Ermächtigung, die Zölle nach Bedürfnis zu regulieren, machte die Regierung schon im Jahre 1826 Gebrauch.

Durch Verordnung vom 11. Dezember 1826 [151]) wurde vom 1. Januar 1827 an der Durchgangszoll auf dem Main, der Isar, Iller und dem Lech bis zur Einmündung in die Donau, dann auf der Salzach von Salzburghofen bis Marktl und dem Inn von Marktl bis Passau völlig aufgehoben, ebenso für eine Reihe von Landstraßen, insbesondere solchen, welche mit den genannten Flüssen konkurrierten. Für verschiedene andere Straßenzüge wurde der Durchgangszoll auf 1 Heller von der Stunde und dem Zentner herabgesetzt.

Gleichzeitig wurde auch eine Erleichterung im Weggeld vorgenommen [152]): Durchgehende Handelsgüter zahlten auf einigen südbayerischen Straßen nur mehr 1 Heller für den Zentner und die Stunde. Landwirtschaftliche Gegenstände, zu denen das Holz gezählt wurde, waren im inneren Verkehr frei, bei der Ausfuhr dagegen weggeldpflichtig.

Für mehrere Gegenstände, darunter gestampfte Lohe, gemeine und Berchtesgadener Holzwaren wurde es auf 1 Pf. für die Stunde und den Zentner herabgesetzt.

Für den Holzverkehr am wichtigsten war unter den Bestimmungen dieser Weggeld-Verordnung die Minderung des Weggeldes auf den halben Tarifsatz für die zur Ausfuhr kommenden unbeladenen Flöße und die auf Flößen verladenen Güter auf der Isar, der Iller und dem Lech. Auf den Main war diese Vergünstigung nicht ausgedehnt, während die Donau sowohl von dieser als auch von der Durchgangszollerleichterung ausgeschlossen blieb, was für den bayerischen Holzhandel von nicht geringem Einfluß war, da gerade diese beiden Flüsse die Hauptträger des bayerischen Holztransportes waren.

---

150) Landtgsverh. v. 1825, Beil. Bd. III, S. 141.

151) Bayer. Reg.-Blatt 1826, S. 865.

152) Bayer. Reg.-Blatt 1826, S. 872—874.

Am 11. Dezember 1826[153]) erging ferner eine Verordnung über die Ein- und Ausgangszölle unter gleichzeitiger Ankündigung eines neuen vollständigen Tarifes.

In dieser Verordnung blieben die Einfuhrzölle für das Holz nach bisheriger Art bestehen; nur in den Ausgangszöllen trat eine Änderung ein, die in die am 28. Dezember 1826[154]) ausgegebenen provisorischen Ein- und Ausfuhr-Zolltarife überging.

In diesen Tarifen hatten die schutzzöllnerischen Anschauungen sich Einfluß zu verschaffen vermocht, nachdem die im Jahre 1825 für Beibehaltung des alten Systemes von 1819 entscheidend gewordenen Rücksichten auf die erwähnten Zollverbandsverhandlungen in Wegfall gekommen waren. Der neuerlassene Tarif stellte sich gewissermaßen als ein Kompromiß zwischen der alten und der radikalen neuen Richtung dar.

Seine Tendenzen waren: Herabsetzung des Durchgangszolles und Weggeldes zur Belebung des Transites und des Inland- und Ausgangshandels, Begünstigung der einheimischen Produktion durch Minderung der Exportzölle und Steigerung der Importzölle für deren Erzeugnisse.

Diesen Ideen entsprang folgender Ein- und Ausfuhrtarif für das Holz[155]):

Benennung der Sortimente	Zollbetrag				
	von jedem	im Eingang		im Ausgang	
		fl.	kr.	fl.	kr.
Ziff. 274. Holz.					
a) Gemeines, hartes u. weiches.					
1. Bau-Werkholz in Stämmen u. Blöcken auch Reifen und Stangen ungeschnitten	1 fl. Wert	—	$\frac{1}{4}$	—	6
2. Bau- u. Werkholz, geschnitten zu Rähmlingen, Läden, Pfosten, Riegeln, Stollen, Bohlen, Brettern, Schwärtlingen, Latten, Dauben, Faßböden, Felgen, gebohrte Brunnteichen, Weinpfähle oder Rebstecken, auch Weiden und Reifholz .	„	—	$1\frac{1}{2}$	—	3
3. Brennholz, alles, in Scheitern, Aesten, Bauschen, Borzen, Spänen, Stöcken, Sturzböden, Schaiten, Hobelspäne auch Holzkohle	„	—	$\frac{1}{4}$	—	3

153) Bayer. Reg.-Blatt 1826, S. 842.

154) Bayer. Reg.-Blatt 1826, S. 919ff.

155) Bayer. Reg.-Blatt 1826, S. 923ff.

Benennung der Sortimente	von jedem	Zollbetrag im Eingang fl.	kr.	im Ausgang fl.	kr.
4. Schiffbauholz, alles, in Stämmen, Ruthen auch Kipfe und Krummholz	1 fl. Wert	—	1/4	—	6
Bem.: Um die Zollbehandlung der verschiedenen Holzartikel nach Klaftermaaß, Stämmen und Stücken möglich zu machen, wird der Currentwert desselben von Zeit zu Zeit nach örtlichen Preisen der versch. Austrittspunkte festgesetzt und bekannt gemacht werden.					
(b) Arzneihölzer).					
(c) Farbhölzer).					
d) Feines, für Drechsler, Tischler etc. als Acajou-, Buxbaum-, Cypressen-, Eben-, Königs-, Mahagoni-, Rosen-, Franzesenholz, lignum sanctum, auch Stuhlröhre . . .	Sporco-Ctr.	—	50	—	6 1/4
e) Cedernholz	"	—	12 1/2	—	6 1/4
f) Nuß-, Kirschbaum- auch Masernholz.					
1. in Blöcken	1 fl. Wert	—	1/4	—	6
2. geschnitten	"	—	1 1/2	—	3
g) Resonanzböden und Geigenholz	Sporco-Ctr.	—	12 1/2	—	25
h) Abfälle, Späne	"	frei		frei	
i) Holzwaaren, gemeine für Landleute (sind namentlich aufgezählt)	1 fl. Wert	—	3	—	1/2
k) Waaren, feine.					
1. Bildschnitzer, Schachtelmacher-Arbeiten, Kinderspielzeuge, roh, oder unlakiert, unbemalt	Sporco-Ctr.	1	40	—	6 1/4
2. dto. lakiert, bemalt	"	5	—	—	6 1/4
Ziff. 567. Schiffe.					
a) große Gemsen, Schelchen etc.	1 fl. Wert	—	6	—	1
b) kleine Himpeln, Zillen, Nachen	"	—	6	—	1
Ziff. 371. Lohe.					
a) birkene, eichene, feichtene, ungestampfte .	1 Fuhre 1 spännig	frei		—	30
	1 Fuhre 2 spännig	"		1	—
	1 Fuhre mehrspänn.	"		2	—
b) gestampfte	Sporko-Ctr.	"		—	12 1/2
c) Kuchen (die ausgelaugte Lohe)	"	"		frei	

Die Regierung war also wieder auf das Wertzollsystem zurückgegangen, trotz ihres absprechenden Urteils über dasselbe im Jahre 1819. Sie glaubte wohl, mit demselben am leichtesten den verschiedenen lokalen, oft sehr divergierenden Wünschen gerecht werden zu können.

In wirtschaftlicher Hinsicht erlangte dieser Ein- und Ausfuhr tarif für das Holz nur eine geringe Bedeutung. Die Ermittlung der örtlichen Preise für die einzelnen Artikel und Sortimente des Holzes, welche eine praktisch brauchbare Basis der Wertverzollung bilden sollten, wurde mit sehr großer Sorgfalt betrieben und sollte durch eingehende Erhebungen bei den Kreisregierungen und Forstämtern zustande gebracht werden; sie verzögerte sich aber derart, daß mit kgl. Verordnung vom 11. Mai 1827[156]) der Ein- und Ausgangszoll für die in Ziff. 274 a 1—4 der Verordnung vom 28. Dezember 1826 benannten Holzsortimente nach dem Zollgesetz von 1819 provisorisch bis auf weiteres wiederhergestellt wurden und bei Erlaß eines weiteren Zollgesetzes im Jahre 1828 noch in Wirkung standen. Der neue Tarif von 1826 kam nur bei Passau und Obernzell zur Anwendung, wo die örtlichen Preise bereits festgestellt waren.

Die Betrachtung des Tarifes von 1826 bietet deshalb nur theoretisches Interesse.

Einen Vergleich des Prozentanteiles der Zollgebühren an dem Preise der Hauptholzsortimente nach dem Tarife von 1819 mit jenen des neuen Tarifes ergeben bei Unterstellung gleicher Preise folgende Zahlen:

	Einfuhrtarif		Ausfuhrtarif	
	1819	1826	1819	1826
Bauholz, hart	1,7 %	0,41 %	25 —30 %	10 %
„ weich	1,1 „		16,7—20 „	
Schnittholz, hart	1,25 „	0,41 „	10—12,1 „	10 „
„ weich	1,25 „		10—12,1 „	
Brennholz, hart	1,7 „	0,41 „	8,3—10 „	5 „
„ weich	1,7 „		16,7—20 „	
Falzbretter, hart	0,27 „	2,5 „	3,3 %	5 „
„ weich	0,27 „		2,2 „	
Gem. Bretter, hart	1,25 „	2,5 „	5 „	5 „
„ weich	1,25 „		5 „	
Pfosten, hart	0,8 „	2,5 „	5 „	5 „
„ weich	0,8 „		6,7 „	

[156]) Bayer. Reg.-Blatt 1827, S. 411.

Der Einfuhrzoll für unbearbeitetes Nutz- und Brennholz war also wieder auf den Satz von 1811 zurückgegangen und ließ eine Erhöhung desselben, welche dem Waldbesitzer hätte zu gute kommen können und sollen, vermissen. Nach dem Korreferat des Abg. Heinzelmann in der Abgeordnetenkammer im Jahre 1827/28[157]) wurde dieser niedrige Satz damit begründet, daß ein Bedürfnis zur Holzeinfuhr sich aus den Einfuhrziffern der Jahre 1824/25 und 1825/26, nach welchen der Holzimport einen Wert von 721041 fl. bezw. 692338 fl. repräsentierte, ergäbe und daß die Deckung dieses Bedürfnisses nicht erschwert werden dürfe.

Die Sätze des Einfuhrzolles für bearbeitetes Holz waren durchgehends, zum Teil sogar beträchtlich erhöht. Wenn dadurch der Sägeindustrie ein Vorteil gegenüber der fremden Konkurrenz im Inlande eingeräumt war, so mußten hingegen die hohen Ausfuhrzölle für diese Sortimente dem Absatz nach dem Auslande entgegenstehen; letztere waren bei einigen Gattungen nicht oder nur unbedeutend ermäßigt, bei anderen sogar erhöht. Beim Rohnutzholz kam nur dem Langholze eine namhafte Ausfuhrerleichterung zugute.

Eine sehr zufriedenstellende Erfüllung ihrer Wünsche brachte der Tarif von 1826 den Lohmüllern; die Ausfuhr ungestampfter Lohrinde war mit $2\frac{1}{2}$fach höherem Zolle belegt, die der zubereiteten Lohe um $\frac{3}{4}$ des alten Zolles erleichtert[158]). Den Lohmüllern war damit wohl gedient, die Schälwaldbesitzer aber, die besonders in den Maingegenden eine bedeutende Menge Eichenrinde produzierten, waren bei der erschwerten Ausfuhr den Preisangeboten der inländischen Käufer ausgeliefert.

Es liefen denn auch bald Vorstellungen der Ortschaften Neugrün, Schlegelseidt, Wolfersgrün, Viehlesberg und Schmid im Landgericht Kronach ein, welchen mit Rücksicht auf die obwaltenden Lokalverhältnisse eine Ermäßigung des Ausfuhrzolles für ungestampfte Lohe auf die Hälfte des Satzes zugestanden wurde[159]).

---

[157]) Landtgsverh. 1827/28, Beil. Bd. XII, S. 108 ff.

[158]) Der 1825 vom Abgeordneten Ziegler gestellte Antrag ging allerdings noch weiter und forderte die Minderung des Ausfuhrzolles für gestampfte Lohe auf $6\frac{1}{4}$ kr., die Steigerung für ungestampfte auf 1 fl., 1 fl. 36 kr., 2 fl. für die einspännige Fuhr zu 9 bis 10 Ztr., bezw. für die zwei- und mehrspännige Fuhr. Landtgsverh. 1825, Beil. Bd. III, S. 74 (Sitzung v. 10. Mai 1825); 1827/28, Bd. XIII, S. 617, 621 (Sitz. v. 21. Juni 1828).

[159]) Landtgsverh. 1827/28, Bd. XIII, S. 595 (Rede des Abg. Jakobi vom 20. Juni 1828).

Die in der Verordnung vom 28. Dezember 1826 vorgesehene Bewilligung von Zollbegünstigungen nahmen die Holzhändler am Marktplatz von Lindau wegen der Rivalität der Bregenzer Händler in Anspruch und erhielten durch Ministerial-Entschließung vom 20. Mai 1827 auf Ruf und Widerruf eine ansehnliche Ausfuhrzollminderung für unbestimmte Quantitäten, so daß sie nur mehr zu entrichten hatten[160]:

für	ein	Hundert	Dielen	36	kr.
„	„	„	Bodenbretter . .	18	„
„	„	„	Pfosten	12 1/2	„
„	„	„	Tafelbretter . .	9	„
„	„	„	Dachlatten . . .	3	„
„	„	„	Gypslatten . . .	1 4/8	„
„	„	„	Rebstecken . .	1 3/8	„

4. Der bayerisch-württembergische Zollverein. Das Vereinszollgesetz vom Jahre 1828.

Im Jahre 1827 kam zwischen Bayern und Württemberg eine Einigung über den Zusammenschluß beider Staaten, einschl. von Hohenzollern-Sigmaringen und Hechingen, welche ihrer geographischen Lage wegen auf einen Verband mit Württemberg angewiesen waren, zu einem Zoll- und Handelsvertrag zustande. Bis zum endgültigen Abschlusse dieses Vertrages wurden zwischen beiden Staaten durch Vereinbarung vom 12. April 1827[161] einstweilige gegenseitige Erleichterungen des Grenzverkehres getroffen. Den Verkehr mit Holz betreffen darin folgende Bestimmungen:

1. Die Naturerzeugnisse, welche die Grenzuntertanen von ihren im Gebiete des anderen Staates gelegenen Grundbesitzungen in Waldungen gewinnen und unmittelbar über die Grenze bringen, sollen gegenseitig vom Ausgangs- und Eingangszolle frei sein.

3. Gegen Anmeldung bei den Zollstätten und Entrichtung einer Stempelgebühr von 1 kr. für den Zollschein sind gegenseitig

---

[160]) Landtagsverh. 1827/28, Bd. XIII, S. 595 (Rede des Abg. Jakobi vom 20. Juni 1828).

[161]) Bayer. Reg-Blatt 1827, S 291f., Württemb. Reg.-Blatt 1827, S. 139ff.

vom Eingangs- und Ausgangszolle frei mit der Beschränkung auf eine Tragkarren- oder Handschlittenlast:

Holzschuhe, Holzwaren, gemeine und unverpackte Schreinerarbeiten, gemeine Wagnerarbeiten.

5. Das . . . Holz, die Lohe . . ., welche die Grenzuntertanen des einen Staates zum Vermahlen, Schneiden, Stampfen auf die Säge-, Lohe- . . . Mühlen des anderen Staates bringen und in . . . . geschnittener Ware, gestampfter Lohe . . . . zurückführen, sollen gegenseitig vom Ein- und Ausgangszoll frei sein.

Am 18. Januar 1828[162]) wurde ein Vertrag zwischen Bayern und Württemberg geschlossen, in welchem die Grundzüge der Zollvereinigung niedergelegt wurden. Die beiden Länder vereinigten sich zu einem gemeinsamen Zollsysteme und zu einer ihren zusammenhängenden Länderumfang einschließenden Zollinie. Der bayerische Rheinkreis sollte in den Zollverband nur in dem Falle aufgenommen werden, daß entweder die gleiche Zollverfassung dort auf Rechnung des Vereins eingeführt oder dieser Kreis in unmittelbare Verbindung mit dem Vereinsgebiete gesetzt würde. Bis dahin sollten die Erzeugnisse dieses Kreises Zollbegünstigungen genießen.

Die Weggelder, Wasserzölle, Brücken- und Pflasterzölle, Kranen-, Wehrlochs- und Winterhaltgebühren blieben in den vereinten Staaten der privaten Erhebung vorbehalten.

Weggeld und Wasserzölle sollten 2 pfg. für Zentner und Stunde nicht übersteigen; auf dem Rhein, Main und Neckar sollten sich die Wasserzölle nach der Wiener Konvention von 1815 bezw. den zu erwartenden Schiffahrtsreglements richten.

Die in jedem Lande bestehenden Ausgangs- und Durchgangszölle blieben nach dem Grundvertrage bis auf weiteres in Anwendung, ebenso die Kunsumtionsabgaben, welche die Vertragschließenden von Genuß- und Verbrauchsgegenständen erhoben.

Dagegen wurde der württembergische Eingangszolltarif gemäß der Bestimmung, daß die Eingangszölle von allen jenen Artikeln, die bisher in Württemberg geringer als in Bayern belegt waren, den bayerischen Zollsätzen gleichgestellt werden sollten, reguliert[163]).

---

[162]) Kgl. bayer. Reg.-Blatt 1828, S. 49—79, kgl. Württemb. Reg.-Bl. 1828, S. 69 ff.

[163]) Kgl. Württemb. Verordn. v. 12. Februar 1828, Württemb. Reg.-Bl. 1828, S. 89.

Mit dem Holze scheint hierbei eine Ausnahme gemacht worden zu sein; denn der am 12. Februar 1828 erschienene und am 24. Februar 1828 in Wirkung getretene württembergische Einfuhrzolltarif für das Holz war dem bayerischen Tarife von 1819 bezw. 1826 nachgebildet, obwohl die Sätze des württembergischen Eingangstarifes vom 18. Juli 1824 durchgehends höher waren[164]).

[164]) Württemb. Reg.-Blatt 1824, S. 469ff., 495ff.

Württembergischer Holzzolltarif vom 18. Juli 1825.

Holzsortimente	Ausgangszoll, einmalige Abgabe			Durchgangszoll, einmalige Abgabe			Eingangszoll einmalige Abgabe		
	von jed.	fl.	kr.	von jedem	fl.	kr.	von jedem	fl.	kr.
Holz, mit Ausnahme des, den bisherigen örtlichen Wasserzöllen und forsteilichen Concessionsgeldern fernerhin unterliegenden Floßholzes:									
a) Inländisches Holz, Brennholz, eichenes, buchenes, tannenes und vermischtes	vom Wert	10 %		Klafter oder Maaß	—	8	Klafter oder Maaß	—	8
Scheiterholz oder Reisach . .	"	"		einspänn. Karren	—	4	einspänn. Karren	—	4
b) Bauholz, eichene ganze Stämme und Blöcke	"	"		Stück	—	16	Stück	—	12
Tannen, Fichten, Forchen, ganze Stämme Holländer Holz	"	"		"	—	12	"	—	8
Geringere Baustämme, Balken, Brunnenteuchel	"	"		"	—	8	"	—	4
Sägklötze	"	"		"	—	8	"	—	4
c) Werkholz für Künstler und Handwerker usw. in Stämmen und Blöcken	"	"		"	—	12	"	—	8
in Spältern, Scheitern und Wurzelhölzern	"	"		Roßlast	—	8	Roßlast	—	4
d) Schnittwaare:									
1. von hartem Holz:									
Bretter	"	"		2 Stück	—	1	2 Stück	—	½
Diele oder Bödseiten . .	"	"		1 "	—	1	2 "	—	1
Latten.	"	"		8 "	—	1	8 "	—	½
Rahmschenkel	"	"		4 "	—	1	4 "	—	½
2. von weichem Holz:									
Bretter	"	"		4 "	—	1	4 "	—	½
Diele oder Bödseiten . .	"	"		2 "	—	1	4 "	—	1

Die Durch- und Ausgangszölle wurden nach dem geltenden württembergischen Zolltarife von 1824 weiter erhoben.

In Württemberg war das Holz auch einer Akzisabgabe unterworfen, welche bestehen blieb[165]).

Holzsortimente	Ausgangszoll einmalige Abgabe			Durchgangszoll, einmalige Abgabe			Eingangszoll, einmalige Abgabe		
	von jed.	fl.	kr.	von jedem	fl.	kr.	von jedem	fl.	kr.
Latten	vom Wert	10 %		16 Stck.	—	1	16 Stck.	—	½
Rahmschenkel	"	"		8 "	—	1	8 "	—	½
e) Fackeln	"	"		25 "	—	2	25 "	—	1
f) Schindeln	"	"		1000 Stck.	—	2	1000 "	—	1
g) Pfähle	"	"		100 "	—	2	100 "	—	1
h) Faßtaugen									
1. von hartem Holz:									
von 1—5 Schuh	"	"		4 "	—	1	4 "	—	½
von 5—10 Schuh	"	"		4 "	—	2	4 "	—	1
2. von weichem Holz:									
von 1—5 Schuh	"	"		8 "	—	1	8 "	—	½
von 5—10 Schuh	"	"		8 "	—	2	8 "	—	1
i) Reifstangen u. Hopfenstangen	"	"		4 "	—	2	4 "	—	1
k) Kübelstäbe und andere kleinere Reifwaaren	"	"		Roßlast	—	1	Roßlast	—	4
l) Floßweiden	verboten			"	—	8	"	—	8
Holzwaaren, gemeine, auf Küfer-, Wagnerarbeiten, gemachtes Kelternholz	Roßlast	—	48	"	—	36	"	—	48
Lohrinde, eichene, ganz oder gemahlen	vom Wert	10 %		—	—	—	"	—	6
Schiffe, welche zum Verkauf bestimmt sind	Roßlast	—	48	—	—	—	"	—	48

[165]) Gesetz in Betreff „die Accis-Abgaben" vom 18. Juli 1824, Württemb. Reg.-Bl. 1824, S. 499.

§ 9: Alles Holz, es mag auf dem Stamm oder in Scheitern, als Brennholz oder Reisach oder als Bau-, Klotz-, Handwerks- und sonstiges Nutzholz von In- und Ausländern im Lande verwertet werden, sowie alle Schnittwaaren, ferner Faßtaugen, Pfähle, Teicheln, Reifstangen und Reife, Weiden, Schindeln, Besen, Rinden, Holzkohlen, Abholz, Lohe, Torf etc. sind nach dem reellen Verkaufspreis, also ohne Abzug des Hauer- und Fuhrlohns, der Accise mit 1 kr. vom Gulden des Erlöses unterworfen.

Das Floßholz unterliegt vor der Abfahrt, auf den Grund der wasserzollämtlichen Aufnahme, der gleichen Acciseabgabe nach den für die verschiedenen

Laut kgl. bayerischer Verordnung vom 18. Juni 1828[166]) und kgl. württembergischen Dekrets vom 22./24 Juni 1828[167]) trat der Zollverein am 1. Juni 1828 in Vollzug. Da ein gemeinsames Zollgesetz für die Vereinsstaaten zu diesem Termine noch nicht erlassen war — der Entwurf eines solchen war schon im Januar 1828 der bayerischen Ständeversammlung vorgelegt worden —, trat provisorisch das bayerische Zollgesetz von 1819 nebst den Verordnnngen vom Jahre 1826 für die Zeit vom 1. Juli an „bis ein neues Zollgesetz des Vereins gemeinsam beschlossen sein würde“ für den Zollverein in Kraft.

Die Holzverzollung richtete sich in allen Vereinsgebieten nunmehr für die Durchfuhr nach der Verordnung vom 11. Dezember 1826, für die Ein- und Ausfuhr aber — mit Ausnahme des Ausgangsbezirkes Passau-Oberzell — nach der Verordnung vom 28. Dezember 1826 bezw. für jene Holzgattungen, für welche diese Verordnung nicht durchgeführt war, nach dem Holzzolltarife vom Jahre 1819.

Das Schiffbauholz wurde auf dem Neckar mit den für den Main gültigen Sätzen belegt (Tarif 1819 d β — 419, 420 —).

Für den Verkehr der Grenzbezirke der Vereinsstaaten wurden verschiedene Zollerleichterungen eingeführt, darunter jene, daß Holz und Lohe, welche aus dem Vereinsgebiete zu einer Schneid- oder Lohmühle des angrenzenden Auslandes und umgekehrt aus- oder eingeführt wurden, gegen Vormerkschein der passierten Zollstätte beim Rücktransport zollfrei blieben[168]).

Naturerzeugnisse, welche inländische Grenzbewohner von eigentümlichen Feldern und Waldungen direkt über die Grenze ins Land brachten, waren eingangszollfrei[169]).

Bezirke auszumittelnden und von Zeit zu Zeit bekannt zu machenden Normalpreisen.

Was das zum Verkauf in das Ausland bestimmte Holz betrifft, so ist dasselbe:

a) insoweit es dem gesetzlichen Ausfuhrzoll von 10% unterliegt, von der Accise frei; wogegen

b) dasjenige Floßholz, welches im Auslande abgesetzt wird, aber von dem Ausfuhrzoll à 10% gegen Entrichtung der für einzelne Flüsse hie und da noch bestehenden Wasserzollabgaben und Floß-Concessionsgeldern ausgenommen ist, am Orte der Abfahrt der Accise unterliegt.

[166]) Bayer. Reg.-Bl. 1828, S. 251 ff.

[167]) Württemb. Reg.-Bl. 1828, S. 457 ff., 476.

[168]) Eine analoge Vereinbarung bestand zwischen Württemberg und Baden bereits seit 1826. Württemberg. Reg.-Bl. 1826, S. 208.

[169]) Die Grenzverkehrbegünstigungen waren dem württemberg. Zollgesetz vom 18. Juli 1824 § 24 entnommen. Württemberg. Reg.-Bl. 1824, S. 441.

Ebenso waren die Erträgnisse, welche Ausländer von ihren innerhalb der Vereinsgrenzen gelegenen Besitzungen ausführten, ausgangszollfrei, wenn der betreffende Nachbarstaat den Vereinsländern gleiches einräumte. Das Holz war allein von dieser Zollfreiheit ausgenommen.

Wie erwähnt, war der bayerischen Ständeversammlung im Januar 1828, weil einige Bestimmungen des geltenden Zollgesetzes nachteilig auf Agrikultur, Industrie und Handel wirkten, ein neuer Zollgesetzentwurf zur Beratung gegeben worden, aus welchem das Zollgesetz für die Vereinslande hervorgehen sollte.

Das Zollgesetz erschien nach sehr eingehenden Beratungen unterm 15. August 1828 und trat am 1. Oktober 1828 als gemeinsames Vereinszollgesetz in Kraft[170]).

In dem neuen Tarif waren die Durchgangszölle durch einen Ausgangszoll von regelmäßig 12½ kr. pro Zentner ersetzt. Damit, daß der Transit nicht mehr nach der Länge des Weges besteuert wurde, wollte man hintanhalten, daß die Durchfuhrtransporte nicht mehr, wie bisher, Bayern nur auf der kürzesten Strecke durchzogen, wenn sie es überhaupt nicht ganz umgingen. Die Einfuhrzollbeträge waren vielfach sehr erhöht, während die Ausfuhrzölle einer Anzahl von Artikeln, besonders der Landeserzeugnisse, gemildert waren; sehr viele Gegenstände waren ausfuhrfrei.

Das Weggeld wurde für den inneren Verkehr und die Ausfuhr aufgehoben.

Für die Einfuhr wurde es nur beim Holze in unten zu besprechender Weise nach den Wegstunden erhoben. Bei den sonstigen Einfuhrgegenständen trat an Stelle des Weggeldes ein fixer Zollbeischlag von 6¼, 12½ und 25 kr. von der Belegungseinheit (Zentner, Faß, Eimer, Guldenwert), entsprechend der niedrigen, mittleren oder hohen Belegungsklasse der Waren.

Bei der Durchfuhr betrug das Weggeld, gleich dem Durchfuhrzoll, 12½ kr. vom Zentner; doch wurde auf Straßen von unter 50 geographischen Meilen Länge für die Stunde und den Zentner nur 1 Pfg. entrichtet.

Das Wasserweggeld bestand auf den Wasserstraßen, wo es im allgemeinen Anwendung fand, in der Hälfte des Landweggeldes.

Das Stempelgeld betrug für eine Zoll- und Weggeldschuld bis zu 1 fl. 1 kr., bei höherem Betrage 2 kr. vom Gulden.

---

[170]) Bayer. Gesetzblatt 1828, S. 185 ff. Als Vereinszollgesetz in Bayern verkündet mit Verordnung vom 12. Nov. 1828. Ges.-Bl. 1828, S. 577 ff.; in Württemberg mit Verordnung vom 26. Sept. 1828. Reg.-Bl. 1828, S. 727 ff.

Alle Brücken- und Pflasterzölle auf staatlich unterhaltenen Straßen hörten auf; die Aufhebung bezw. Ablösung gleicher, von Märkten und Städten geforderten Abgaben wurde in Aussicht gestellt.

Die Krahnen-, Übersatz-, Kanal- und Wehrlochöffnungs-, dann die Winterhaltsgebühren bestanden in hergebrachter Art fort.

Der Rheinkreis blieb noch ohne Anschluß an das Zollsystem des rechtsrheinischen Bayern, doch wurde die Eingliederung in das Zollgebiet in Aussicht gestellt, sobald hinsichtlich des gegenseitigen Verkehres eine unmittelbare Verbindung zwischen diesseits und jenseits des Rheins hergestellt sein würde. Einstweilen wurde den Bewohnern des Rheinkreises der Anspruch auf gleiche Behandlung mit den Bewohnern der älteren Kreise hinsichtlich der Weggelder und der Brücken- und Pflasterzölle zugestanden[171]).

Bei der Beratung des Holzzolltarifes in der bayerischen Ständekammer kamen aus den Reihen der Abgeordneten sehr bemerkenswerte Vorschläge und Anträge für dessen Gestaltung im neuen Zollgesetze, welche auf eine Entlastung der Holzausfuhr und Erschwerung der Einfuhr bearbeiteten Holzes abzielten.

In Würdigung der Wichtigkeit des bayerischen Holzausfuhrhandels wünschte der Abgeordnete Heinzelmann[172]) eine Ermäßigung des Ausgangszolles auf die nach dem Rhein und nach Holland gehenden Sortimente und beantragte insbesondere die Milderung des Ausgangszolles für geschnittenes Holz auf dem Maine, da der bestehende Tarif dessen Absatz sehr schädige[173]). Auch Abg. Ziegler vertrat die Forderung einer Herabsetzung des Ausgangszolles für das Holz, und zwar in der Art, daß derselbe da, wo die Zölle die Ausfuhr erschwerten, auf 2% des Wertes für alle Sortimente festgesetzt werde[174]).

Für die völlige Freigabe der Holzausfuhr trat in spezieller Wahrnehmung der Interessen des Obermainkreises Abg. Claus[175]) ein. Der Holzhandel aus den vier Landgerichten Lauenstein, Teuschnitz, Kronach und Lichtenfels nach den Niederlanden beschäftige 30000 Menschen, welche jährlich 1300000 fl. ins Land brächten. Mit

---

[171]) Landtagsabschied 1828; Amtsbl. des Rheinkreises Nr. IX, S. 152 lit. Q.

[172]) Korreferent Heinzelmann, Landtagsverh. 1827/28, Beil. Bd. XII, S. 108, Sitzung vom 15. Mai 1828.

[173]) Landtagsverh. 1827/28, Beil. Bd. XII, S. 199.

[174]) Landtagsverh. 1827/28, Beil. Bd. XIII, S. 617, 621, Sitzung v. 21. Juni 1828.

[175]) Landtagsverh. 1827/28, Beil. Bd. XIII, S. 641, Sitzung v. 21. Juni 1828.

Rücksicht auf die Erhaltung und Förderung dieses Erwerbszweiges stellte er den Antrag, die Ausfuhrzölle für das Kommerzialholz, besonders für das verarbeitete Holz und für die zum Holztransport gehörigen Floßblöcke, sowie den Wasserzoll für den Holztransport völlig zu erlassen.

Auch von anderer Seite, wie in den Ausschußberatungen, wurde die Notwendigkeit einer Milderung des Ausgangszolles für das Kommerzialholz lebhaft betont. Finanzielle Bedenken bezüglich der Erfüllung des Budgets waren jedoch ausschlaggebend, um diesen Zoll, welcher jährlich über 200000 fl. eintrug, fortbestehen zu lassen[176]).

Hinsichtlich der Holzeinfuhr traten die Abg. Clarus und Papstmann im Interesse der Sägewerke für die Erhöhung der Eingangszölle für lange Bretter zu 15 Schuh auf 6 fl., für kurze Bretter zu 10 Schuh auf $2^1/_2$ fl. vom Schock und für die Eingangsbefreiung der Rohholzblöcher ein[177]). Auch Abg. Rudhart[178]) schloß sich dem Wunsche auf Steigerung des Eingangszolles für geschnittenes Holz an; er forderte einen Satz von 6 kr. vom Guldenwert; hauptsächlich hatte er die Schneidemühlen an der meiningischen Grenze im Auge, welche darunter litten, daß die meiningische Regierung die Ausfuhr des ungeschnittenen Holzes verbot und das auf der Rodach nach Bayern eingehende geschnittene Holz nur mit $1^1/_4$ kr. vom Guldenwert an Zoll belastet war.

Aus diesen Anträgen spricht ein redliches Interesse für die Besserstellung des Holzhandels und der holzbearbeitenden Industrie. Dagegen wurde die Frage einer Berücksichtigung der Waldwirtschaft in der Holzzollgesetzgebung von keiner Seite berührt.

Der Holzzolltarif des Gesetzes vom 15. August 1828.

Durchfuhrzoll: Die eingehenden Transitgüter hatten, wenn die Ladung nicht verschnürt und versiegelt werden konnte, beim Betreten des Vereinsgebietes den Einfuhrzoll zu entrichten. Dies war beim Holze der Fall; doch wurde diesem die Begünstigung eingeräumt (§ 37), daß der erlegte Eingangszoll gegen Entrichtung des Ausgangszolles rückvergütet wurde. Der Durchfuhrzoll war also gleich dem Betrage des Ausfuhrzolles:

[176]) Landtagsverh. 1827/28, Bd. XIII, S. 660 (Abg. Enke, Sitzung vom 21. Juni 1828).

[177]) Landtagsverh. Beil. Bd. XII, S. 244.

[178]) Landtagsverh. Bd. XIII, S. 790 (Sitzung vom 23. Juni 1829).

Ein- und Ausgangszoll: Trotz der vielfachen Anträge wurde der Tarif vom 28. Dezember 1826 nur in wenigen Artikeln geändert. Von einer eingehenderen Revision desselben wurde abgesehen mit der Begründung, daß man erst dann an eine Änderung gehen solle, wenn dieser Tarif, welcher bekanntlich für die hauptsächlichsten Holzsortimente noch nicht angewendet worden war, auf seine praktischen Wirkungen hin geprüft sei.

Die im Tarife vom 15. August 1828 eingetretenen Modifikationen des Tarifes von 1826 sind folgende:

Gemeine Holzwaren, als Drischeln, Geiselstecken u. dgl.:
Eingangszoll: 6 kr. von 1 fl. Wert[179]) . . (bisher 3 kr. von 1 fl.)
Ausgangszoll: frei . . . . („ $^1/_2$ „ „ 1 „)

Feine Holzwaren (Bildschnitzerarbeiten, Schachtelmacherarbeiten u. dgl.):
Eingangszoll: 15 fl. vom Sporko-Ztr. . . . . (bisher 1 fl. 40 kr. vom Sporko-Ztr.)
Ausgangszoll: frei . . . . . . („ $6^1/_4$ „ „ „)

Schiffe, große und kleine:
Ausgangszoll: frei . . . . . . (bisher 1 kr. vom 1 fl. Wert).

Die Durchführung des Wertzolltarifes nach der Verordnung vom 28. Dezember 1826 bezw. dem Gesetze vom 15. August 1828 scheint auf sehr große Schwierigkeiten gestoßen zu sein. Bei der Beratung des Zollgesetzentwurfes vom Jahre 1828 in der bayerischen Ständekammer wurden die Preiserhebungen für das Holz als im Frühjahr 1828 beendet erklärt[180]). Doch kam eine endgültige Festsetzung der Preise für die einzelnen Zollämter wohl nicht zustande. Denn noch im Jahre 1831 erwähnte der Finanzminister Graf Armannsperg in seinem Vortrage über die Zollverhältnisse[181]) bezüglich der Tarifveränderungen auf Grund § 27 und 28 der Zollordnung, daß die provisorische Gültigkeit des Tarifes vom 22. Juli 1819 für die oben schon erwähnten Holzgattungen mit der Ausnahme von Passau-Oberzell fortbestehe.

Das Weggeld wurde für das Holz, den einschlägigen Weggeld-

---

[179]) In dem im Ges.-Bl. 1828, Nr. X, S. 185 veröffentlichten Tarife findet sich eine Belegung von 3 kr. von 1 fl. Wert; im Reg.-Bl. 1828, Nr. 45, S 577 ff. (Verordnung vom 12. November 1828) wurde der Satz zur Gleichstellung mit jenen der gemeinen Drechslerarbeiten auf 6 kr. von 1 fl. Wert abgeändert.

[180]) Landtagsverh. 1827/28, Beil. Bd. XII, S. 108 ff., Korreferat des Abg. Heinzelmann vom 15. Mai 1828.

[181]) Landtagsverh. 1831, Beil. Bd. VIII, Beil. 26, S. 19.

vorschriften entsprechend, beim inländischen Verkehr und bei der Ausfuhr aufgehoben, bei der Durchfuhr nach dem allgemeinen Satze berechnet.

Bei der Einfuhr war das Holz das einzige Objekt, von welchem ein Weggeld gefordert wurde; dasselbe betrug beim Landtransporte 2 Pf. vom Pferd und der Stunde, beim Wassertransport 2 kr. vom Fahrzeug und der Stunde. Da der hauptsächlichste bayerische Holzverkehr nach dem Auslande ging, war die völlige Aufhebung des Weggeldes für Holzausfuhr eine erhebliche Erleichterung für dieselbe, der gegenüber die Besteuerung der Einfuhr mit dem Weggeld als ein der heimischen Produktion willkommener Zuschlag zu den niederen Eingangszöllen erscheint.

Das Stempelgeld entsprach den allgemeinen Vorschriften über dasselbe.

Als empfindliche Erschwerung des Holzverkehres bestanden die althergebrachten Abgaben auf dem Maine fort.

Die bayerische Regierung hatte zwar auf die staatlichen Wasserzolleinnahmen vom Jahre 1828 an größtenteils verzichtet[182]) und schon früher, 1818[183]), die Ablösung verschiedener Mainzölle von Korporationen und Mediatherrschaften übernommen; doch waren die noch verbliebenen Kanal- und Wehrlochöffnungsgebühren auf dem Maine bezw. deren Äquivalente noch eine sehr große Belästigung des Verkehres, nicht nur infolge ihrer Höhe, sondern auch durch die Aufenthalte, zu welchen die Wehrlöcher und Durchlässe die Schiffer und Flößer bei ihrer Fahrt zwangen.

Nach einer Aufstellung des Oberzollinspektors Rumpler in Würzburg, die Schanz in Note 40 seiner „Mainzschiffahrt im 19. Jahrhundert[184]) erwähnt, beliefen sich diese Wehrloch- und Durchlaßgebühren für ein Mainschiff mit Zug, bestehend aus drei dem Hauptschiffe angehängten Hümpelschelchen von Eltmann bis Frickenhausen auf 22 fl. 57 kr. bei Talfahrt, und ebenso hoch bei Bergfahrt, bei welcher noch die besonderen Kosten an vier Wehrlöchern zu Kitzingen, Schweinfurt, Haßfurt und Eltmann für 4 Pferde und

[182]) Das Wasserweggeld auf dem Maine hatte in den Jahren 1818—1828 jährlich 47882 fl., 1828—1833 aber nur noch jährlich 2816 fl. eingetragen; in den Jahren 1802—1818 trugen die Wasserzölle durchschnittlich 140628 fl. (Schanz, Mainschiffahrt im 19. Jahrh. S. 19).

[183]) Vergl. Bayer. Reg.-Bl. 1818, S. 29.

[184]) Bayer. Reg.-Bl. 1818, S. 369.

12 Mann zur Hilfeleistung mit je 11 fl., zusammen 44 fl. erwuchsen, sodaß die Gesamtauslagen 66 fl. 57 kr. ausmachten.

Die erwähnten Gebühren trafen bei der Talfahrt auch die Flößerei nach Maßgabe der Größe und der — harten oder weichen — Holzgattung. Die amtlichen Tarife im Jahre 1829 waren: für ein Floßstück zu Eltmann 30 kr., zu Haßfurt 24 kr., zu Schweinfurt 42 kr., in Summa 1 fl. 36 kr.

Zu Frickenhausen waren gemäß kgl. Reskripts vom 3. Oktober 1823 die Gebühren, welche als Entschädigung für den Aufwand bei Beseitigung einer Mainmühle zu zahlen waren, zu entrichten und zwar für jedes Holländerfloßstück 48 kr., für jedes gemeine Weißfloßstück 15 kr.

Auch an der Donau erhielten sich einige kommunale Abgaben, die sogenannten Donaustadtzölle zu Donauwörth und Ingolstadt, die später noch (Seite 180) näher erwähnt werden.

Auf Grund des § 29 der Vereinszollordnung wurde durch eine bayerische Verordnung vom 4. Februar 1829[185]) analog der württembergischen Verordnung vom 2. Oktober 1828, Beilage II[186]) und der Verfügung des württembergischen Finanzministeriums vom 4. Mai 1829, Zff. II[187]) die Zollbehandlung für den kleinen Verkehr der Grenzbezirke der Vereinslande durch mildernde Bestimmungen erleichtert. Naturerzeugnisse aus eigentümlichen Grundbesitzungen und Waldungen, Holzrechtsbezüge, Holz zum Schneiden, Lohrinde zum Mahlen oder Stampfen usw. waren darnach bei Ein- und Ausfuhr frei von Zoll, Zollbeischlag und Weggeld, wenn die betreffenden Gegenstände unmittelbar von einem Grundstücke weg, das nicht weiter als drei Stunden von der Grenze entfernt lag, aus- oder eingeführt wurden. Das zum Schneiden, Mahlen oder Stampfen ein- oder ausgeführte Holz und Lohe mußte innerhalb einer erklärten Frist wieder zurückgehen und bei Ein- und Austritt die gleiche Zollpostierung einhalten.

Durch die von Bayern und von Württemberg am 2. Oktober 1828[188]) erlassene Verordnung wurde ferner die Befreiung einer Reihe von Verkehrslinien von dem Ausfuhrzoll für durchgehende Güter ausgesprochen, desgleichen die Weggelderlassung für Durch-

---

[185]) Bayer. Reg.-Bl. 1829, S. 89; Döllinger, Repert. der Staatsverwaltung des Königreichs Bayern Bd. XIV, S. 2036.

[186]) Württemb. Reg.-Bl. 1828, S. 759, 766.

[187]) Württemb. Reg.-Bl. 1829, S. 194, 202.

[188]) Württemb. Reg.-Bl. 1828, S. 770—773, Verordnung vom 2. Oktober 1828.

fuhrtransporte auf der Enz, dem Neckar, der Rednitz und dem Main, dann auf der Iller, dem Lech, der Vils mit der Naab und der Isar bis zur Einmündung dieser Flüsse in die Donau.

Durchgangs- und Weggeldbehandlung auf dem Inn, der Salzach und Saalach, soweit diese die Grenze zwischen Bayern und Österreich bildeten, richtete sich nach den Bestimmungen der diesbezüglichen Staatsverträge.

Der bayerisch-württembergische Zollverein, welcher für beide Länder weder in volkswirtschaftlicher noch in finanzieller Hinsicht hervorragende Vorteile schuf, erlangte auch für den bayerischen Holzaktivhandel keine nennenswerte Bedeutung. Die dem Laufe der Flüsse folgende Absatzrichtung führte für das bayerische Holz weder noch nach durch Württemberg. Allenfalls könnte das Holz, welches aus dem bayerischen Allgäu auf der Iller nach Ulm befördert wurde und von da nach Württemberg ging, in Betracht gezogen werden.

Die Durchfuhr von Holz durch Bayern verlor, vom Standpunkte des Zollwesens aus, durch den Zollverband an Bedeutung. Da Württemberg als Ursprungsland für Transitholz wegfiel, blieb nur mehr das Holz aus dem Gebiete der Donau im südlichen Teile des badischen Schwarzwaldes und aus Tirol und Salzburg für den bayerischen Holztransit von Belang. Gewonnen hatte der württembergische Holzverkehr nach Bayern, für welchen der 10-prozentige württembergische Ausgangszoll und der, allerdings geringe, bayerische Eingangszoll wegfiel. Doch konnte die Holzeinfuhr aus Württemberg von Natur aus keine besondere Bedeutung gewinnen, da die Absatzrichtung aus den vorzüglichsten Waldgebieten Württembergs nach dem Neckar hinführte, während das nach Bayern neigende Ausfuhrgebiet nur einen kleinen Teil des württembergischen Schwarzwaldes und das Donaugebiet zwischen dem Hohenzollernschen Lande und dem schwäbischen Kreise umfaßte.

Leider stehen keine Zahlen zur Verfügung, welche die Holzverkehrsverhältnisse zwischen Bayern und Württemberg in der damaligen Periode zum Ausdruck bringen könnten.

5. Handelsverträge des bayerisch-württembergischen Zollvereins mit anderen deutschen Staaten.

Durch Vertrag vom 27. Mai 1829[189]) ging der bayerisch-württembergische Zollverein ein gegenseitiges Handelsver-

[189]) Bayer. Reg.-Bl. 1829, S. 555—574. Döllinger, Repert. der Staatsverwaltung Bayerns 10. Suppl. Bd. 1831, S. 94. Württemb. Reg.-Bl. 1829, S. 289 ff.

hältnis mit dem preußisch-hessischen Zollvereine ein, welches am 1. Januar 1830 auf 12 Jahre in Kraft trat.

Nach demselben waren die inländischen Erzeugnisse der Natur, des Gewerbfleißes und der Kunst gegenseitig von Eingangs- und Verbrauchsabgaben frei; nur wenige Gegenstände waren ausgenommen. Den Ausgangszoll für diese Erzeugnisse konnte nach Art. 4 des Vertrages jeder der beiden Zollvereine, bei welchem die kontrahierenden Staaten beteiligt waren, nach eigenem Ermessen anordnen; die Gegenstände aber, welche von einem der zollvereinten Staaten ausgingen, um in das Gebiet eines anderen derselben eingeführt zu werden, waren vom Ausgangszolle befreit.

Bayern und Württemberg konnten trotz dieser allgemeinen Vertragspunkte dem Ausfuhrzolle auf einige ihrer hauptsächlichsten Aktivhandelsprodukte, Holz, Getreide und Mehl, nicht entsagen. Gemäß den Vollzugsbestimmungen zu dem Handelsvertrage, welche in Bayern am 22. Dezember 1829[190]) verkündet wurden, wurden diese Produkte von der Ausgangszollfreiheit speziell ausgenommen, so daß also der bayerische und württembergische Holzhandel die Wohltaten eines Zollverbandes mit jenen Staaten, welche zu seinen vorzüglichsten Absatzgebieten gehörten, nur in sehr beschränktem Maße, d. h. nur insoferne der Eingangszoll im Königreich Preußen und im Großherzogtum Hessen wegfiel, genießen konnte.

Daß die Entlastung von dem preußisch-hessischen Eingangszolle den bayerischen Holzausfuhrhandel auf dem Maine nur in verschwindendem Grade beeinflußte, zeigen die Übersichten über das verzollte Holz bei den Zollstationen in Hanau (1824, 1831) und Wertheim (1829 bis 1835), welche Schanz in seinen Studien über die bayerischen Wasserstraßen — Die Mainschiffahrt im 19. Jahrhundert[191]) — zusammenstellte und welche, abgesehen von dem jedenfalls sehr geringen Zugang an badischem Holz auf der badischen Mainstrecke von Wertheim bis Freudenberg, für welche nur die Zufuhr auf der Tauber zum Maine in Betracht kommen konnte, die Mengen des aus Bayern in die Untermaingegenden und an den Rhein bestimmten Holzes wiedergibt.

Nach Schanz[192]) kann auf Grund der Hanauer Zollregister der daselbst zu Anfang der 1830er Jahre vorbeipassierte Güterzug auf

---

[190]) Döllinger, Rep. 10. Suppl. Bd. S. 164.

[191]) Seite 38—42.

[192]) Mainschiffahrt usw. Seite 37.

ungefähr 5 Millionen Zentner taxiert werden, wovon etwa 3,7 Millionen Zentner auf das Holz, das größtenteils geflößt wurde, treffen.

Weit förderlicher als der Erlaß des preußisch-hessischen Einfuhrzolles wäre für den bayerischen Holzverkehr auf dem Maine die Aufhebung der von den Untermainstaaten erhobenen Mainzölle gewesen, die die Benützung des Maines mehr erschwerten als alle anderen Hemmnisse. Doch blieben dieselben, wie alle Wasserzölle und Weggeldgebühren auf den Flüssen, fortbestehen.

Einen, den Landverkehr in Bayern und Württemberg von einem großen Teil der Last des Weggeldes und Zollbeischlages, ferner der mannigfachen anderen, dem Staate, Kommunen und Privaten zu leistenden Pflaster-, Damm-, Brücken-, Fähr- usw. Gelder befreienden Grundsatz gab Art. 6 des Vereinsvertrages, demzufolge diese Gebühren nur mehr in einem den gewöhnlichen Herstellungs- und Unterhaltungskosten angemessenen Betrage, höchstens aber im Betrage des preußischen Chausseegeldes nach dem Tarife vom Jahre 1828 erhoben werden durften[193]).

Der kleine Verkehr zwischen den Ländern beider Vereine wurde in der üblichen Weise geregelt[194]). Die begünstigten Grenzbezirke erstreckten sich auf die Ansiedelungen, die nicht über vier Stunden von der Vereinsgrenze entfernt lagen.

Dem preußisch-hessischen Zollvereine gliederte sich im Jahre 1831 das Kurfürstentum Hessen an, welches damit für seine innerhalb der preußisch-hessischen Zollinie liegenden Gebietsteile die Be-

[193]) Chausseegeldtarif für 1 Meile von 2000 preuß. Ruten vom 28. April 1828 (Gesetzsammlung für die königl. preuß. Staaten, 1828, Nr. 10, S. 65).

Vom Lastfuhrwerke (vom beladenen)

1. vierräderigen, für jedes Zugtier bei einer Bespannung
   a) von 4 und weniger Zugtieren . . . . 1 Sgr.
   b) von 5 oder 6 Zugtieren . . . . 2 „
   c) von 7 oder mehreren Zugtieren . . . . 3 „
2. zweiräderigen, für jedes Zugtier einer Bespannung
   a) von 1 oder 2 Zugtieren . . . . 1 „
   b) von 3 Zugtieren . . . . 2 „
   c) von 4 und mehreren Zugtieren . . . . 3 „
3. Ist der Radbeschlag eines Lastfuhrwerkes auswärts und in gerader Fläche 6 Zoll und darüber breit, auch ohne hervorstehende Nägel und Stifte, so wird statt der Sätze 1, lit. b und 2, lit. b nur entrichtet von jedem Zugtier . . . . . 1 „
4. Vom Schlitten für jedes Zugtier ohne Unterschied der Zahl 1 „

[194]) Bayer. Verordnung vom 21. Dez. 1829; Döllinger, Rep. 10. Suppl.-Bd. S. 20.

stimmungen des bayerisch-württembergischen und preußisch-hessischen Handelsvertrages vom 27. Mai 1829 annahm[195]). Dieser Anschluß von Kurhessen war ein weiterer Schritt zur Erleichterung des Verkehres auf dem Maine, welcher insbesondere auch den Holzhandel aus Bayern günstig berührte.

Nachdem durch den Zollverein mit Preußen und Hessen eine Brücke zwischen Bayern und dem Rheinkreise geschaffen war, wurde dieser bisher in Handels- und Zollsachen völlig isolierte Teil Bayerns zufolge bayerischer Verordnung vom 27. November 1829[196]) vom 20. Dezember 1829 an in den bayerisch-württembergischen Zollverband aufgenommen, dessen Zollordnung für denselben eingeführt und eine Zollinie um ihn geschlossen.

Im Jahre 1831 erfuhr der bayerisch-württembergische Zollverein eine kleine Gebietsmehrung durch den Einschluß des vom bayerischen Gebiete umschlossenen Sachsen-Weimar-Eisenacher Vorder-Gerichts Ostheim[197]) und des Sachsen-Coburg-Gothaischen Amtes Königsberg[198]), welche allerdings nur von untergeordneter Bedeutung waren.

Wichtiger als dieselbe, besonders für Bayern, war ein Vertrag zwischen dem bayerisch-württembergischen Zollvereine und dem Großherzogtum Sachsen-Weimar-Eisenach über gegenseitige Zollerleichterungen vom 10. März 1831[199]), mit Wirkung vom 1. August 1831 bis 31. Dezember 1834.

Diesem Vertrage zufolge war eine Reihe von Gegenständen, welche aus dem Großherzogtum nach Bayern und Württemberg gebracht wurden, durchaus frei von Eingangsabgaben, darunter ungestampfte und gestampfte Lohrinde, Holzabfälle und Späne.

Andere Artikel wieder waren teils in bestimmten, teils in unbestimmten Quantitäten in Bayern und Württemberg nur dann einfuhrzollfrei, wenn sie eigene Erzeugnisse der großherzoglichen Lande waren. Unter diesen letzteren befand sich das Holz, und war war dessen Einfuhr frei

---

195) K. Württemb. Reg.-Bl. 1832, S. 290.

196) Landtagsverh. 1831, Beil. Bd. VIII, Beil. 36, S. 32 u. 37; Döllinger, Rep. 10. Suppl.-Bd., S. 155. — Württemb. Reg.-Bl. 1829, S. 577, Verordnung vom 14. Dez. 1829.

197) Württemb. Reg.-Bl. 1831, S. 155; Bayer. Reg.-Bl. 1831, S. 201; Verordnung vom 25. Januar 1831.

198) Württemb. Reg.-Bl. 1831, S. 537; Bayer. Reg.-Bl. 1831, S. 673; Verordnung vom 14. Juni 1831.

199) Bayer. Reg.-Bl. 1831, S. 559; Württemb. Reg.-Bl. 1831, S. 361.

a. für unbestimmte Quantitäten bei gemeinem hartem und weichem Holz (d. i. ungeschnittenem Bau- und Werkholz, geschnittenem Bau- und Werkholz, Brennholz, Schiffbauholz, Nuß-, Kirschbaum-, auch Masernholz), dann bei gemeinen Holzwaren für Landleute;

b. für bestimmte Quantitäten bei Binder-, Faßbinderarbeiten, gemeinen Dreher- und Drechsler-Waren von Holz, Schreinerarbeiten, gemeinen unbeschlagenen Gefährten zum Ökonomiedienste und zwar für jährlich 400 Zentner im ganzen.

Gleiche Begünstigung genossen diese Gegenstände auch im Verkehr aus Bayern und Württemberg nach Sachsen-Weimar-Eisenach.

Die Durchgangsabgaben sollten zugunsten der kontrahierenden Staaten möglichst ermäßigt und die Erzeugnisse der Natur, der Gewerbe und der Kunst von denselben befreit werden, ausgenommen von den Chaussee- oder Weggeldern und den Wasserzöllen auf Strömen, für welche die Wiener Kongreßakte oder besondere Staatsverträge Anwendung fanden.

Die Ausgangszölle fielen gegenseitig hinsichtlich einer großen Anzahl Waren, unter diesen für feine und gemeine Holzwaren, gemeine Schreinerarbeiten, Holzabfälle, Schiffe, ebenso für alle jene Produkte, welche für Gewerbe oder Fabriken im bayerisch-württembergischen Vereinsgebiete aus dem Großherzogtum dahin ausgeführt werden, worunter Sägebäume, sog. Sägeblöcke speziell aufgezählt waren. Das bayerische Holz genoß aber weder als geschnittenes noch als rohes Material die Ausfuhrfreiheit nach dem genannten Großherzogtum.

Der kleine Grenzverkehr wurde in der üblichen Art besonders begünstigt.

6. Die Zeit nach dem Jahre 1833.

Der deutsche Zollverein.

Im Jahre 1833 einigten sich die gewerbreichsten Staaten Deutschlands zu dem großen deutschen Zollverein, welcher am 1. Januar 1834 ins Leben trat und die Staaten des preußisch-hessischen, des bayerisch-württembergischen Zollverbandes[200]), des thüringischen Zoll- und Handelsvereines und das Königreich Sachsen umfaßte. Im Jahre 1835 schlossen sich Baden, Nassau, Hessen-Homburg, 1836 Frankfurt am Main und bis 1852 sämtliche übrigen deutschen Staaten an.

[200]) Vertrag vom 22. März 1833. Bayer. Reg.-Bl. 1833, Nr. 42, S. 1023.

Als Grundlage der inneren und äußeren Handelspolitik des Zollvereines wurde einstweilen das preußische Zollgesetz angenommen, bis die zollvereinten Staaten ein Vereinszollgesetz aufgestellt hatten; dasselbe wurde mit der zugehörigen Zollordnung in Bayern am 17. November 1837[201]) verkündet.

Die provisorische Vereinszollordnung, welche auf dem preußischen Zollgesetze vom 26. Mai 1818 basierte, wurde samt dem Zolltarif in Bayern am 9. November 1833[202]) veröffentlicht. Bayern hatte damit seine Selbständigkeit der Zollgesetzgebung aufgegeben und sich nur verschiedene, durch Lokalverhältnisse veranlaßte Modifikationen vorbehalten.

Die Grundzüge der Vereinszolltarife waren folgende:

Der Verkehr im Innern war frei, Staats-, Kommunal- und Privatbinnenzölle blieben aufgehoben.

Von den ausländischen Erzeugnissen, welche zum Verbrauch oder Verkauf in das Land kamen, wurde, wenige Gegenstände hauptsächlich des landwirtschaftlichen und des täglichen Hausgebrauches ausgenommen, ein Eingangszoll, in der Regel 15 Silbergroschen oder 50 kr. im 24-Gulden-Fuß vom Zollzentner Bruttogewicht erhoben; die geringer oder höher belegten Artikel wurden speziell aufgeführt.

Hinsichtlich der Eingangszölle hatte sich Bayern nebst Württemberg auf Grund des § 4 des Vereinsvertrages für eine Reihe von Waren Sondertarifsätze, besonders für den Eingang an den Grenzen rechts des Rheins vorbehalten, so bei Eisen und Stahl, Getreide, Glas und Glaswaren, Leder und Lederwaren, Leinengarn, Leinwandwaren, Öl, Steinen, Vieh.

Für die Ausfuhr galt Zollfreiheit als Regel. Die Ausnahme hiervon traf nur wenige, zur einheimischen Verarbeitung taugliche Gegenstände: Abfälle von verschiedenen Gewerbebetrieben, rohe Baumwolle, einige rohe und halbfertige Drogen und Farbwarenartikel, Eisen und Stahl, Erze, Häute und Haare, Lumpen, Porzellanerde, rohe Schafwolle; das Holz war nur in Bayern und Württemberg ausgangszollpflichtig.

Für die Durchfuhr wurde eine Abgabe erhoben, welche dem Betrage der Ein- und Ausgangsabgaben entsprach, jedoch 50 kr. vom Zollzentner in der Regel nicht überstieg.

Durch diesen Vereinstarif erhielt also Bayern wieder einen

---

[201]) Bayer. Reg.-Bl. 1837 Nr. 61, S. 825.

[202]) Bayer. Reg.-Bl. 1833 Nr. 43, S. 1068.

Durchgangszoll, dessen Bedeutung jedoch infolge des freien Verkehrs im ganzen Zollvereinsgebiete für Bayern nur eine geringe war.

Das Holz wurde nach dem Vereinstarif und den für Bayern geltenden Modifikationen folgenderweise verzollt[203]):

I. Abteilung.

Gar keiner Abgabe unterworfen: Holz (Brenn- und Nutzholz, auch Flechtweiden), welches zu Lande verfahren wird und nicht nach einer Holzablage zum Verschiffen bestimmt ist, ausgenommen auf den mit einem Zollsatze namentlich betroffenen Grenzlinien; dann Reisig und Besen aus Holz.

II. Abteilung: Ein- und Ausfuhrabgaben.

1. Einfuhrzoll: Ziff. 12 des Tarifes:

a) Brennholz beim Wassertransport: 1 bayer. Klafter	8 kr.
b) Bau- und Nutzholz beim Wassertransport oder beim Landtransport zur Verschiffungsablage[204])	
1. Eichen-, Ulmen-, Eschen-, Kirsch-, Birn-, Äpfel-, Kornelholz 40 Ztr. oder beim Flößen 66 rheinbayerische Kubikfuß	2 fl. 30 kr.
2. Buchen-, auch Fichten-, Tannen-, Lärchen-, Pappeln-, Erlen- und anderes weiches Holz, ferner Sägewaren, Faßholz (Dauben), Bandstöcke, Stangen, Faschinen, Pfahlholz, Flechtweiden: 40 Ztr. oder beim Flößen 80 rheinbayerische Kubikfuß	1 fl. 15 kr.
c) Holzborke oder Lohe von Eichen und Birken, dergl. Holzkohlen	frei
d) Holzasche	frei
e) Hölzerne Hausgeräte (Meubles) und andere Tischler-, Drechsler- und Böttcherwaren, welche gefärbt, gebeizt, lackiert oder auch in einzelnen Teilen in Verbindung mit Eisen, Messing oder lohgarem Leder verarbeitet sind, auch feine Korbflechterwaren	5 fl. 6 1/4 kr.

---

[203]) Bayer. Reg.-Bl. 1833 Nr. 43, S. 1177, 1197 ff.

[204]) Bei dem unter b benannten Holz wurden in den östlichen preußischen Provinzen eigene Eingangszollsätze angewendet, welche in dem Tarife aufgeführt waren.

Für Tara wird vergütet:

in Fässern und Kisten	16 Pfd.	vom Ztr. Brutto-Gew.
in Ballen	7 „	

f) Feine Holzware (ausgelegte Arbeit), sog. Nürnberger-Waren aller Art, feine Drechsler-, Schnitz- und Kammacherwaren, auch Meerschaumarbeit, ferner dergl. Waren in Verbindung mit anderen Materialien (jedoch mit Ausschluß von Gold, Silber, Platina, Semilor und echten Steinen und Perlen), ingleichen Holzbronze, Holzuhren, ganz feine Korbflechterarbeiten, auch Blei- und Rotstift 1 Ztr. . . . . 16 fl. 58 3/4 kr.

Für Tara wird vergütet:

in Fässern und Kisten	20 Pfd.	vom Ztr. Brutto-Gew.
in Körben	13 „	
in Ballen	9 „	

g) Gepolsterte Meubles wie grobe Sattlerwaren 1 Ztr. 18 3/4 kr.

h) Grobe Böttcherwaren, gebrauchte ohne eiserne Reifen; von 1 Ztr. . . . . 4 fl. 16 1/4 kr.

Anmerk. Grobe Böttcher- und Drechsler-, Korbflechter-, Tischler- und alle rohen und bloß gehobelten Holzwaaren, Wagnerarbeiten und Maschinen von Holz tragen die allgemeine Eingangsabgabe d. i. vom Zollztr. . . . . 50 kr.

2. Ausgangszoll. Nach dem allgemeinen Vereinstarif wurden im Ausgange nur verzollt:

Holzborke und Holzkohle von 1 Ztr. . . . . . 8 kr.

Holzasche von 1 Ztr. . . . . 31 1/4 kr.

Alles übrige Holz war im ganzen Vereinsgebiete frei von Ausgangsabgaben.

Für die Königreiche Bayern (mit Ausschluß des Rheinkreises) und Württemberg waren indes auf Grund des Art. 4 des Vereinsvertrages Ausgangszölle für das bei den Eingangszöllen unter b benannte Holz beim Landtransport, sowie beim Wassertransport auf der Donau, dem Inn und dem Bodensee nach folgendem Tarife[205]) vorbehalten, welcher der bayerischen Verordnung vom 28. Dezember 1826 bezw. dem Zollgesetze vom 15. August 1828 entnommen war.

[205]) Beilage C zum Vereinszolltarif, bayerisches Reg.-Bl. 1833 Nr. 44.

Holz, gemeines hartes und weiches:

1. Bau- und Werkholz in Stämmen und Blöcken, auch Rafen und Stangen ungeschnitten von 1 fl. Wert . . 6 kr.
2. Bau- und Werkholz, geschnitten zu Rähmlingen, Läden, Pfosten, Riegeln, Stollen, Bohlen, Brettern, Schwärtlingen, Latten, Dauben, Faßböden, Felgen, gebohrte Brunnteicheln, Weinpfähle oder Rebstecken, auch Weiden und Reifholz von 1 fl. Wert . . . . 3 kr.
3. Brennholz, alles, in Scheitern, Ästen, Bauschen, Borzen, Spänen, Stecken, Sturzbürden, Scheiten und Hobelspänen von 1 fl. Wert . . . . 3 kr.
4. Schiffbauholz, alles, in Stämmen, Ruthen, auch Küpfe und Krummholz von 1 fl. Wert . . . . 6 kr.

Bemerkungen hierzu:

Zu 1: Rafen bedeutet das geringere Bau-, Werk- und Schiffbauholz, nämlich Bauholz in Stämmen und Sägblöcken von $^1/_2$—1 Fuß im Durchmesser, dann Schiffbauholz in Stämmen von 10—16 Klafter Länge und dem erwähnten Durchmesser.

Zu 2: Läden oder Bohlen 4—6 Zoll dicke Bretter. — Unter Pfosten ist das beschlagene oder geschnittene, zur Befestigung von Gartenzäunen usw. dienende Holz verstanden. Rähmlinge sind Rähmschenkel; Stollen (oder Riegel) ist vierkantig geschnittenes Holz, 2—4 Zoll im Gevierte und von Bretterlänge. — Schwärtlinge oder Schwarten sind die äußeren Segmente, welche beim Schneiden eines Stammes in Bretter auf den Seiten abfallen. — Felgen sind das zugehauene oder geschnittene Holz, wie es die Wagner kaufen, um es zu Radfelgen weiter zu verarbeiten.

Zu 3: Bauschen bedeutet Wellen; Sturzbürden sind Wellen größerer Gattung, auch werden darunter Faschinen und die Holzbürden verstanden, welche Landleute in den Wäldern sammeln und nach Hause bringen, Borzen werden teils in Teile gehauene Wurzelstöcke, teils die Giebelenden des Floßholzes, welche beim Floßbau zur Erzielung einer gleichen Länge der Floßbäume abgeschnitten werden, teils jene knorzigen Abfälle genannt, welche beim Aufmachen der größeren Baumäste zu Prügelholz abfallen. Holzscheiten sind Späne, welche beim Beschlagen des Bau- und Kommerzialholzes abfallen. Um die Zollbehandlung der verschiedenen Holzartikel nach Klafter-Maß, Stämmen und Stücken möglich zu machen, wird der Kurrentwert derselben von Zeit zu Zeit nach den örtlichen Preisen der verschiedenen Ein- und Austrittspunkte festgesetzt und bekannt gemacht werden.

Die Erhebung des Holzausfuhrzolles von jeglichem Landtransporte bildete eine Ausnahme von der Bestimmung der I. Abteilung des Vereinszolltarifes. Sie bestand indes nur kurze Zeit. Schon vom 1. Oktober 1834 an wurde sowohl in Bayern[206]) als in Württemberg[207]) der Ausgangszoll nach Tarifbeilage C für das Holz zu Lande aufgehoben und blieb nur mehr für die Donau, deren Nebenflüsse Inn, Salzach und Saalach und für den Bodensee bestehen.

In Bayern machte die Preisbestimmung des Holzes für die Ausgangsstationen, woran schon früher die Wertverzollung gescheitert war, auch jetzt wieder Schwierigkeiten. Die Generalzolladministration erhielt den Auftrag[208]), sich hinsichtlich derselben mit den königl. Regierungen des Unterdonau-, Isar- und Oberdonaukreises derart zu benehmen, daß

1. die betreffenden Forstämter beglaubigte Auszüge aus den für die Grenzreviere etatierten Preistarifen von ungeschnittenem Holz und

2. die einschlägigen Polizeibehörden förmliche Zertifikate über den unter Zuziehung von Sachverständigen ermittelten Lokalwert der geschnittenen Holzgattungen den Hauptzollämtern an der Grenze sobald wie möglich und künftig jedes zweite Jahr zustellten, damit dieselben diese Behelfe den Berechnungen der tarifmäßigen Ausgangszollgebühr zugrunde legen und hiernach, wo es erforderlich, auch die Inklaven anweisen konnten. Sollten wegen der Grenzflüsse besondere Rücksichten einzutreten haben, so sollte Anzeige erstattet werden.

Der bayerisch-württembergische Reservat-Holz-Ausfuhrzoll hatte nur kurzen Bestand. In dem am 21. November 1836 erlassenen und vom 1. Januar 1837 an gültigen Vereinszolltarif war derselbe nicht mehr aufgenommen und damit abgeschafft.

Vom Jahre 1837 an war also der Holzexport — von einigen Nebenprodukten, als Holzborke, Holzkohle und Holzasche

---

[206]) Finanz-Min.-Entschl. v. 23. Sept. 1834 an die General-Zolladmin. u. Entschl. d. Min. d. Innern v. 1. Okt. 1834 an die Kreisregierungen; Döllinger, Samml. Bd. XIV 4, S. 1599. Verfüg. v. 4. Okt. 1834 f. d. Isarkreis; Intell.-Bl. f. d. Isarkreis 1834, S. 1365.

[207]) Verfügung d. württemb. Finanz-Min. v. 31. März 1834; Württemb. Reg.-Bl. 1834, S. 337.

[208]) Döllinger, Samml. Bd. XIV 4, S. 1599, (23. IX. 1834 u. 1. X. 1834).

abgesehen — im ganzen Gebiete des deutschen Zollvereins keinerlei Ausfuhrzöllen mehr unterworfen, nachdem diese auch in den beiden süddeutschen Staaten gefallen waren.

III. Abteilung Durchfuhrabgaben.

Das Holz, das auf dem Lande geführt und nicht nach einer Holzablage zum Verschiffen bestimmt war, war frei vom Durchfuhrzoll.

Im übrigen wurde der Durchfuhrzoll nach den allgemeinen Bestimmungen über denselben folgender Art bemessen:

Bei Holzgattungen, die beim Ein- oder Ausgang nach Maß oder Stückzahl belegt wurden, oder bei welchen die Ein- oder Ausgangsabgaben oder beide zusammen weniger als 50 kr. vom Zollzentner betrugen, bestand die Durchgangsabgabe in dem Betrag der Ein- und Ausgangsabgaben, durfte jedoch in der Regel den Satz von 50 kr. für den Zollzentner nicht übersteigen. Waren, die auf den Straßen an den kgl. bayerischen und kgl. württembergischen Landesgrenzen eintraten und an ebensolchen das Vereinsgebiet wieder verließen, genossen eine Ermäßigung des Höchstsatzes auf $12^1/_2$ kr. vom Zollzentner, eine Begünstigung, welche für Holzwarensendungen von Interesse werden konnte.

So lange Bayern den Ausfuhrzoll für das Holz hatte, bestand der Durchgangszoll für die davon betroffenen Sortimente, wenn sie das Zollvereinsgebiet an der bayerischen Grenze verließen, in dem Betrage des Eingangs- und Ausgangszolles. Nach Aufgabe des letzteren war vom 1. Januar 1837 an der Holz-Durchgangszoll im ganzen Vereinsgebiete:

a) gleich dem Eingangszoll bei Brenn-, Bau- und Nutzholz (12 a, b) und gepolsterten Möbeln (12 g);
b) gleich dem allgemeinen Satze von 50 kr. bezw. $12^1/_2$ kr. bei den hölzernen Hausgeräten, Tischler-, Drechsler-, Böttcher- und sonstigen, auch feinen Holzwaren (12 e, f, h);
c) gleich dem Ausgangszolle bei Holzborke, Holzkohle, Holzasche (12 c, d).

Der Durchgangszoll von Holz verlor für Bayern immer mehr an Bedeutung. Für weitere Transitstrecken kam er nur für jenes Holz in Betracht, welches aus Baden, so lange dieses noch nicht dem Zollvereine angehörte (bis 1835), donauabwärts ging, dann für das Holz, welches aus Tirol und Salzburg auf den Nebenflüssen der Donau und auf dieser selbst nach Österreich gebracht wurde.

Nach dem Zustandekommen der Staatsverträge zwischen Bayern und Österreich vom 2. Dezember 1851 [209]) waren die Donau und ihre Nebenflüsse für den Transitverkehr auf den Grenzstrecken und für Waren, welche das Staatsgebiet nur als Wasserfracht passierten, auf ihrem ganzen Laufe vom Durchgangszolle völlig befreit. Damit waren auch die Durchgangszölle für den österreichischen Holztransit auf den schiffbaren bayerischen Donaunebenflüssen hinfällig geworden.

Als infolge der Aufschließung neuer Transitwege und der Ermöglichung besserer Lastenbeförderung durch die Dampfschiffahrt, den Ludwigs-Donau-Mainkanal und die Eisenbahnen der Holztransit durch Bayern neu belebt wurde, gewann auch der Holzdurchgangszoll in Bayern wieder an Bedeutung.

Im Jahre 1861 wurde der Durchgangszoll im ganzen Gebiete des deutschen Zollvereins abgeschafft. —

Nach § 13 des Zollvereinsvertrages war die Erhebung eines Chausseegeldes der privaten Bestimmung der einzelnen Staaten unter Einhaltung des Höchstsatzes nach dem preußischen Zollgesetz vom Jahre 1828 überlassen.

Mit dem Gesetze vom 1. Juli 1834 [210]) wurde der seitherige Zollbeischlag, welcher das frühere Weggeld ersetzte, außer Hebung gesetzt und an seiner Stelle folgendes, dem preußischen Tarife vom 28. April 1828 nachgebildete Chausseegeld für die Ein- und Durchfuhr eingeführt, dessen Erträgnis der Ablösung der Brücken- und Pflastergelder dienen sollte.

Tarif des Chausseegeldes.

I. Von Lastfuhrwerk (von beladenem)

1. vierräderigem für jedes Zugtier bei einer Bespannung

a) von 4 und weniger Zugtieren . .	1	kr.	3 pf.
b) „ 5 oder 6 „ . .	3	„	2 „
c) „ 7 „ mehreren „ . .	5	„	1 „

[209]) Döllinger, Samml. Bd. XXVIII 2, S. 977 ff. Staatsverträge v. 2. Dez. 1851 a, betr. „Die Schiffahrt auf der Donau und ihren Nebenflüssen“ Art. 8 a, und b, betr. „die polizeil. und Zollaufsichtsmaßregeln an den Grenzflüssen zwischen Bayern und Österreich“ Art. 1, 2, 3, 4.

[210]) Bayer. Ges.-Bl. 1834, Nr. 19, S. 173 ff.; siehe auch: Landtagsverhandlungen 1834, Bd. V, S. 11, 58. Vortrag des Finanzministers in der Sitzung vom 29. Mai 1834, Döllinger, Samml. Bd. XIV 4, S. 2036. Landtagsverhandlungen 1834 Bd. X, S. 281. — In Württemberg war der Zollbeschlag sowie das Durchfuhrweggeld und das Stempelgeld gemäß Verordnung v. 19. Dezember 1833 (Württemb. Reg.-Bl. 1833 Seite 506) seit 1. Januar 1834 aufgehoben.

2. zweiräderigem, für jedes Zugtier bei einer Bespannung
   a) von 1 oder 2 Zugtieren . . . . 1 kr. 3 pf.
   b) „ 3 „ . . . . 3 „ 2 „
   c) „ 4 und mehreren Zugtieren . . 5 „ 1 „
3. ist der Radbeschlag eines Lastfuhrwerkes auswärts und in gerader Fläche 6 Zoll und darüber breit, auch ohne hervorstehende Stifte und Nägel, so wird statt der Sätze 1 lit. b, c und 2 lit. b, c nur entrichtet:
   von jedem Zugtier . . . . 1 kr. 3 pf.
4. vom Schlitten für jedes Zugtier ohne Unterschied der Zahl . . . . . . 1 „ 3 „

II. Befreiungen.

Befreit sind:

1. Fuhrwerke mit Ladungen im innern Verkehr und Ausgange;
2. Fuhrwerke im Durchgange auf den begünstigten Straßen.

Für den Holzverkehr hatte dieses Chausseegeld, das nur Holzfuhren im Eingang und im Transit auf gewissen Straßen traf, sehr wenig Belang.

Das Chaussegeld bestand in Bayern nur bis zum Jahre 1840. Auf Grund der durch den Landtagsabschied vom 15. April 1840 gegebenen Ermächtigung wurde es gemäß Verordnung vom 24. August 1840[211]) vom 1. September 1840 an zugunsten des bayerischen Transites, welcher durch die Weggeldfreiheit Badens (seit 1820) und Württembergs (seit 1828/33) Einbuße erlitt, aufgehoben.

Das Wasserweggeld: Mit der Beseitigung des Zollbeischlages und der Einführung des Chausseegeldes, welches schon seinem Namen zufolge nur auf den Landtransport sich bezog, fiel das seitherige Weggeld zu Lande völlig weg und von dem früheren Wasserweggelde blieb lediglich jenes für die Holzeinfuhr, welche dem Gesetze vom 15. August 1828 gemäß als Ausnahme mit einem speziellen Weggelde belegt war, und jenes für die Durchfuhr bestehen.

Nachdem das Großherzogtum Baden, welches für Bayern bezüglich des Einfuhr- und Durchfuhrverkehres mit Holz auf der Donau in Betracht kam, in den Zollverein eingetreten war und damit die bayerische Donaustrecke den Charakter als Transitstraße durch Bayern für das Zollwesen völlig verloren hatte, beschränkte sich die praktische Bedeutung des Wasserweggeldes für den Holzverkehr lediglich auf

[211]) Bayer. Reg.-Bl. 1840 Nr. 30, S. 569.

den Holzimport und den Transit aus Tirol und Salzburg auf der Donau und ihren Nebenflüssen.

Zu damaliger Zeit war die Holzeinfuhr aus Österreich donauaufwärts ohne jeden Belang: erst mit dem Eisenbahn- und Schleppdampferverkehr vermochte diese ihre heutige Stellung sich zu erwerben.

Das Wasserweggeld auf dem Inn wurde für die Einfuhr und Durchfuhr durch Entschl. des kgl. bayerischen Finanzministeriums vom 19. Februar 1836 (den kgl. Kreisregierungen bekannt gegeben durch Entschl. des Ministeriums des Innern vom 4. März 1836)[212]) aufgehoben.

Damit war die hauptsächlichste Wasserweggeldabgabe für den Holzaußenhandel gefallen.

Auf anderen Flüssen bestand indes das Wasserweggeld noch weiter. Auf der Donaustrecke Passau-Jochenstein wurde es im Anschluß an obige Verfügung bezüglich des Inns mit Finanzministerial-Entschließung vom 6. März 1836 (Entschl. des Ministeriums des Innern vom 16. März 1836)[213]) für die auf dem Wege von Waldsassen nach Pfronten transitierenden Güter freigegeben.

Die Wasserweggeldgebühren auf der Donau und deren schiffbaren Nebenflüssen fanden gleich den von bayerischer Seite bekämpften Zöllen[214]), welche Österreich auf der Donau und den Grenznebenflüssen zwischen beiden Ländern erhob, ihr Ende durch die Verträge zwischen Bayern und Österreich vom 2. Dezember 1851 über „die Schiffahrt auf der Donau und den Nebenflüssen" und über „die polizeilichen und Zollaufsichtsmaßregeln an den Grenzflüssen zwischen Bayern und Österreich"[215])[216]).

Die staatlichen Wasser- und speziell die Mainzölle waren, wie Schanz feststellt[217]), in Bayern seit 1. Januar 1834 tatsächlich beseitigt. Es bestanden auf dem Maine nur noch die schon besprochenen Wehrloch- und Schleußengelder bezw. deren Äquivalente. Doch trat

---

212) Döllinger, Samml. XIV 4, S. 2056.

213) Ebenda S. 2055.

214) Siehe Landtagsverh. 1849/50, Sten. Ber. 130, S. 581. Besonders der Engelhardzeller Zoll erregte lebhafte Klagen.

215) Döllinger-Strauß, Sammlung der im Gebiete der inneren Staatsverwaltung des Königr. Bayern bestehenden Verordnungen 1835—52, Bd. XXVIII 2, S. 979; Art. 7, S. 985 f.; Art. 1—4, 16.

216) Döllinger-Strauß, Sammlung usw. Bd. XXVIII 2, S. 999. Erlaß des k. k. Finanzministeriums v. 19. Juni 1852 Nr. 8726.

217) Schanz, Mainschiffahrt im 19. Jahrhundert S. 18.

auch in diesen bald eine Erleichterung ein. Mit kgl. Genehmigung wurden durch Ministerial-Entschließung vom 18. November 1837 die Gebühren zu Frickenhausen und Haßfurt, welche als Surrogate der ehemaligen Wehrlochsgelder bezw. Äquivalente für die Kosten der Beseitigung der Hindernisse bestimmt waren, vom 1. Januar 1838 an aufgehoben. Auch wurden die Schleußengebühren zu Würzburg für Schiffe bedeutend herabgesetzt, nur die Gebühren der Würzburger Wehrdurchlässe für die, durch die Aufhebung der früheren Ausfuhrzölle und der in Frickenhausen und Haßfurt bis dahin bestandenen Abgaben ohnehin begünstigte Floßfahrt blieben einstweilen bestehen[218]).

Während Bayern seine Mainzölle aufgehoben und die sonstigen Abgaben auf dem Maine gemildert hatte, hielten die Untermainstaaten an ihren Zöllen fest.

Erst nach und nach kamen Übereinkünfte zwischen Bayern und einigen Staaten zustande, im Jahre 1836 mit der freien Stadt Frankfurt[219]), am 3. Dezember 1845 mit Nassau, am 6. Dezember 1845 mit Hessen und Frankfurt, am 2. Februar 1846 mit Baden, am 22. April 1846 mit Kurhessen[220]). Vom 1. Juni 1846 an trat eine Neuregelung und Erleichterung der Mainzölle in Kraft, welcher im Jahre 1861 eine weitere Minderung und die schließliche Aufhebung im Jahre 1867 folgte[221])[222]).

Dieser ließ Bayern am 1. Januar 1869 die Abschaffung der in Würzburg und Schweinfurt für die Staatskasse erhobenen Kanal-, Wehrloch- und Schleußengebühren folgen. Die städtischen Wehrlochabgaben für Flöße in Schweinfurt[223]), sowie die Gebühren für die Benützung des Winterhafens in Würzburg und des ärarialischen Holzlagerplatzes in Gemünden blieben bestehen[224]).

Im gleichen Jahre fielen auch die auf der Sinn, Saale und Schondra noch bestandenen alten Holzmeß- und Floßgebühren und

---

218) Schanz, Mainschiffahrt im 19. Jahrhundert S. 113.

219) Bayer. Reg.-Bl. 1836, S. 404; Fin.-Min. Bekanntmachung v. 29. Juni 1836.

220) Schanz, Mainschiffahrt, S. 122, 123.

221) Schanz, Mainschiffahrt Abschn. VII, S. 215 ff.

222) Diese Mainzölle waren in der bayerischen Ständekammer Gegenstand mannigfacher Klagen; s. Landtagsverh. 1846 Beil., Bd. IV, S. 79, Prot. Bd. VII, S. 122. — 1849/50. Sten. Ber. Nr. 75, S. 48, 52, 58, 61, 63, 65, 67, 68, Nr. 130, S. 583. Amtl. Protokoll, Prot. der 75. Sitzg. Landtagsabschied v. 25. Juli 1850, § 26, Abs. 3.

223) Landtagsverh. 1849/50. Sten. Ber. Nr. 75, S. 63.

224) Näheres siehe bei Schanz, Mainschiffahrt usw. Seite 223 und diesbez. Noten.

sogen. Hufzölle. Diese Gebühren waren vom kgl. Rentamt Gemünden erhoben worden und betrugen vom Floßholz auf der Schondra $3^1/_3$ kr. pro Klafter, auf der Saale von jedem Holländerstamm 34 kr[225]).

Auf der Donau hatten sich noch verschiedene Zölle privatrechtlichen Charakters erhalten, von denen die Stadtzölle zu Ingolstadt und Donauwörth mehrfache Petitionen und Besprechungen in der bayerischen Ständekammer und Anträge an die Regierung auf Ablösung derselben veranlaßten[226]).

Die Aufhebung dieser kommunalen Donauzölle wurde in dem bayerisch-österreichischen Vertrage vom 2. Dezember 1851[227]) ausgesprochen, konnte aber der einzuleitenden Ablösungsverhandlungen wegen nicht sofort durchgeführt werden. Mit Entschließung des Ministeriums des Innern vom 24. Juli 1854 wurde schließlich die Ablösung der Donauwörther Wassermaut vom Jahre 1855 an vollzogen[228]). Gleiches trat um diese Zeit auch bezüglich der Ingolstädter Zölle ein[229]).

---

[225]) Siehe die Anträge des Abg. Binder von Gemünden in der Kammer der Abg., Landtagsverh. 1849/50. Sten. Ber. Nr. 75, S. 61. — Amtl. Protokolle, Prot. der 75. Sitz. v. 1. März 1850, Ziff. 7.

[226]) Landtagsverh. 1849/50. Sten. Ber. Nr. 75, S. 48, 55, 65. — Nr. 90 S. 401 (Vorstellung des Floßmeisters Keller zu Lechbrück u. Kons. „die vexatorische Erhebung des Wasserzolles zu Ingolstadt betreffend") — Nr. 130 S. 581. — Amtl. Protokolle, Prot. der 75. Sitz. v. 1. März 1850, Ziff. 2, Landtagsabschied v. 25. Juli 1850, § 26.

[227]) Art. 7 siehe Note 215 u. 216 auf Seite 178.

[228]) Nach einer durch die Freundlichkeit des Stadtmagistrates Donauwörth erhaltenen Abschrift des Tarifes über die dortigen Stadtzollgefälle vom Jahre 1821 trafen das Holz folgende Wassermautgebühren:

Latten per Hundert 4 kr.

Bretter, feichtene und eichene per Hundert 6 kr.

Bau- und Brennholz, Schindeln, Bauschen oder Wellen werden als gebührenfrei aufgeführt.

Für Lohe war per Wagenladung zu 4 Pfd. 6 kr. Wassermaut zu entrichten.

Das Zillen-, Plötten- und Floßrecht zu Wasser den Strom abwärts betrug für 1 Zille 38 kr., für 1 Plötten 19 kr., für 1 Floß 19 kr.

Donauwörth besaß außerdem einen Landzoll, welcher unter der Guldenwährung für eine Wagenladung zu 4 Pfd. mit Holz, Schindeln, Lohe, dann für das Hundert Bretter 6 kr., für 100 Latten 4 kr., später aber für das Pferd der Bespannung 6 Pf. betrug.

Bürger der Stadt zahlten für Bau- und Brennholz keinen Zoll. Der Landzoll wurde mit Ministerial-Entschl. v. 30. April 1890 gegen eine Entschädigung von 40 000 Mk. aufgehoben. Die Zolleinhebung wurde verpachtet.

[229]) Leider waren vom Stadtmagistrat Ingolstadt keine sachdienlichen näheren Aufschlüsse zu erhalten.

Kurz sei noch des Vertrages Erwähnung getan, welchen Bayern während seiner Zugehörigkeit zum deutschen Zollverein außerhalb der allgemeinen Vereinsverträge mit Zustimmung seiner Zollverbündeten mit der Schweiz unterhielt und welcher auf den Holzverkehr und die auf denselben gelegten Zölle rückwirkte.

Im Jahre 1835 (Kgl. Verordnung vom 18. November 1835[230])) erneuerte Bayern im Einverständnisse mit Württemberg und Baden die seit 1828[231]) mit der Schweiz gepflogenen Zollbegünstigungsbeziehungen, wobei vom 1. Januar 1836 an unter verschiedenen neuen Zugeständnissen der Schweiz auch die freie Ein- und Ausfuhr von Holz in Bayern eingeräumt wurde; dieselbe bestand auch nach weiteren Vereinbarungen über Zollbegünstigungen im Jahre 1838 (Verordnung vom 17. Januar 1838)[232]) fort.

Als Voraussetzung der von Bayern gemachten Einräumungen war ausbedungen, daß die Schweiz in ihrem eidgenössischen und Kantonal-Zollwesen keine für Bayern und sämtliche Zollvereinsstaaten nachteilige Veränderung eintreten lassen und die Erwartung erfüllen werde, welche die Zollvereinsregierungen bezüglich der Mitwirkung der Schweiz zum Schutze der Vereinszollgefälle zu hegen berechtigt seien.

Als die Schweiz vom Jahre 1852 an[233]) ein neues Zollgesetz mit einem Tarife, dessen Einfuhrzölle bei vielen Artikeln erhöht waren, einführte, wurden diese Voraussetzungen als aufgehoben angesehen, die der Schweiz gewährten Zollbegünstigungen von Bayern im Einverständnisse mit seinen Zollverbündeten außer Wirkung gesetzt und die seither bevorzugten Gegenstände vom 1. August 1851[234]) an den vollen Tarifsätzen unterworfen.

---

230) Bayer. Reg.-Bl. 1835, Nr. 71, S. 1213; Döllinger, Samml. Bd. XIV 4, S. 2029. Württemb. Reg.-Bl. 1835 Nr. 49, S. 465, Verordnung v. 30. Nov. 1835; Großh. bad. Staats- u. Reg.-Bl. 1835 Nr. 63, S. 645. Verordnung v. 10. Dez. 1835.

231) Bayer. Verordnung v. 28. Nov. 1828; bayer. Reg.-Bl. Nr. 46, S. 625 bis 627.

232) Bayer. Reg.-Bl. 1838 Nr. 6, S. 109; Döllinger, Samml. Bd. XIV 4, S. 2032; Württemb. Reg.-Bl. 1838 Nr. 6, S. 47; Verordnung v. 23. Januar 1838, Großh. bad. Staats- u. Reg.-Bl. 1838 Nr. 5, S. 57. Verordnung v. 25. Jan. 1838.

233) Siehe Bundesblatt der Schweiz. Eidgenossenschaft, Jahrgang 1851 Bd. I, S. 1—83.

234) Bayer. Verordn. v. 31. Juli 1851. Döllinger, Samml. Bd. XXVII 2, S. 1436.

Mit der Aufgabe des von Bayern vorbehaltenen Holzausfuhrzolles vom 1. Januar 1837 an war, abgesehen von dem noch weiter bestandenen speziell bayerischen Wasserweggeld, das letzte wichtige Stück der bayerischen Holzzollgesetzgebung verschwunden.

Noch einmal, im Jahre 1840, beabsichtigte die bayerische Regierung eine Ausnahmebestimmung bezüglich der Ausfuhr von Kiefernzapfen aus dem bayerischen Rheinkreise, welche zum Schaden der dortigen Samengewinnungs-Industrie als Brennmaterial nach Frankreich exportiert wurden, für sich in Anspruch zu nehmen.

Diese Frage war bereits im Jahre 1837 im Abgeordnetenhause angeregt worden und hatte die Zustimmung beider Kammern und der Krone gefunden[235]). Hierauf gestützt faßte die bayerische Regierung im Jahre 1840 die Belegung der Kiefernzapfenausfuhr aus dem Rheinkreise nach Frankreich mit einem Zolle von $8\,{}^3/_4$ kr. pro Zentner ins Auge[236]), scheint jedoch bei den übrigen Zollvereinsstaaten auf Widerstand gestoßen zu sein; denn der Zollvereinstarif für die Jahre 1840/42 enthält keinen derartigen bayerischen Reservatzoll.

Vom Jahre 1837 an war der Holzzoll in Bayern in allen Teilen endgültig in jenem des großen deutschen Zollvereines aufgegangen.

Die Entwickelung der Tarifpolitik des Zollvereins erfuhr im Laufe der vierziger Jahre (1842—1846) mannigfache Erhöhungen von Schutzzöllen zugunsten der Produktion und Industrie der Vereinsstaaten. Die Nutzholzzölle machten indes eine Ausnahme; sie wurden vom Jahre 1843 für hartes Holz um ${}^1/_4$ und für weiches Holz um die Hälfte ermäßigt[237]).

Die Wandlungen im Sinne eines Protektionssystemes wurden im Jahre 1865, nachdem, wie schon erwähnt, im Jahre 1861 die Durchfuhrzölle aufgehoben worden waren, durch freihändlerische

---

235) Landtagsverh. 1837, K. d. Abg., Prot. Bd. XI, S. 582; Prot. Bd. XII, S. 7. Prot. Bd. XXI, S. 42; K. d. R. R. Bd. II, S. 149, 162. — Landtagsabsch. Ges.-Bl. 1837, S. 32.

236) Landtagsverh. 1840, Beil. Bd. IV, S. 485. Vortrag des Abg. Walch als Referent des II. Aussch. über den Vereins-Zolltarif 1840/42.

237) Eine übersichtliche Zusammenstellung der Tarife der periodischen Zollgesetze des deutschen Zollvereins ist im „Tabellenwerk" zu Krökels „Das preußisch-deutsche Zolltarifsystem in seiner historischen Entwickelung seit 1818" gegeben.

Reformen abgelöst, welche in der Holzzollgesetzgebung eine Periode der Zollfreiheit eintreten ließen. Diese währte vom 1. Juli 1865 an über 14 Jahre lang, bis das Zolltarifgesetz vom 15. Juli 1879 beginnend mit dem 1. Oktober 1879 wieder Holzeingangszölle im deutschen Reiche einführte[238]).

[238]) Siehe Dankelmann, Die deutschen Nutzholzzölle. Berlin 1883. — Über die Entwickelung der Holzgesetzgebung seit 1865 siehe das Referat von Prof. Dr. Endres auf 1. Hauptversammlung des deutschen Forstvereins im Jahre 1900 zu Wiesbaden. Bericht über diese Versammlung, Berlin 1901.

GPSR Compliance

The European Union's (EU) General Product Safety Regulation (GPSR) is a set of rules that requires consumer products to be safe and our obligations to ensure this.

If you have any concerns about our products, you can contact us on ProductSafety@springernature.com

In case Publisher is established outside the EU, the EU authorized representative is:

Springer Nature Customer Service Center GmbH
Europaplatz 3
69115 Heidelberg, Germany

Batch number: 10844675

Printed by Printforce, the Netherlands